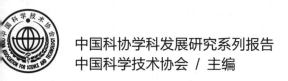

中国科协学科发展研究系列报告
中国科学技术协会 / 主编

REPORT ON ADVANCES IN ENGINEERING
THERMOPHYSICS

2020—2021
工程热物理
学科发展报告

中国工程热物理学会　编著

U0178539

中国科学技术出版社
·北 京·

图书在版编目（CIP）数据

2020—2021工程热物理学科发展报告 / 中国科学
技术协会主编；中国工程热物理学会编著 . -- 北京：
中国科学技术出版社，2022.4
（中国科协学科发展研究系列报告）
ISBN 978-7-5046-9539-0

Ⅰ. ① 2… Ⅱ. ①中… ②中… Ⅲ. ①工程热物理学 - 学科
发展 - 研究报告 - 中国 -2020—2021 Ⅳ. ① TK121-12

中国版本图书馆 CIP 数据核字（2022）第 054173 号

策　　划	秦德继
责任编辑	彭慧元
封面设计	中科星河
正文设计	中文天地
责任校对	吕传新
责任印制	李晓霖

出　　版	中国科学技术出版社
发　　行	中国科学技术出版社有限公司发行部
地　　址	北京市海淀区中关村南大街16号
邮　　编	100081
发行电话	010-62173865
传　　真	010-62173081
网　　址	http://www.cspbooks.com.cn

开　　本	787mm×1092mm　1/16
字　　数	310千字
印　　张	14.5
版　　次	2022年4月第1版
印　　次	2022年4月第1次印刷
印　　刷	河北鑫兆源印刷有限公司
书　　号	ISBN 978-7-5046-9539-0 / TK·26
定　　价	78.00元

中国科学技术协会
CHINA ASSOCIATION FOR SCIENCE AND TECHNOLOGY

2020—2021

工程热物理
学科发展报告

首席科学家	金红光				
专家组成员	宣益民	何雅玲	李应红	郭烈锦	赵天寿
	黄 震	杨勇平	姚 强	张 兴	席 光
	齐 飞	陈海生	刘启斌	李玉阳	隋 军
	吴 云	赵海波	陈 群	任祝寅	吕友军
学术秘书	柯红缨	陈 琳	夏 溪		

序

　　学科是科研机构开展研究活动、教育机构传承知识培养人才、科技工作者开展学术交流等活动的重要基础。学科的创立、成长和发展，是科学知识体系化的象征，是创新型国家建设的重要内容。当前，新一轮科技革命和产业变革突飞猛进，全球科技创新进入密集活跃期，物理、信息、生命、能源、空间等领域原始创新和引领性技术不断突破，科学研究范式发生深刻变革，学科深度交叉融合势不可挡，新的学科分支和学科方向持续涌现。

　　党的十八大以来，党中央作出建设世界一流大学和一流学科的战略部署，推动中国特色、世界一流的大学和优势学科创新发展，全面提高人才自主培养质量。习近平总书记强调，要努力构建中国特色、中国风格、中国气派的学科体系、学术体系、话语体系，为培养更多杰出人才作出贡献。加强学科建设，促进学科创新和可持续发展，是科技社团的基本职责。深入开展学科研究，总结学科发展规律，明晰学科发展方向，对促进学科交叉融合和新兴学科成长，进而提升原始创新能力、推进创新驱动发展具有重要意义。

　　中国科协章程明确把"促进学科发展"作为中国科协的重要任务之一。2006年以来，充分发挥全国学会、学会联合体学术权威性和组织优势，持续开展学科发展研究，聚集高质量学术资源和高水平学科领域专家，编制学科发展报告，总结学科发展成果，研究学科发展规律，预测学科发展趋势，着力促进学科创新发展与交叉融合。截至2019年，累计出版283卷学科发展报告（含综合卷），构建了学科发展研究成果矩阵和具有重要学术价值、史料价值的科技创新成果资料库。这些报告全面系统地反映了近20年来中国的学科建设发展、科技创新重要成果、科研体制机制改革、人才队伍建设等方面的巨大变化和显著成效，成为中国科技创新发展趋势的观察站和风向标。经过16年的持续打造，学科发展研究已经成为中国科协及所属全国学会具有广泛社会影响的学术引领品牌，受到国内外科技界的普遍关注，也受到政府决策部门的高度重视，为社会各界准确了解学科发展态势提供了重要窗口，为科研管理、教学科研、企业研发提供了重要参考，为建设高质量教育体系、培养高层次科技人才、推动高水平科技创新提供了决策依据，为科教兴国、人才强国战略实施做出了积极贡献。

2020年，中国科协组织中国生物化学与分子生物学学会、中国岩石力学与工程学会、中国工程热物理学会、中国电子学会、中国人工智能学会、中国航空学会、中国兵工学会、中国土木工程学会、中国风景园林学会、中华中医药学会、中国生物医学工程学会、中国城市科学研究会等12个全国学会，围绕相关学科领域的学科建设等进行了深入研究分析，编纂了12部学科发展报告和1卷综合报告。这些报告紧盯学科发展国际前沿，发挥首席科学家的战略指导作用和教育、科研、产业各领域专家力量，突出系统性、权威性和引领性，总结和科学评价了相关学科的最新进展、重要成果、创新方法、技术进步等，研究分析了学科的发展现状、动态趋势，并进行国际比较，展望学科发展前景。

在这些报告付梓之际，衷心感谢参与学科发展研究和编纂学科发展报告的所有全国学会以及有关科研、教学单位，感谢所有参与项目研究与编写出版的专家学者。同时，也真诚地希望有更多的科技工作者关注学科发展研究，为中国科协优化学科发展研究方式、不断提升研究质量和推动成果充分利用建言献策。

中国科协党组书记、分管日常工作副主席、书记处第一书记

中国科协学科发展引领工程学术指导委员会主任委员

张玉卓

前言

在中国科协科学技术创新部的指导下，中国工程热物理学会承担了"2020—2021工程热物理学科发展报告"项目。本项目由中国工程热物理学会理事长金红光院士担任首席科学家，专家组成员包括各学科领域的学科带头人和优秀青年科技工作者。

中国科学技术协会建立的学科发展研究及发布制度，推进了学科交叉、融合与渗透，促进了多学科协调发展，充分发挥了中国科协及所属全国学会的学术权威性。工程热物理与能源利用学科是一门研究能量和物质在转化、传递及其利用过程中基本规律和技术理论的应用基础学科，是能源技术革命和实现双碳目标的主要基础学科。本报告重点回顾、总结和科学评价近年来工程热物理与能源利用学科的新发展、新成果、新见解、新观点、新方法、新技术；研究分析工程热物理学科发展现状、动态趋势、战略需求，并进行国际比较，展望工程热物理与能源利用学科发展目标和前景；针对国家碳达峰碳中和战略目标和生态文明建设重大需求，提出工程热物理与能源利用学科发展的对策意见和建议。

碳达峰碳中和战略目标引发的能源生产和消费方式的巨大变革，给工程热物理与能源利用学科的发展带来了新的机遇与挑战。通过落实中国科协关于学科发展战略研究工作的有关部署、制订我国工程热物理与能源利用学科的发展战略，从学科发展和国家重大需求的战略层面出发，重新审视工程热物理与能源利用学科的发展。建立清洁低碳、安全高效的可持续能源体系，使能源的发展与国民经济深度脱碳相协调，是我国工程热物理与能源利用学科的研究前沿。通过对国内外学科发展动态的比较分析，凝练出了工程热物理与能源利用学科的前沿增长点。

本报告具体分工如下：学会理事长金红光院士提出了报告的总体架构，宣益民院士、何雅玲院士、李应红院士、郭烈锦院士、赵天寿院士和黄震院士完善了报告各部分的详细架构。杨勇平教授、姚强教授、张兴教授、席光教授、齐飞教授、陈海生研究员负责各学科方向相关内容的组织编写，并参与了讨论修改。刘启斌研究员、李玉阳教授、隋军研究员、吴云教授、赵海波教授、陈群教授、任祝寅教授、吕友军教授、李元媛副教授、孙中国教授、孙大坤教授、赵永椿教授、苏进展教授、乐恺教授、王亮研究员、胡定华副教授、王志恒副教授参与了本报告具体内容的编写。学会副秘书长柯红缨研究员级高工、陈琳副编审、夏溪副教授担任学术秘书，负责项目管理工作。

由于编写人员学识有限，本报告难免存在疏漏不足之处，恳请专家学者批评指正。

中国工程热物理学会

2022 年 2 月

序 / 张玉卓

前言 / 中国工程热物理学会

综合报告

专题报告

ABSTRACTS

Comprehensive Report

Reports on Special Topics

综合报告

工程热物理学科发展现状与前景展望

一、引言

工程热物理与能源利用学科是一门研究能量和物质在转化、传递及其利用过程中基本规律和技术理论的应用基础学科，是节能减排和温室气体控制的主要基础学科。

从人类发展的历史看，人类文明的发展程度与该时代所掌握的能量转换方式和能源的清洁高效利用方式紧密相关。人类早期对能源和热科学的认识是粗放而发散的，既有四元素说、五行说、钻木取火、阳燧取火等对能源重要性和利用技术的初步认识，也有燃素说、炼金术等思维的误区和技术的误用。古代人类获取能源的主要方式是生物质的直接燃烧利用，属于可再生能源，而化石能源则只有小规模的开采和利用，例如沈括在《梦溪笔谈》中详细介绍了宋代对石油的小规模利用。近代随着科学技术的发展，化石能源得到了大规模的开采和利用，以煤为主要能源的蒸汽机支撑了第一次工业革命，以煤为主要能源的电力系统和以石油为主要能源的内燃机则是第二次工业革命的重要标志。进入现代以来，煤、石油、天然气的大规模利用为人类社会的高速发展提供了强大的能源保障，现代电网、燃气轮机、火箭发动机等先进能源动力技术层出不穷，将人类的活动范围从地面拓展到天空、从地球拓展到宇宙。能源基础的快速演变带来了对能量转换规律和能源利用方式的巨大研究需求，工程热物理学应运而生。

作为研究能量以热和功的形式转换过程的基本规律及其应用的一门技术科学，工程热物理学是能源高效低污染利用、航空航天推进、发电、动力、制冷等领域的重要理论基础。工程热物理学的分支学科包括工程热力学、热机气动热力学、传热传质学、燃烧学、多相流等。工程热力学研究能量相互转换，尤其是热能与其他形式能量之间的转换规律；热机气动热力学与流体机械研究约束空间内部流体流动现象及相关力学行为、流体平衡及其运动规律、流体与固体间相互作用规律；传热传质学研究由于温度差和物质组分浓度差所引起的能量传递和物质迁移过程；燃烧学研究燃烧反应机理、着火、传播、熄灭和不稳定性理论及调控方法；多相流理论研究具有两种以上不同相态或不同组分的物质共存并有明确分界面的多相流体系的共性科学问题。

我国当前正处于能源结构转型的重要阶段，由化石能源为主向可再生能源为主转变，亟须加强工程热物理领域变革创新。经过了百年工业化历史，化石能源的大量开采和利用为人类带来光明与温暖的同时，也造成了严重的环境污染和引发资源衰竭风险，威胁着人类的健康和经济社会的可持续发展。因此，建设清洁低碳、安全高效的能源体系已成为我国的能源发展战略。2020 年 9 月 22 日，国家主席习近平在第 75 届联合国大会上发表了重要讲话，作出力争"二氧化碳排放 2030 年前达到峰值、努力争取 2060 年前实现碳中和"的庄严承诺，习近平主席的指示为工程热物理科技工作者指明了努力方向。党的十九届六中全会决议中提出"更加自觉地推进绿色发展、循环发展、低碳发展"，国家对化石能源清洁高效、可再生能源替代、碳捕集与利用的要求达到前所未有的高度。同时，能源结构的变革也不是一蹴而就的。习近平总书记在榆林考察时指示，煤炭作为我国当前主体能源，要按照绿色低碳的发展方向，对标实现碳达峰、碳中和目标任务，立足国情、控制总量、兜住底线，有序减量替代，推进煤炭消费转型升级。在此背景下，亟须加强工程热物理领域变革创新，促进我国能源、工业、交通、环境、国防等领域可持续发展。

工程热物理学科的发展和能源科学技术进步对人类社会已产生了重要的影响，带来了人类能源供应和利用方式的巨大变革。为了满足可持续发展的重大需求，特别是我国所面临的经济发展方式转变、产业结构调整、低碳能源体系建设等方面的战略需求，近年来我国研究者在工程热物理传统研究方向的基础上不断开拓新的研究方向，涌现了一些前沿热点。如工程热力学学科的基于先进热力循环的新型高效能量转换与利用系统、新型环保替代工质热物性、燃料化学能的综合梯级利用等；热机气动热力学学科的新压缩原理和气动布局、多物理场气动热力学与新型流动控制原理等；传热传质学科的传热新理论与热传递规律、多尺度热质传递物理问题等；燃烧学学科的燃烧机理与动力学、洁净煤燃烧、低碳燃烧等；多相流学科的煤炭超临界水气化制氢发电多联产的多相流理论和技术、非常规复杂气固两相流基础理论与数值方法等。此外，还形成了分布式能源系统、可再生能源利用、储能及智慧能源、能源动力系统温室气体控制等系统节能降碳及学科交叉方面的研究热点。在此基础上，工程热物理学与信息、材料、空间、环境保护、先进制造技术、生命和农业等领域交叉融合，发挥着越来越重要的作用。因此，研究方向的变革、交叉和创新已成为工程热物理学科发展的主题，当前迫切需要新的学科发展战略，为新兴能源产业的发展提供科学基础。

为落实中国科协关于学科发展战略研究工作的有关部署，总结我国工程热物理与能源利用学科近年来的研究进展，制定我国工程热物理与能源利用学科的发展战略，中国工程热物理学会组建了一支由院士、本学科中青年专家组成的团队，从学科发展的国家重大需求的战略层面出发，重新审视能源变革时代工程热物理学科的发展。学会研究提出了工程热物理领域变革创新面临的主要问题。

（1）在国际上处于领跑或并跑位置的研究方向较少。当前我国在煤炭清洁高效发电技术、生物质纯燃发电、抽水储能、压缩空气储能、储热、智慧能源系统、热化学制氢等研究方向达到了与国际先进水平并跑乃至领跑的水平。但在燃煤低碳发电、二氧化碳捕集利用与封存（CCUS）技术、大型风电机组整机、智能风电场、海上风电系统理论、生物质混燃发电、高性能叶轮机械工程研发、飞轮储能、热泵储电、质子交换膜燃料电池、储氢技术、电子器件热设计工具等方向，我国基础研究和产业技术水平与欧美发达国家相比仍存在一定的距离。

（2）面向双碳目标的关键理论和技术创新仍较为缺乏。当前欧美发达国家高度重视碳减排，在化石燃料低碳化利用、零碳燃烧、燃料电池核心技术等领域提出了一系列理论和技术创新，并形成了多项 CCUS 计划和大型国际合作项目，百万吨级大规模燃煤电站碳捕集驱油项目不断涌现。与之相比，我国在碳减排领域的关键理论和技术创新仍有待加强，CCUS 技术大多处于中试及即将工业化放大的设计阶段，已实现的工业示范项目较少。

（3）先进叶轮机械动力装备研发"卡脖子"问题仍然存在。航空发动机、燃气轮机等先进叶轮机械动力装备是国之重器。当前欧美发达国家实施了综合高性能涡轮发动机技术、先进核心军用发动机等计划，鼓励高校与工业部门的深入合作，并建立了成熟的叶轮机械设计体系，开发了一系列数值模拟软件，建设了一批基础研究和型号研发试验台，支撑了轻重量抗畸变风扇、高功率超冷高温涡轮等先进技术的发展。我国已初步构建了叶轮机械气动设计体系，但在高性能叶轮机械工程研发等方面仍有较大差距。

学会研究提出促进工程热物理领域变革创新的建议，包括鼓励原始创新，突破工程热物理领域的热点、重点、难点问题；服务重大需求，推动面向双碳目标的关键理论和技术创新，在能源、工业、交通、环境、国防等行业形成理论、技术、工程一体化创新体系；抓住破局机遇，推动在先进叶轮机械动力装备研发、CCUS 等"卡脖子"问题的解决及"反卡脖子"技术的发展。同时重点围绕能源的综合梯级利用、化石能源低碳化利用、可再生能源转化及利用、动力装备中的能源转化与利用、储能与智慧能源、先进技术中的工程热物理问题等自主创新研究，提出具有工程热物理学科特色的学科发展战略和优先领域，提升学科发展规划的科学性、战略性和前瞻性。通过以上举措，促使我国工程热物理学科的发展"从大到强"，实现能源转型格局下工程热物理领域的变革创新。

二、我国工程热物理学科研究进展

（一）高效清洁低碳三位一体总能系统

工程热物理学科创始人吴仲华先生20世纪80年代预测世界能源动力发展趋势和前景，

提出总能系统的基本概念，把燃气轮机和其他用能系统关联，考虑能源的综合梯级利用，组成总能系统。他侧重阐述了燃气轮机总能系统的概念和基本组合形式，及其大幅度提高能源利用率的能力，把燃气轮机发展应用提高到系统高度，形成崭新的系统节能思想。进而从"能的梯级利用与总能系统"思想的视野，率先提出对我国，乃至世界经济发展都有重大影响的若干总能系统研究方向：烧天然气的大型联合循环，燃煤整体煤气化联合循环（IGCC）与流化床燃煤流化循环（PFBCC），三联产（电、热、燃料气），多联产（电、热、燃料气、化工产品）等。

在总能系统基础上，徐建中院士进一步提出了科学用能思想，即深入研究用能系统的合理配置和用能过程中物质与能量转化的规律以及它们的应用，以提高能源利用率和减少污染，最终减少能源的消耗。科学用能强调依靠科学进步与技术创新：一是通过"分配得当、各得所需、温度对口、梯级利用"的方式，不断提高能源及各种资源的综合利用效率，降低环境资源代价；二是通过解决能源与环境的协调相容问题，把能源转换过程与物质转换过程紧密结合在一起，特别注重控制污染物的形成、迁移与转化，将能源转换利用过程与分离污染物的过程有机地结合在一起，降低甚至避免分离过程额外的能量消耗，实现在能源利用的同时，分离、回收污染物；三是转变传统的能源利用模式，发展资源、能源、环境一体化模式，实现资源再循环，最大限度地减少"废物"和"废能"。

总能系统和科学用能从系统科学的角度来研究用能的问题，这既包括对宏观的能源利用规划、方案、布局等进行探讨，也涵盖对具体的能源种类的选择、用能系统的科学配置、能源利用系统的全面解决方案等；对用能的全过程和各个环节进行研究，应用自然科学和社会科学的理论进行分析，综合得出技术上和经济上的结论；在深入研究的基础上，针对共性的问题，建立科学用能的新理论、新方法和新技术，并将它们应用于工程实践；同时，考虑用能系统的科学管理，发展有效的管理体制、机制、方法和措施，制定适应科学用能的法律、法规、政策等。

在共性理论方面，针对在国民经济和生活中都广泛使用的热能，已经建立了"温度对口，梯级利用"的总能系统方法，它是热力学第一定律和热力学第二定律的综合结论，是普遍适用的。总能系统是一种根据"能的梯级利用"原理来提高能源利用水平的能量系统及其相应的概念与方法。比较普遍的定义是：按照能量品位高低对能量进行梯级利用，从总体上安排好功、热（冷）与物料热力学能等各种能量之间的匹配关系与转换使用，在系统高度上总体地综合利用好各种能源，以取得更好的总效果，而不仅只是着眼于单一生产设备或工艺的能源利用率或其他性能指标的提高。总能系统是借助于不同设备或元件的合理搭配，组成一个整体系统，以达到节省能源的目的。它强调的是系统集成与功能，有时尽管这些设备与元件本身并无技术上的改进，但组合得当也会节能。总能系统对指导热能高效、低污染利用发挥了很大的作用。

总能系统和科学用能不仅包括对能量与物质转化规律的研究和用能系统、用能方法、用能技术的研究，还包括对用能的规划和管理以及相关的法律、法规、政策等研究，如对我国的能源利用情况进行详细、可靠的调研，分析、总结能源利用的现状和下一步科学用能的主要方向；清理、筛选、集成和推广现有的节能和科学用能的有效方法、技术和措施；制定产品的能耗标准，强制执行并实行严格的惩罚制度和建立有效的管理机制；针对共性科技问题，加强基础性研究，提出科学用能的新思路、新理论、新机制、新方法和新技术；引进国外先进的节能技术，消化、吸收和国产化，并进一步创新提高。

目前，国际上能源技术取得了重大进展，能源利用方式也在发生深刻变化。其中，分布式能源系统、可再生能源和资源综合利用都是通过在现场转换供应能源来降低能源输送环节损耗，扩大能源梯级利用范围，适应能源需求的变化调节。特别是发展城市冷热电分布式能源系统、热泵技术等，可以提高城市能源利用效率，减少环境污染，加强能源安全，优化能源结构。此外，在废弃资源现场，因地制宜地就地利用转换余热、余压以及可燃性废弃气体，也有重要意义。除了矿井瓦斯以外，煤层气、炼焦炼钢废气、采油伴生气、城市废弃物等大量资源如果加以利用不仅可以增加电力、热力供应，节省大量煤炭资源，还能有效减少环境污染。此外，还有大量的新兴能源利用技术可以有效提高能源利用效率、减少环境污染和碳排放。例如，新型可再生能源技术，可以减少我们对化石能源的依靠，也为建筑节能提供了有力的武器；煤炭的综合利用技术，实现液体燃料、化工产品和能源动力的多联产系统可以洁净高效利用化石能源；固态照明技术可大大减少照明用电，引发新的照明技术革命；新型精确供能技术可以更加有效地实现节能；化石燃料源头碳氢分离技术实现含碳能源无碳化、制氢与用氢技术实现无碳能源等。

随着能源科学技术的发展，对能的利用已广泛拓展到各类可再生能源、燃料化学能以及声能、磁能等其他形式能，对能源开发利用过程中的环境与碳排放问题也提出了越来越高的要求，高效清洁低碳三位一体的总能系统也得以提出和发展。研究方向近年来呈现以下趋势：系统集成的核心科学问题从物理能（热能）的梯级利用扩展到化学能与物理能综合梯级利用；从热工领域扩展到热工与化工或石化以及环境等多领域渗透，系统目标也从热工功能扩展到多功能综合；从单一能源利用系统扩展到更多的能源综合互补利用系统。具有代表性的研究进展包括：①化学能与物理能综合梯级利用原理。进行温度对口的热能梯级利用的同时，结合化学能的梯级利用，实现热能（工质的内能）与化学能的综合高效利用，构建热转功的热力循环与化工等其他生产过程联合的先进能源系统。②能量转换与温室气体控制一体化原理。摒弃"先污染后治理"的能源资源转换利用的传统"链式串联"模式，从系统科学角度，在热力学与化学、环境学的交叉领域，同时关注燃料化学能的释放与污染物的控制，通过清洁能源生产和二氧化碳分离一体化、燃烧和分离一体化、深冷过程与分离一体化以及燃烧过程革新等方法与途径，走出一条资源、能源与环境有机结合的发展新模式，解决控制温室气体的关键科技难题。③多能源综合互补系统。开拓新的洁净能源资源，特别是非碳能源转换利用的总能系统，如氢能利用系统、可再生能源转换利用系统，发展与环境相协调的化石能源与可再生能源、多种可再生能源综合互补的总能系统是能源可持续发展的重要方向。多能源综合互补系统有着更为典型的复杂系统特征，复杂性与非线性更为突出，其全工况动态特性更为重要。

高效清洁低碳三位一体总能系统涉及各个领域，具有很强的综合性和交叉性，需要自然科学多学科的联合和自然科学与工程的结合，为我国急需发展的多能互补分布式供能、多联产系统、太阳能热动力系统以及脱碳制氢协同转化等能源技术发展提供了重要理论支撑，对我国节能降碳的重大能源需求提供关键理论指导，在相当程度上提高了我国能源科学领域的自主创新能力。

（二）化石能源低碳化利用

目前，我国发展仍然处于重要战略机遇期，而能源是"工业的血液"，是经济社会发展的基础原料和基础产业。煤炭占我国已探明化石能源储量的 90% 以上，现阶段煤炭占据我国能源供给的 60%，且 70% 以上的电力来源于燃煤电站；我国石油、天然气储量较少，目前对外依存度分别为 70% 和 45% 左右，随着国际形势的变化，油、气资源消耗与技术自主控制显得尤其重要。化石燃料的大量燃烧导致二氧化碳的排放量急剧增加，随之而来的是全球气候变暖、生态环境破坏等问题。2020 年中央经济工作会议明确将"做好碳达峰、碳中和工作"作为 2021 年八项重点任务之一，要抓紧制定 2030 年前碳达峰行动方案，优化产业结构和能源结构，推动化石能源清洁高效低碳利用。为实现工业与生态环境协调发展，我国对化石能源清洁低碳利用技术进行了深入研究，取得了一系列关键核心技术突破，并形成了一大批具有自主知识产权的创新成果。在部分煤基制高值化学品方面处于国际领先地位。二氧化碳捕集利用与封存技术具备一定的研发与工业示范基础，我国在燃前 / 燃后 / 富氧等碳捕集技术方面与国际同步完成十万吨级工业示范，但还未完全掌握关键核心技术，与国际先进水平有一定差距，各个技术环节发展不均衡，缺乏百万吨级的商业化示范，且技术不够成熟，成本较高。石油、天然气对外依存度高，非常规油气资源开发与国际先进水平还存在较大差距。

1. 燃煤低碳发电与清洁转化研究进展

我国煤炭在化石能源中的主导地位，决定了煤的低碳利用是目前研究最广、纵向挖掘最深的化石能源低碳化技术。为应对气候变化，实现双碳目标，能源消费增量部分将主要靠清洁与可再生能源提供，但为了保证能源总体供需平衡和能源安全，煤炭消费只能有序减量。因此，在未来相当长一段时期内，煤炭仍是保障我国能源安全稳定供应的基石。煤电将为可再生能源的开发利用提供灵活调峰服务，迫切要求实现煤炭的高效、清洁、灵活低碳利用。

高效燃煤发电技术将极大程度提高煤炭利用率，在一定程度上起到保护环境、缓解能源危机的作用。自 20 世纪七八十年代开始，中国、美国、日本等均在为提高煤电效率而努力，超高参数超超临界燃煤发电、整体煤气化联合循环发电（IGCC）、超临界 CO_2 循环发电以及 ALLAM 循环等新型先进循环系统层出不穷。我国高参数大容量高效燃煤机组已实现广泛应用，技术指标达到国际先进水平，部分新型煤电技术（如 IGCC）已实现示范。但在先进循环系统技术装备层面仍存在较大差距。

"十二五"以来，我国高度重视燃煤污染治理，先后多次下调燃煤主要污染物排放标准限值。我国现役燃煤电厂已全面完成超低排放改造，在燃煤常规污染物（如 SO_x、NO_x、细颗粒物等）治理方面已达到燃气机组排放水平，处于世界领先；非常规污染物如重金属、VOCs 等也已成为本领域关注的对象。但是其他工业如建材、钢铁等耗煤行业、工业炉窑和民用散煤污染物排放还较为粗放，需要进一步加强管控。燃煤释放的汞等重金属、VOCs 等非常规污染物的排放控制亟待加强；煤燃电厂超低排放改造过程中形成的 SO_3、废弃脱硝催化剂、脱硫废水等二次污染物也日渐引起行业关注。

以风电、光伏为代表的大规模间歇性可再生能源（IRES）正在加速能源结构的低碳化转变。但是，大规模 IRES 并网发电，需要电力系统中有足够的灵活性资源实时响应 IRES 的变化。火电灵活性改造是未来促进可再生能源发展的重要保障。目前我国基本实现了燃煤电厂的自动化与信息化，煤电平均供电煤耗下降到 310g/kWh 标准煤以下，现役机组最低出力通常在 30%—40% 额定负荷，但供热机组缺乏成熟的热电解耦手段，电出力只有 20%—30% 额定负荷的调节能力。开展高背压技术、光轴改造技术和低压缸零出力技术、增设电锅炉、储热罐等热电解耦设备，增加热电机组的调峰能力等电厂灵活性改造技术研发，攻关灵活高效燃煤发电机组先进自动化运行控制技术与示范应用成为下一步重点研究方向。国内已开展太阳能与燃煤互补发电示范工程，煤和生物质耦合发电也在小型循环流化床热电机组中得到成功应用，但是还没有在煤粉燃烧发电机组中广泛应用，而且效率、污染物控制、经济性、可靠性有待提高。

能源技术和系统的低碳化发展是必然趋势。整体煤气化联合循环发电系统（IGCC）、超临界二氧化碳动力循环（s–CO_2 循环）、化学链燃烧动力循环、富氧燃烧等高效低碳化技术也是本领域研究的热点。IGCC 是将煤气化技术和高效的联合循环相结合的先进动力系统，它由煤气化与燃气 – 蒸汽联合循环发电两部分组成。IGCC 的主要优势在于联合循环，效率高且提升空间大、污染物排放低，可实现二氧化碳近零排放，可与煤制氢、煤制油等系统耦合，形成先进能源多元化生产系统。华能天津 GreenGen 项目是国内首个 IGCC 示范电站，其第一阶段完成的 250MW 级 IGCC 采用自主研发的 2000 吨 / 天级两段干粉气化炉、二氧化碳分离、制氢和燃料电池等试验系统。目前，我国在 IGCC 发电方面有了一定的技术基础，但在部分关键技术与设备方面仍存在较大差距。富氧燃烧是指用纯氧和循环烟气替代空气助燃，直接生成高浓度二氧化碳烟气的过程。化学链燃烧是指先用燃料还原含氧固体载氧体，再用空气氧化上述还原后的固体载氧体，将燃料与空气的一步直接燃烧分成包含还原和氧化两步进行的一种新型燃烧反应。化学链燃烧动力循环是一种多功能的动力循环，一般在发电的同时还可以生成氢气等二次燃料，并且实现二氧化碳的部分甚至全部回收。利用化学链燃烧能量梯级利用的特性，化学链燃烧动力循环可以实现燃料的高效转换，同时该类型动力循环可以大规模回收二氧化碳，对减轻温室效应有重要应用价值。亚维鲍姆（Yaverbaum）在 1977 年首次提出富氧燃烧的概念以来，各国对富氧燃烧技术的着火、燃烧、传热、污染物排放等方面展开了深入研究。富氧燃烧技术烟气中二氧化碳浓度达 95% 左右，且 NO_x 与 SO_x 含量大幅度降低，是当前最适用于存量机组改造的二氧化碳减排技术之一。目前，国际上已有不少国家实现富氧燃烧技术工业示范：德国 Vattenfall 30MW 级富氧燃烧系统稳定运行超 1.3 万小时，法国道达尔石油及天然气公司（TOTAL）30MW 改造电厂项目，澳大利亚卡利德（Callide）富氧燃烧项目完成 10200 小时运行等。在工业示范后，各国又相继开展富氧燃烧工业化放大可行性研究。我国自 20 世纪 90 年代开始富氧燃烧技术的研发，国内华中科技大学、东南大学等对富氧燃烧技术的煤粉燃烧特征、燃烧效率、污染物排放等基础问题进行了细致深入的研究。华中科技大学建成 3MW 煤粉炉富氧燃烧全流程中试装置，东南大学建成 2.5MW 流化床富氧燃烧中试装置。2012 年我国正式启动 35MW$_{th}$ 富氧燃烧工业示范项目，于 2015 年点火试验，富氧燃烧稳定工况干烟气中二氧化碳浓度最高达 82.7%。已形成富氧燃烧二氧化碳捕获技术 0.4MW$_{th}$ → 3MW$_{th}$ → 35MW$_{th}$ → 300MWe 的研发与示范路线图，完成富氧燃烧系统关键设备研发，整体而言，我国富氧燃烧技术发展基本与国际水平同步。

煤炭清洁低碳转化一方面可实现油气代替，降低我国油气需求；另一方面通过煤制氢 +CCS 方式可实现制取"蓝氢"，实现煤炭的清洁低碳利用，是我国《能源技术革命创新行动计划（2016–2030 年）》重点鼓励发展的方向，科技部也在"十三五"《煤炭高效清洁利用和新型节能技术》重点专项中部署了相关研究方向的应用、工程示范任务。近年来，我国煤气化技术的研究开发和产业化突飞猛进，在核心技术水平和煤炭气化能力上均居于国际领先地位。我国也将煤制油定位为国家能源战略技术储备和产能储备示范工程，重点进行煤制油技术装备的升级示范，并在规模、技术和节能减排方面提出了目标要求，使我国成为掌握大型煤制油先进技术的国家，同时开展了费托油品深加工、柴油 – 汽油 – 航油 – 润滑油联产、煤温和加氢液化等技术研究。近年来国内成功开发了煤经甲醇制烯烃、乙醇、芳烃和煤制乙二醇等工艺技术，但是仍存在能耗高、水耗高、关键创新性技术缺乏等问题。西安交通大学提出的煤炭超临界水气化制氢发电多联产技术，利用超临界水的性质，在煤气化过程中以超临界水为媒介，使煤中的碳和氢元素转化为氢气和二氧化碳，并将水中的部分氢元素转化为氢气。该技术与传统的煤制氢技术相比，制氢效率显著提高，超临界水的性质使有机煤质中的氮和硫等元素以无机盐的形式沉积，避免了污染物的排放，实现了煤炭的高效、洁净、无污染转化和利用。目前，该技术正处于产业化示范项目的建设与运行阶段，将推动煤炭制氢技术的快速发展。煤制氢过程仍然排放二氧化碳（称为"灰氢"），需进一步研究二氧化碳排放控制问题。韩国延世大学与英国爱丁堡大学通过变压吸附（PSA）尾气，实现煤制氢与碳捕集工艺相耦合，在大幅度提高产率的同时实现煤炭低碳转化利用。据测算，加入 CCS 技术的制氢成本约为15.85 元 / 千克，与天然气制氢的成本相当。国外近几年逐渐开展对煤转化与可再生能源制氢耦合技术研究，德国率先提出风电、光电等可再生能源制氢，通过可再生能源在化学能、热能转化方面与煤转化技术相耦合，实现煤炭低碳转化。

2. 石油、天然气及非常规油气资源研究进展

中国石油经济技术研究院 2019 年发布的《2050 年世界与中国能源展望》中预测 2050年全球一次能源消耗中油气占比 55%。然而，从长远看，常规油气资源不能满足世界经济的发展需求，非常规油气的开发和利用受到了各国政府的重视。

我国原油消费量一直呈快速增长势头，由 2007 年的 3.46 亿吨增至 2019 年的 6.96 亿吨，并将在未来相当长的一段时间内保持这一高位。原油的应用主要包括燃烧和清洁转化两个方面。液体燃料燃烧装置主要包括汽油机、柴油机、船舶发动机、航空发动机等，都属于交通运输和国防装备中的主要动力装置，在国民经济和国防安全领域具有重要的战略地位。燃油动力装置中的燃烧涉及燃料喷射、混合气形成、着火特性、燃烧放热、化学反应动力学、污染物生成与控制等方向。在当前复杂多变的国际局势下，我国油气供给风险加大，能源安全结构性矛盾突出。另外，动力装置的能源消耗也是造成局部环境污染和全球温室气体排放的主要来源之一。随着碳达峰、碳中和目标的逐步推进，燃油动力节约与清洁低碳转换迫在眉睫，其本质上包括三方面内涵：传统动力装置的高效清洁燃烧、低碳清洁燃料的替代利用、新型动力装置与系统多元化。具体来说，需要加速调整燃油动力装置能源结构，转变能源利用模式，加快绿色、多元、高效、低碳的可持续能源应用。汽车动力向燃料和动力系统多元化方向发展；海洋运输将超低排放的高效船用柴油机、气体燃料和双燃料发动机、零排放技术作为未来的发展方向；航空运输则以生物燃料和电能驱动作为通用航空动力的重要方向。最终，构建我国安全、高效、绿色、低碳现代交通运输体系。当前，石油转化技术向清洁化、绿色化、低碳化、智能化等方向发展，我国于 2016年发布了《石化和化学工业发展规划（2016—2020 年）》，对"十三五"期间我国石化产业明确提出了经济发展、结构调整、创新驱动、绿色发展和两化融合等 5 大发展目标及 8项主要任务。在技术和产业层面，原油制化学品技术、炼化一体化技术等均得到了广泛关注。在原油制化学品技术方面，形成了原油直接制烯烃、原油加氢裂化气转化、热原油制化学品等为代表的四代技术路径，极大地提高了化学品回收率。我国炼油工业已拥有具有世界先进水平的全流程炼油技术，具备建设千万吨级炼厂的能力，形成了一批大型炼化基地，包括大连长兴岛、河北曹妃甸、江苏连云港、浙江宁波、上海漕泾、广东惠州和福建漳州古雷 7 大基地。同时，我国还在石油精细化工中下游制约性技术方面不断取得突破，如丙烯酸、丙烯腈、环氧丙烷等绿色工艺技术均已实现国产化。

天然气是一种优质清洁高效能源，主要用作燃料，也用于制造乙醇、烃类燃料、氢化油等化工产品的原料。我国的天然气可采集资源量达到 47 万亿立方米，随着科学技术水平的不断进步以及能源结构的变化，天然气化工与能源利用新技术迅速发展，使得这种能源的成本建设费用降低、利用效率提高、发展前景更为乐观。与煤和石油等化石资源相比，天然气由于富含甲烷而具有最高的氢碳比，因此在燃烧过程中会生成相对较少的二氧化碳。另外，除了直接燃烧，天然气还可以通过化学、化工方法被转化为高品质液体燃料、氢气以及高值化学品。天然气化工利用主要研究甲烷的高效活化和定向转化，以及催化涉及的重要基础问题，包括发展高效催化途径、开发高效经济的催化材料、发展新的表征技术、创新催化反应理论等。另外，分布式能源是天然气能量利用的一个重要方面，分布式能源系统是指分布在用户端的能源综合利用系统。一次能源以天然气等清洁燃料和可再生能源为主，以分布在用户端的冷热电联供系统为主要形式。分布式能源系统的主要优点是可以通过冷热电联产提高能源利用效率，兼具环保、安全等特点，具有广泛的发展前景。

我国石油和天然气的对外依存度高，给国家能源安全带来了巨大隐患，因此我国也非常重视非常规油气资源的开发和利用。非常规油气资源包括致密气、煤层气、页岩气、天然气水合物等，一般采用传统油气开发技术无法获得自然工业产量，需要结合我国陆相地层为主、岩相变化大的特点，开展非常规油气钻井工艺、运移规律、开发利用、环境风险控制等理论和技术研究，从而实现经济开采。我国非常规油气资源类型多、分布广、资源潜力大、发展前景好，随着我国经济快速发展对油气资源的需求飞速增长，在能源格局中的地位越发重要。非常规油气资源的开发利用研究在于如何实现非常规油气资源勘探、钻井、采收、冶炼，进而满足终端油气资源的使用需求，实现对部分或全部进口油气的替代。

3. 二氧化碳捕集利用与封存研究进展

二氧化碳捕集利用与封存（CCUS）指将二氧化碳从排放源中分离后或直接加以利用或封存，以实现二氧化碳减排的技术过程。作为目前唯一能够实现化石能源大规模低碳化利用的减排技术，CCUS 是我国实现 2060 年碳中和目标技术组合的重要构成部分。虽然国内对于 CCUS 技术研究起步较晚，但我国高度重视 CCUS 在二氧化碳减排、气候变化改善方面的重要意义，对 CCUS 技术发展路线、系统优化、技术经济性进行了深入的研究。部分 CCUS 技术已具备理论基础与工业示范经验，需要深入研究突破，实现 CCUS 产业化应用，促进煤电低碳化发展。

化学链燃烧技术相比于 IGCC 燃烧前捕集、富氧燃烧技术等，是技术经济性最高、最具有降低能耗潜力的二氧化碳捕集技术。化学链燃烧技术经历早期氧载体筛选与测试、小型固定床 / 流化床试验，现已发展到化学链中试验证阶段，全球范围内已搭建数十个 kW_{th} —MW_{th} 级化学链燃烧中试平台，正逐渐放大至工业化应用：德国达姆斯塔特大学和法国阿尔斯通公司（Alstom）分别建成 $1MW_{th}$ 和 $3MW_{th}$ 规模的化学链燃烧反应器装置。我国的化学链燃烧技术在国家基金委专项和科技部重点研发计划等的大力支持下，以氧载体微观反应机理和定向合成为基础，以化学链燃烧反应器工业化示范为目标，取得了一系列重大突破。目前，低成本高性能氧载体筛选制备已完成，测试时长超 11000 小时，测试各类氧载体超 1000 种，正尝试进一步筛选天然矿石等低成本材料，通过简单方法制备满足化学链循环燃烧性能的氧载体，进一步提高技术经济效益，努力完成工业化大规模制备氧载体工艺流程。在化学链燃烧反应器的设计方面，国内已搭建 $3MW_{th}$ 化学链燃烧装置和两个 $1MW_{th}$ 规模化学链气化装置。但目前国内外化学链燃烧技术仍存在出口未燃尽气体、焦炭进入空气反应器、出口氧浓度高、系统过于复杂等实际运行问题，限制了其工业化应用。除有效进行二氧化碳内分离之外，化学链燃烧技术还可与其他技术相耦合，如新兴能源研究（GE-EER）公司尝试将化学链燃烧与天然气、柴油、煤、生物质等重整制氢相结合。化学链化工品转化、化学链页岩气高值化、化学链固氮制氨等其他新型化学链技术领域也有了初步发展。我国在化学链燃烧技术领域发展创新较快，形成了具有中国特色的先进技术方案。

二氧化碳在水和油中溶解度都很高，近年来国内外大力开展二氧化碳驱油研究。相比于其他驱油技术，采用二氧化碳驱油成本低、适用范围广、采收率高，可同时解决二氧化碳的封存问题。根据国际能源机构评估，全世界约有 3000 亿—6000 亿桶资源适合二氧化碳驱油，具有十分广阔的应用前景与商业化价值。目前，美国是二氧化碳驱油项目开展最多的国家，年注入二氧化碳量达 2000 万—3000 万吨。欧洲部分发达国家以及日本等也开展了二氧化碳驱油项目。我国约有 100 亿吨石油适用于二氧化碳驱油，目前我国在二氧化碳驱油技术上已经有了较大的突破，可完成工艺流程设计，但尚未完全掌握二氧化碳驱油技术。中石油和国家能源集团在鄂尔多斯盆地 10 万吨级先导性试验已稳步开展，胜利油田正在进行 100 万 t/a 二氧化碳捕集及利用工程的设计论证。目前无稳定提供高纯度二氧化碳的燃煤电站，大多碳捕集技术处于工业示范阶段，主要难点在于碳捕集成本较高。随着我国大力推进碳捕集技术研发进程，二氧化碳驱油技术将会在各油田铺开，大幅度降低驱油成本的同时解决电站二氧化碳排放问题，实现二氧化碳零排放。

二氧化碳封存技术主要包含地质封存、海洋封存和矿化固碳技术等。目前，适用于二氧化碳地质封存的包括深部盐水层、废弃油井和不可开采煤层等。挪威国家石油公司开展的斯莱普纳（Sleipner）天然气 CCS 项目是全球首个工业级二氧化碳捕获设施，也是国际首例以温室气体减排为目标的二氧化碳封存项目。该项目把二氧化碳从天然气里分离出来，注入海底 1000 米以下，利用地层封闭气体。自 1996 年起，该项目每年封存约 100 万吨二氧化碳，且无二氧化碳异常活动与泄漏，挪威国家石油公司节省环境税费 7.2 亿美元。二氧化碳地质封存在我国应用潜力巨大，全国枯竭油气田、无商业开采值的煤层、深部盐水层的二氧化碳封存潜力超过 2300 亿吨，深部盐水层可封存量占比最大。2009 年中英两国建立中国先进电厂碳捕获方案项目（CAPPCCO），旨在通过预留二氧化碳捕集，实现未来二氧化碳捕集技术突破后电厂碳捕集改造低/零成本。2010年国家二氧化碳地质储量评价示范工程经20多个单位共同研究，初步建立起我国二氧化碳地质封存方法和技术参数指标。地质封存技术最大的限制在于对地质结构影响的大小，四川盆地西南地区深部咸水层废水注水诱发超32000次地表记录的地震。二氧化碳的注入将有可能引发地表抬升和断层活化的风险。目前我国已建成10万吨级盐水层封存项目，但是在封存地质选址、地球物理监测技术方面尚不够成熟，需要深入研究。

为保障我国顺利完成能源结构由化石能源向可再生能源转型，实现碳达峰与碳中和，应高度重视以科技创新推进化石能源低碳化利用技术发展，保障我国能源转型的平稳过渡。掌握低能耗二氧化碳转化、百万吨级碳捕集利用与封存技术、s-CO$_2$循环、高参数超超临界发电等化石能源低碳化关键技术，在2030年之前，实现常压/加压富氧燃烧、化学链燃烧等二氧化碳捕集技术全工艺流程打通。以技术创新构建化石能源和可再生能源协同互补的能源体系，探索发展符合中国国情、能情的能源可持续发展道路。

（三）可再生能源转化及利用

为了满足日益增长的能源需求，应对环境污染、气候变化等人类共同面对的难题，以可再生能源转化及利用为主题的能源革命正在世界范围兴起。习近平总书记提出"四个革命、一个合作"重大战略思想，为我国能源转型发展提供了基本遵循。党的十九大报告指出，要"推进能源生产和消费革命"，构建"清洁低碳、安全高效"的能源体系，进一步明确了新时代我国能源发展的方向。"2030年前实现碳达峰、2060年前实现碳中和"，给出了能源革命的确切目标和时间节点。我国是可再生能源大国，发展大规模可再生能源技术与产业是我国能源安全、能源转型和实现碳达峰、碳中和的必由之路。

可再生能源是绿色低碳能源，是我国多轮驱动能源供应体系的重要组成部分，对于改善能源结构、保护生态环境、应对气候变化、实现经济社会可持续发展具有重要意义。我国可再生能源的开发利用在近三十年取得了突飞猛进的发展。截至2020年，我国可再生能源发电量达到2.2万亿kWh，其中太阳能占全社会用电量的比重达到29.5%，如期实现2020年非化石能源消费占比达到15%的庄严承诺。在我国可再生能源利用中，太阳能、风能和生物质能最具代表。太阳能是最丰富的可再生能源，优先发展清洁的太阳能是我国经济可持续发展、能源安全和实现"碳中和"的必由之路。《中国2050年光伏发展展望》报告，预计到2050年，中国太阳能总装机容量将达到25亿kW，将成为我国未来的主导性能源。目前我国太阳能利用主要以太阳能光伏为主。我国太阳能光伏总装机、年新增装机、组件产能方面均全球第一，每年拉动国内生产总值（GDP）近万亿元，太阳能产业已成为国家战略性新兴产业。在太阳能光热发电方面，截至2020年年底，我国有8个光热示范项目已投运或并网运行，共计50万kW；全国累计并网光热发电54.43万kW。在风能方面，截至2020年年底，我国风电累计装机容量达2.81亿kW，规模居世界首位。我国生物质发电装机已达 1488 万 kW，每年产出生物质天然气 0.64 亿立方米，生物质成型燃料 1000 万吨，生物液体燃料 320 万吨、生物燃料乙醇 260 万吨、生物柴油 60 万吨。

由于可再生能源在国家战略层面的意义，国家颁布实施了《可再生能源发展中长期规划》以及《可再生能源发展"十三五"规划》，新一轮的《"十四五"可再生能源发展规划》也已经发布。上述规划确定了国家可再生能源发展的近期和中远期总量目标，指出要逐步提高优质清洁可再生能源在能源结构中的比例。到 2030 年，预计我国含水电的可再生能源在能源供应中的比例可达 36%；到 2050 年这个比例可达 69%，减少温室气体排放分别达 40 亿吨，减排二氧化碳的贡献率可达到 50% 左右，是碳达峰、碳中和远景目标最有力的保障。

1. 太阳能热发电技术研究进展

太阳能将成为我国未来的主导性可再生能源，代表了能源生产和消费革命的发展方向。太阳能开发利用是改变我国能源格局、保障我国能源安全的必然选择。

我国太阳能发电技术总装机容量、年新增装机、组件产能均全球第一，但主要以光伏发电为主。太阳能光伏发电技术和经济性都将达到与常规能源相当的水平，推动能源变革与转型的发展。光热发电技术仍处于产业化初期阶段，但光热发电是一种出力可调的太阳能利用技术，对构建稳定可靠的高比例可再生能源电力系统至关重要。本学科对太阳能发电的研究主要针对太阳能光热发电开展。太阳能光热利用产业发展瓶颈的突破，亟须太阳能高效转化利用的技术突破。我国经过 10 余年的技术开发，已经掌握了光热发电的核心技术，特别是"十三五"期间，在国家能源局组织的第一批光热发电示范项目的带动下，我国建立了太阳能热发电全产业链。我国国内生产的光热发电的关键设备（集热管、吸热器、定日镜等）的技术参数及关键技术指标已与国际成熟供货商产品相当。吸热器、换热器、汽轮发电机组及其辅机等设备制造技术与传统火力发电行业差异不大，国内相关企业已经开发了光热发电相关设备，可以满足大规模发展光热发电的市场需求。第一批光热发电示范项目中使用的设备、材料国产化率超过 90%。有关光热发电工程设计、设备制造、安装、运行维护及性能验收等标准正在陆续编制，逐步建立和完善光热发电标准体系。

我国已投运和即将投运的部分大型光热项目中技术路线包括了槽式导热油传热熔盐储热、槽式熔盐传储热、熔盐塔式、二次发射塔式、菲涅尔式熔盐、菲涅尔式混凝土等，槽式导热油热发电技术最为成熟，具有较高的性价比，塔式热发电技术相比常规槽式导热油热发电技术，其发电效率更高，同时由于节省了导热油工艺，系统更加简化、安全。我国未来光热技术路线的筛选很大程度上依托于我国示范电站的实际运行情况，以及太阳能超临界二氧化碳电站技术的进展。

在太阳能热发电储热材料方面，经过多年的研究与积累，太阳能热发电储热材料已经得到很大发展：陶瓷储热材料能使储热系统可靠运行，降低了成本，它可以单独使用，也可以与其他材料混合使用，其储能密度高，多次循环使用后热物性能变化不大，使用温度范围高；水泥混凝土储热材料相对成本低，强度高，易成型，能与管道良好结合，在降低用水量的同时提高了热导率和比热容，但其储热系统占地面积较大；无机盐相变储热材料的使用温度为300—1000℃，兼容性较好、耐腐蚀性好、储热密度高，但其存在凝固点高、导热性不佳等问题。因此，研究与开发兼顾耐高温、储热密度大、热导率高、耐腐蚀等性能于一体的储热材料是解决太阳能热发电储热环节的关键技术。

2. 风能发电研究进展

2021年3月中央财经委员会第九次会议特别提出："要构建清洁低碳安全高效的能源体系，控制化石能源总量，着力提高利用效能，实施可再生能源替代行动，深化电力体制改革，构建以新能源为主体的新型电力系统"，构建以新能源为主体的新型电力系统必然要求我国风电的进一步大力发展，这也意味着未来将会有更多的陆上、海上风电场建设，并成为未来电力系统的中坚力量之一。

我国风电产业的发展空间非常巨大，可开发利用的风能储量10亿kW，目前我国风电累计装机容量已达2.81亿kW，自2008年以来保持世界第一，占全球累计风电装机量的32.24%。预计"十四五"期间将新增风电装机容量2.9亿kW，年均新增5800万kW。根据国家可再生能源中心发布的《中国风电发展路线图2050》预测，到2050年风电装机将达10亿kW，约占全国17%的发电量。未来我国风电行业仍将维持较高速度增长。由于风电以及其他新能源天然具有的波动性和间歇性的特点，未来电力系统面临的核心问题将是风电及其他新能源的并网消纳以及电力系统的供需平衡与安全稳定运行。在《中华人民共和国国民经济和社会发展第十四个五年规划和2035年远景目标纲要》中，也特别强调"加快电网基础设施智能化改造和智能微电网建设，提高电力系统互补互济和智能调节能力，加强源网荷储衔接，提升清洁能源消纳和存储能力"。

目前我国风电发展面临的主要问题包括：产学研脱节，信息、人员、技术存在各种壁垒；过于重视新产品开发，忽视技术研发的投入和积累；欠缺实验测试验证环节。需特别关注科研积累和行业软件开发，研究如何形成基础研究、行业软件和技术产品开发、制造业应用和用户端反馈的市场与管理机制。具体来说：在风电整机和零部件配套方面，我国面临的问题是该行业不同程度地存在着大而不强、泛而不精的现象，在基础材料、新技术和工艺投入和研发方面的研究比较欠缺，在长期可靠性、产品一致性方面与部分进口产品尚存在差距。多数零部件厂商在考虑设计开发和工程应用时多着眼于自身，在系统性认识和产业链深度整合方面仍需进一步加强。制约我国风力发电技术发展的瓶颈还有风电试验平台。目前仅有部分风电企业建设有自己的动力试验平台，但是测试功能相对单一，不具备公共性和独立性，各厂商大多根据自身的经验、认识和产品开发的侧重点来开展研究性试验，开放交流显著不足。我国适合开发海上风电的区域集中在东南沿海，具有台风、盐雾、高温、高湿等恶劣气候特点。目前我国针对上述风电应用环境，系统性的专业检测技术能力尚未形成，亟须加强相关检测能力建设。欧美针对海上风电场在建设和运行期间对水文、电网、气象、生物等影响已开展了多项检测研究活动，并且开发出一系列专用测试设备。随着风力发电市场容量和装备产业的快速大规模发展，风电机组的可靠性、运行效率、工作寿命等问题开始受到专家学者们的高度关注。针对这一问题，数字化风电技术，在风电智能监控、智能运维、故障智能诊断和预警等方面已开展深入研究探索。但我国陆上风电场智能化运维水平在精细化与信息化方面与国际上存在较大差距。海上风电场在运维管理的限制性条件、服务装备、安全要求等方面和陆上风电场存在显著差异，欧洲厂商根据多年经验，形成了海上风电场运维管理的系统性方法，而我国目前海上风电场的运维手段和理念主要借鉴陆上风电场的经验，尚未形成真正适用于海上风电场的运维管理体系。

3. 生物质能利用的研究进展

生物质属于清洁能源，它的诸多特点符合经济社会对新能源的要求，是未来清洁能源的重点方向。数据显示，我国生物质资源可转换为能源的潜力约 4.6 亿吨标准煤，已利用量约 2200 万吨标准煤，还有约 4.4 亿吨可作为能源利用。今后，随着造林面积的扩大和经济社会的发展，生物质资源转换为能源的潜力将不断扩大。生物质能是可再生能源体系中的重要组成部分，国际能源署在 2018 年提出，生物质能是可再生能源中被忽视的"巨人"，生物质能将引领未来 5 年可再生能源消费增长。生物质能在供热和交通的占比和影响力远大于其他可再生能源，预计将占到可再生能源消费增长的 30%。到 2023 年，生物质能将成为可再生能源的主力。

生物质能发电是生物质能的主要利用形式，近年来，为推动生物质能发电，国家发布了一系列生物质能利用政策，包括《生物质能发展"十三五"规划》《全国林业生物质能发展规划（2011—2020 年）》等，并通过财政直接补贴的形式加快其发展。在国家大力鼓励和支持发展可再生能源，生物质能发电投资热情高涨，各类生物质发电项目纷纷建设投产等的推动下，我国生物质能发电技术产业呈现全面加速的发展态势。截至 2020 年年底，中国生物质发电新增装机达到 543 万 kW，累计装机达到 2952 万 kW，同比增长 22.6%。其中，垃圾焚烧发电新增装机 311 万 kW，累计装机达到 1533 万 kW；农林生物质发电新增装机 217 万 kW，累计装机达到 1330 万 kW，沼气发电新增装机 14 万 kW，累计装机达到 89 万 kW。生物质发电量达到 1326 亿 kWh，同比增长 19.4%，保持稳步增长势头，约占全球生物质发电装机总数的 20%，是当之无愧的世界第一。

常见的生物质发电技术包括生物质纯燃发电技术、生物质与煤混燃发电技术、生物质气化发电技术等。目前我国的生物质发电以纯燃发电为主，技术起步较晚但发展迅速，主要包括农林生物质发电、垃圾焚烧发电和沼气发电。

近年来，随着生物质利用技术的不断突破，生物质利用的新兴技术发展迅速，主要新兴技术包括：燃煤耦合生物质发电技术、生物质热电联产技术、生物质气化多联产技术、生物质液化制油技术、生物质制醇类化学品技术和生物质制氢技术等。

（四）动力装备中的能源转化与利用

近年来我国在航空发动机、燃气轮机、汽轮机、内燃机等动力装备研发和基础研究方面取得了一系列新的重点进展。国家设立了"航空发动机及燃气轮机"重大科技专项，对高推重比军用涡扇发动机、大涵道比民用涡扇发动机以及涡轴/涡桨发动机研制、关键技术攻关和基础研究进行了重点支持。国家自然科学基金也设立了"面向发动机的湍流燃烧基础研究"以及多个重大和重点项目。

1. 航空发动机与燃气轮机中能源转化与利用技术研究进展

航空发动机是一种高度复杂和精密的热力机械，为航空器飞行提供所需动力，作为飞机的"心脏"，被誉为"工业皇冠上的明珠"。航空发动机直接影响飞行器的性能、可靠性和经济性，是一个国家科技、工业和国防实力的重要体现。航空发动机主要包括燃气涡轮发动机、冲压发动机、爆震/爆轰发动机等多种类型，不仅作为各种用途的军民用飞机、无人机和巡航导弹动力，利用航空发动机派生发展的燃气轮机还被广泛用于地面发电、船用动力、移动电站、天然气和石油管线泵站等领域。我国高推重比涡扇发动机、大涵道比涡扇发动机研发进展顺利。涡轴16发动机于2019年10月8日获得了中国民用航空局的型号合格证，达到了国际先进民用发动机水平。民用大涵道比涡扇发动机多级高负荷高效率高压压气机技术取得重大突破，达到与国际最先进窄体客机发动机压气机相当的水平。新原理对转冲压发动机完成整机点火实验并实现了慢车工况，初步验证了气动结构匹配特性。在超燃冲压发动机、旋转爆震发动机、宽速域空天推进系统基础研究方面，也取得了重要进展。基础研究层面，取得了低熵产对转冲压激波增压理论、非定常涡升力增压机制、压气机稳定性通用理论、等离子体冲击流动控制理论、航空发动机涡轮叶片超强冷却设计方法、仿生树木蒸腾作用自抽吸及自适应发汗冷却方法等重要创新成果。

燃气轮机包括发电用重型燃气轮机、舰用燃气轮机、工业驱动燃气轮机和各类微小型燃气轮机。压气机与涡轮设计是燃气轮机研制中的核心气动热力学问题。我国自主开发了高负荷压气机通流设计方法与技术，提出了若干压气机气动布局设计的新观点、新理念；对国外已有透平叶型损失模型进行了验证、筛选和改进，并围绕透平三维复杂流动机理、透平叶片二维叶型、三维积叠及非轴对称端壁的气动优化设计开展了大量研究，开发了透平气动设计软件。围绕冲击冷却、肋片扰流冷却、针肋冷却、凹陷涡发生器冷却等透平叶片内部冷却技术，提出了高效的气膜冷却孔型和内部冷却结构，开发了透平叶片冷却设计工具。将气动效率、换热性能同时作为优化目标建立优化模型，基本与国际同步开展了燃气透平气热耦合优化研究。

2. 汽轮机中能源转化与利用技术研究进展

汽轮机是一种将工质的热能转换为机械功的旋转式动力机械，其具有单机功率大、效率高、运转平稳、单位功率制造成本低、使用寿命长、燃料适应范围广等优点。汽轮机不仅是燃煤化石发电站、核电站以及联合循环电站重要的动力装置，其还可以直接驱动泵、风机、压缩机、船舶螺旋桨等设备，利用汽轮机的中间抽汽或者排汽满足生产生活的供热需求。汽轮机的研究进展主要集中在二次再热汽轮机、核电汽轮机和光热汽轮机。2015年6月27日，我国首台二次再热机组在江西安源电厂投运，参数为31MPa/600℃/620℃/620℃，功率600MW，热效率达到46%；2015年9月，我国首台二次再热百万机组在国电泰州电厂投运，参数为31MPa/600℃/610℃/610℃，功率1000MW，热效率达到47.8%。上海汽轮机厂设计并制造了我国首台核电汽轮机，并进一步致力于1000MW等级以上核电汽轮机的设计、制造技术攻关。CPR1000型核电汽轮机由一个双流高压缸和两个双流低压缸组成，汽轮机采用半转速设计，低压缸进口前设置汽水分流再热器。AP1000型核电汽轮机由1个高压缸和2个低压缸组成，通流叶片采用AIBT技术设计，具有较高的通流效率。光热汽轮机基本处于超高压、亚临界水平，槽式集热电站主蒸汽温度为370—400℃，塔式集热电站主蒸汽温度为530—560℃。尽管低压缸的叶片型线和叶片通道的优化设计已经相对完善，但目前低压缸的第一级效率只有65%左右，远低于其他级的效率。

3. 内燃机中能源转化与利用技术研究进展

内燃机是指燃料在机器内部燃烧后将产生的热能直接转换为动力的热力发动机。通常所说的内燃机是指活塞式内燃机。活塞式内燃机将燃料和空气混合，在其汽缸内燃烧，释放出的热能使汽缸内产生高温高压的燃气。燃气膨胀推动活塞做功，再通过曲柄连杆机构或其他机构将机械功输出，驱动从动机械工作。常见的有柴油机和汽油机。针对轻型汽油机动力，我国吉利、长安、广汽、比亚迪等车企的汽油机热效率达到了40%—43%，与丰田、马自达等公司处于同一水平；针对重型柴油机动力，我国在2017年启动了国家重点研发 – 政府间国际科技创新合作重点专项项目"提高中载及重载卡车能效关键技术中美联合研究"工作，涉及的关键技术包括：低散热燃烧系统及优化、空气管理系统优化、低摩擦和降附件功、后处理构型改进、余热回收等，我国潍柴动力2020年发布的重型柴油机的热效率达到50%，而且是不包括余热回收的效率值（当前余热回收可以增加2%—3%的热效率绝对值）；针对低速船用柴油机，我国2016年启动了船用低速机工程一期，旨在补短板、打基础，实现船用低速机的自主研发能力。

（五）储能与智慧能源

当前全球能源格局正在发生由传统化石能源为主向清洁高效能源的深刻转变，我国能源结构也正经历前所未有的深刻调整。构建清洁低碳安全高效的能源体系、实施可再生能源替代行动、深化电力体制改革，构建以清洁能源为主体的新型电力系统是实现我国"碳达峰、碳中和"目标的重要举措。

储能是智能电网、可再生能源高占比能源系统和能源互联网的重要组成部分和关键支撑技术。储能是提升传统电力系统灵活性、经济性和安全性的重要手段，能够显著提高风、光等可再生能源的消纳水平，支撑分布式电力及微网，是构建能源互联网、推动电力体制改革和促进能源新业态发展的核心基础。近二十年来，我国在储能技术装机方面取得快速发展。2020 年，中国储能市场装机功率为 36.04GW，位居全球第一。其中，抽水蓄能装机功率 32.31GW，占比达到 89.6%；蓄热蓄冷装机功率达到 461.7MW，占比 1.3%；电化学储能装机功率 3272.5MW，占比 9.1%，其他储能技术装机功率占 0.01%。2020 年中国储能项目较 2019 年同比增长了 24.3%。储能技术的开发利用已成为我国能源工业发展的重要战略目标。国家制定并实施了《关于促进储能技术与产业发展的指导意见》以及《储能技术专业学科发展行动计划（2020—2024 年）》，而新发布的《中华人民共和国国民经济和社会发展第十四个五年规划和 2035 年远景目标纲要》中明确在氢能与储能等前沿科技和产业变革领域，组织实施未来产业孵化与加速计划，谋划布局一批未来产业。实施电化学储能、压缩空气储能、飞轮储能等储能示范项目，开展黄河梯级电站大型储能项目研究。

智慧能源是一种互联网与能源生产、传输、存储、消费以及能源市场深度融合的能源产业发展新形态，具有设备智能、多能协同、信息对称、供需分散、系统扁平、交易开放等主要特征。智慧能源在我国仍处于探索阶段，国家政策支持各种类型的新技术、新应用的探索与推广，尝试开展多种多样的能源互联网模式与业态工程示范。2015 年 7 月，国务院印发《关于积极推进"互联网 +"行动的指导意见》。2016 年 2 月，国家发展和改革委员会、国家能源局、工业和信息化部联合发布《关于推进"互联网 +"智慧能源发展的指导意见》，提出十大重点任务和两大发展阶段，为智慧能源产业发展指明了方向。与此同时，国家推动的电力体制改革、中国制造 2025、节能减排升级创新、多能互补集成优化和互联网升级换代等，从各个领域、各个方向，全面推动了智慧能源产业创新和能源互联网的发展。2021 年，国家发展和改革委员会、国家能源局发布《关于开展"风光水火储一体化""源网荷储一体化"的指导意见（征求意见稿）》，以积极探索"两个一体化"的实施路径，因地制宜采取风能、太阳能、水能、煤炭等多能源品种发电互相补充，并适度增加一定比例储能。

1. 储能技术研究进展

我国抽水蓄能电站的发展始于 20 世纪 60 年代后期，经过 20 世纪 70 年代的初步探索和 80 年代的深入研究论证和规划设计，我国抽水蓄能电站逐步进入蓬勃发展时期，先后兴建了广蓄一期、北京十三陵、浙江天荒坪等抽水蓄能电站。截至 2020 年，中国累计抽水蓄能 32.31GW，主要集中在东部沿海城市。在抽水蓄能关键技术研究方面，清华大学对水泵－水轮机性能开展了较多的数值模拟和优化设计工作；河海大学对抽水蓄能电站的技术、运行经济学以及建筑施工等问题进行了广泛研究；华北电力大学对抽水蓄能电站的优化调度、风险管理、经营管理、经济评价等方面开展了广泛研究；大连理工大学、天津大学和浙江大学等也从技术、经济和管理角度对抽水蓄能进行了探索等。在水泵水轮机关键技术研制方面，东方电气集团自主研发福建仙游抽水蓄能电站 30 万 kW 水泵水轮机转轮，于 2010 年 9 月在水力机械实验室（EPFL）试验台通过了中立实验，开创了国内独立研发高水头、大容量、高转速抽水蓄能机组的新纪元。2014 年 4 月，经过国网新源控股有限公司的独立自主整组调试，我国自主研制的首台百 MW 级抽水蓄能机组静止起动变频器（SFC）在响水洞抽水蓄能电站成功启动。2016 年 6 月，浙江仙居抽蓄电站机组投入商业运行，该 400MW 机组是我国真正意义上第一台完全自主设计、自主生产、自主安装运营的抽水蓄能电站发电设备。

压缩空气储能是除了抽水蓄能之外的另一种适合大规模应用的储能技术。在 1978 年德国 Huntorf 压缩空气电站（290MW）和 1991 年美国亚拉巴马州 McIntosh 压缩空气电站（110MW）建成并投入商业运营，这两座储能电站均需要在发电时燃烧化石燃料。近年来，为摆脱燃烧化石燃料，国际上提出了绝热压缩空气储能系统，但是仍需大规模储气洞穴或储气装置。为摆脱对储气洞穴的依赖，中国科学院工程热物理研究所提出了超临界压缩空气储能系统，并研制出 1.5MW 和 10MW 超临界压缩空气储能系统并示范运行。美国 SustainX 公司研发了等温压缩空气储能技术；华北电力大学进行了传统压缩空气储能系统的热力性能优化及经济性分析的研究；华中科技大学等单位结合湖北云英盐矿的地质条件和开采现状，对湖北省建设压缩空气储能电站进行了技术和经济可行性分析；中国科学院理化所、清华大学、西安交通大学也进行了绝热压缩空气储能的相关研究。

我国在飞轮储能技术方面起步较晚，目前处于关键技术突破和产业应用转化阶段。我国英利集团研制出 200kW/36MJ/15000rpm 的复合材料飞轮样机；清华大学研制出 1MW/60MJ/2700rpm 金属飞轮储能工程样机；北京泓慧国际能源技术发展有限公司 2016 年研制成功 250kW/7MJ/11000rpm 飞轮储能动态 UPS，并小批量推广应用；西南交通大学研制了重量 1.4kg、转速 13000rpm 的全高温超导磁悬浮形式的飞轮储能样机；中国科学院电工所 2015 年研制了 30kJ/2kW 超导磁悬浮飞轮储能系统样机，额定转速 10000r/min；清华大学针对 20kW 至 MW 级飞轮储能开展了系统设计、关键技术和试验测试研究；华北电力大学、江苏大学和华中理工大学等分别针对飞轮储能在电力系统的应用、磁轴承控制等方面开展了研究。

储热技术是将能量以热能形式存储的储能技术，世界装机总量超过 4GW，其中太阳能热发电中的熔盐储热装机超过 3.5GW。储热技术一般包括显热储热、相变储热和热化学储热 3 种。其中，显热储热技术包括砂石、混凝土、防火砖等固态显热储热技术和水、无机熔盐和导热油等液态显热储热技术。熔盐是太阳能热电站最佳的储热材料，具有热稳定性好、低蒸汽压、低黏度和无毒性等优点，但是存在腐蚀性强、易冻堵等问题。大多数显热储能材料成本较低，且工作温区覆盖范围广。显热储热的技术成熟度高、成本低、效率高，已经获得商业应用，但是储热密度较低。熔盐显热储热在我国太阳能热发电领域获得了应用，包括金钒甘肃阿克塞 50MW 槽式、中阳河北张家口 64MW 槽式和首航敦煌一期 10MW 塔式电站等均采用了熔盐显热储热技术。固体显热和水储热在我国清洁供暖和火电深度调峰等领域获得了应用，国际功率最高的 26 万 kW 固体电蓄热锅炉在我国投运。相变储热具有更高的储热密度，是研究的热点方向之一。相变储热技术成熟度不高，除了静态冰蓄冷技术外，无机盐相变储热、冰浆蓄冷技术和气体水合物蓄冷技术等大多处于研究与示范阶段。通过将相变材料与高导热颗粒或骨架类材料复合，以获得高导热、性能稳定的复合相变材料是加快相变储能走向实际应用的有效途径，也是近年来国内外相变储能的研究热点。热化学储能包括吸收式、吸附式与化学反应，具有比相变储能更高的储能密度，但是热化学储能反应复杂、技术成熟度较低，大多处于实验室研究阶段。

热泵储电是一种新型储电技术，我国在此方向上起步较晚。近年来，我国学者在热泵储电的理论研究方面包括系统质量不平衡问题、连续稳定性运行优化、阵列化运行策略和基于热泵储电系统冷热电联储联供方面开展了研究。

2. 智慧能源研究进展

我国学者于 2009 年发表的论著中，引入法国物理学家布里渊所提出的"信息是负熵"的概念，揭示了智能化信息技术有利于能源高效利用的可能，引发业界对智慧能源的关注，智慧能源的概念也从此正式进入我国。智慧能源是热、电、气等多种能源形式相融合的复杂网络，其实现多能源转换的关键是综合能源系统。综合能源系统是总能系统的重要形式，在能源生产模块方面包括了电力系统、热力系统、天然气系统，综合能源系统中供需平衡、各子系统之间耦合关系、网络约束都具有重要的研究价值。智慧能源的核心在于传统产业模式与相应基础设施碎片化后通过信息技术的优化重组，重视能源与信息的内在关联以及优化配置。

针对智慧能源配置与优化问题，清华大学低碳能源实验室、全球能源互联网发展组织、能源研究院与国务院发展研究中心等单位，分别建立基于时序运行模拟的新能源配置储能替代火电规划模型，以系统总成本最低为优化目标，考虑投资决策约束和运行约束，统筹优化不同成本情景下的电源和储能容量，提出新能源配置储能替代火电的经济性分析流程，提出新能源配置储能不同程度替代火电的条件。此外，在雄安新区规划智慧绿色能源体系，从两个维度（硬件基础设施和制度软环境）同步打造两个世界（物理实体世界和数据虚拟世界），利用雄安地热能等清洁能源资源优势，与外来的绿色电力和天然气等多能互补，全面采用能源互联网多种能源协同、源网荷储协同、集中式与分布式协同、规划建设与运维管理协同的原则与技术体系，按照智慧城市细胞体能源站 – 群 – 网络模式逐步建成新区终端能源供需系统。

上海交通大学基于 BAS–PSO 智能算法，以上海电机厂综合智慧能源一期工程为实际案例，对微电网经济调度进行研究，引入天牛须算法（BAS），提出 BAS–PSO 改进智能算法。针对智能能源系统的用户侧需求响应，上海交通大学提出了基于综合需求响应的微能源网日前优化调度方法，制定能源分时价格，协调优化 3 种需求响应模式，建立以利润最大化为目标的混合整数线性规划模型，并利用 CPLEX 软件求解，最大化利用了微能源网多能负荷耦合互补能力，提高了系统运行的经济性。浙江大学对基于非侵入式负荷监测的社区智慧能源系统进行研究，设计并实现了一种基于非侵入式负荷监测的社区智慧能源系统。四川大学智能电网四川省重点实验室对涉及虚拟电厂市场交易的主动配电网两阶段优化调度开展研究，研究系统内多种灵活性资源与虚拟电厂中不确定性因素在不同时间阶段的协调互动，结果表明该模型可以有效提升虚拟电厂交易竞争力和配电网运行灵活性水平，为未来电网市场化发展下的优化调度提供了参考。

由此可见，智慧型能源系统以数据为驱动，以智慧平台为支撑，以能源产业变革为举措，以实现安全高效、绿色低碳的可持续经济发展新模式，发展数字化低碳智慧型能源系统是现阶段提高能源效率和减少碳排放的重要举措。建设有"横向多能源体互补，纵向源－网－荷－储协调"和能量流－信息流双向流动特性的综合智慧能源系统是重要研究目标。对高精度能源数据采集系统、数据的存储及安全保护措施、高效智能的预测和优化算法模型、多环节交互及多能协调系统构架和低碳集约型能源系统调控策略等的研究是未来发展方向。不同形式电源和储能的存在及多能流耦合对能源系统安全稳定运行影响是当前的主要挑战。

我国在智慧能源技术研究领域近年来发展迅猛，开展了一批应用基础研究。由于电力的生产与消费天生具备数据的特性，对于这些海量数据的收集、整理与分析将更有利于整个能源网络电力的输送与调配管理。由第三方建设、运维的可再生能源项目在这方面更具备灵活性，可通过大数据、云计算等成熟互联网技术，以提升所管理发电项目的发电效率、降低维护成本，从而提升项目整体的回报率。同时，结合我国互联网产业发展优势，产生了一些与众不同的智慧能源应用形式。

光伏逆变器作为光伏系统数据的集散地，是光伏电站运营综合数据的唯一采集点。阳光电源公司作为国内光伏逆变器市场占有率高达 30% 的龙头企业，长期以来在光伏行业内占据主导地位。公司已宣布与阿里巴巴旗下阿里云合作共同为客户提供基于阿里云计算平台的智慧光伏电站设计、建设、智能运维、金融等全面服务，搭建 iSolarCloud。阿里云全面成为阳光电源面向智慧光伏电站、能源互联网、互联网金融、云计算、大数据等业务领域的重要合作伙伴。

远景能源建立了基于智能传感网和云计算的智慧风场生命周期管理系统，系统主要组成包括了格林尼治（Greenwich）云平台、智慧风场 WindOS 管理系统以及 WindOS 高级应用。系统可帮助客户提升风场实际投资收益和减少风电场发电量损失。远景能源已经管理了包括美国最大的新能源上市公司 Pattern 能源、美国大西洋电力公司以及中广核集团等在内的 1000 万 kW 的国内外新能源资产。

海南省为实现清洁能源（水电、光伏、海岛微网等）发电系统的高效管理，结合分布式能源特性和互联网技术进展，构建了"互联网+"智慧能源信息服务系统，实现了多个分布式能源信息系统的异地协同共享。采用阿里云技术搭建了弹性的基础数据平台，目前已完成 34 个总装机容量 91MW 分布式光伏电站的集成管理工作，并稳定运行两年，大幅提高了分布式能源的管理水平。利用互联网新技术对清洁能源、分布式能源实现高效管理，尝试云端智慧决策，有益于推进能源互联网技术的发展。

当前，国家能源局公布的首批 55 个智慧能源示范项目中近半已经完成验收。应用技术有多源协同的优化调控技术、态势感知技术、协同优化控制技术等。例如，中宁县基于灵活性资源的能源互联网试点示范项目通过光伏、风电、生物质、余热发电、热电等多种电源互补互济，通过园区电解铝、电解锰、家用空调、热水器、供暖等冷热电负荷调节和中断控制等手段，提升可再生能源就地消纳能力，且提出了节省煤炭 69.35 万 t/a，减排二氧化碳、二氧化硫和氮氧化物分别为 70.78 万 t/a、1.18 万 t/a 和 0.69 万 t/a 的具体目标。苏州工业园区的能源互联网试点示范园区项目通过和百度云合作，打造基于人工智能的云平台管理系统，可以提供政务、警务、工业等方面的云管理，双方将共同打造 ABC 创新生态，即人工智能、大数据、云计算相结合的一种新模式。成都天府新区能源互联网示范项目将大数据技术与能源系统的交互融合作为自己的项目亮点，其子项目"高品质、低能耗数据中心功能系统"将承载能源互联网的大数据平台建设，存储并处理大量的能源使用数据；子项目"分散式数据接入与智能终端"将改造原有终端用户与配电网能源使用数据的量测水平，为将来的需求侧管理提供基础。由国家电网主管、全球能源互联网牵头的基于电力大数据的能源公共服务建设与应用工程研发了面向政府、企业、电力用户的大数据公共服务产品。上海临港区域能源互联网综合示范项目通过成立售电公司、搭建能源交易平台、提供售电服务、建立分时价格体系，探索更为灵活的交易模式。蒙西高新技术工业园区研发了智慧蒙西能源运行管控及交易平台，实现"发-配-售"一体化，供需双方直接交易，并计划打开综合能源交易窗口。国网上海市电力公司浦东供电公司主导的上海国际旅游度假区"互联网+"智慧能源工程以海量用户为数据基础，建立市场成员宽泛准入的能源交易平台，同时提供定制化、专业化的能源信息增值服务。

（六）氢能利用技术

人类历史的发展就是一部人类能源利用史，每一次能源利用技术革命都会开启一个新的时代。从远古时代利用柴薪到煤炭再到石油，人类社会也随之飞速发展，同时人类的生产生活也越来越离不开能源。目前以煤、石油和天然气为代表的化石能源面临着枯竭，同时全球变暖问题迫使人类开启下一个能源利用革命。高效、清洁、零碳和可持续是未来能源的必要要素。氢能是目前所知的燃料中能量密度最高的燃料，同时具备清洁和可持续的优势，因此氢能被认为是未来能源的终极之路。目前全球传统能源的年均消费量为 45 亿亿英热单位（Btu），对应市场空间超过 3 万 8 千亿美元。如果氢能源成功替代传统能源，其市场空间将直逼 4 万亿美元。氢能相比于其他能源方案有显著的优势：①储量大、污染小、效率高；②比能量高（单位质量所蕴含的能量高）；③可持续发展。未来氢能源将发展成为与电并列的重要能源利用形式，并由氢能和电能作为整个能源网络的两大中心。在这个能源网络中，将太阳能、风能、海洋能等可再生能源转化为氢和电能，并通过燃料电池和电解水制氢技术实现了氢和电在能源网络中的互联互通。同时可支撑可再生能源大规模发展，并实现交通运输、工业和建筑等领域大规模深度脱碳。2019 年氢能首次被写入政府工作报告。国家统计局 2020 年开始正式将氢气纳入能源统计。氢能也被纳入《能源法》征求意见稿，同时被写入 2020 年国民经济和社会发展计划。从产业链角度看，氢能可以分为制氢、储氢和用氢三大环节，氢能产业的顺利发展需要三个环节相互协调，共同发展。

1. 氢能制备技术

氢的来源广泛，制备方法多样，主要有热化学制氢、工业副产物制氢、水解制氢、生物制氢等技术。我国已经是全球最大的氢气生产国，每年氢气产量超过 2000 万吨，我国氢产量最大的制氢形式为化石能源制氢，以热化学转化形式制氢为主，主要包括煤制氢、天然气制氢、甲醇重整制氢等。目前煤炭是我国人工制氢主要原料，占比高达 62%；天然气制氢次之，约 19%。我国煤炭资源丰富，煤炭是我国能源主要来源，煤制氢技术成本优势突出，是目前规模最大和成本最低的制氢技术。我国煤制氢的企业有数十家，但大部分的煤制氢项目为石化行业炼化配套。如何实现煤炭能源的高效、洁净和无污染的转化制氢，同时降低或者实现零碳排放是煤制氢技术的发展方向。西安交通大学研究团队提出的煤炭超临界水气化制氢发电多联产技术已经实现产业化验证，该技术利用超临界水的性质，在煤气化过程中以超临界水为媒介，使煤中的碳和氢元素转化为氢气和 CO_2，并将水中的部分氢元素转化为 H_2。该技术与传统的煤制氢技术相比，制氢效率显著提高，超临界水的特性使有机煤质中的氮和硫等元素以无机盐的形式沉积，从源头杜绝了污染物的排放，实现了煤炭能源的高效、洁净、无污染转化和利用。目前，该技术处于产业化示范项目的建设与运行阶段，将进一步推动煤炭高效清洁利用制氢技术的发展。由于我国天然气产供储销体系建设日趋成熟，西气东输、海气登陆和国家级、省级天然气干线的互联互通，全国天然气供应保障总体平稳。天然气制氢在未来氢能产业发展中也能发挥重要作用。天然气制氢技术包括蒸汽重整制氢、部分氧化制氢、自热重整制氢和催化裂解制氢等。蒸汽重整制氢技术是目前最成熟的天然气制氢技术，但其反应过程仍存在催化剂表面产生积碳使催化剂失活的问题。目前主要采取提高水碳比来抑制积碳，但一定程度上会降低其能效。未来需要开发具有优良的抗积碳性能和稳定活性的催化剂。甲醇重整制氢的方式主要有甲醇蒸汽重整制氢、甲醇部分氧化重整制氢和甲醇自热重整制氢 3 种方式，以甲醇蒸汽重整制氢为最成熟的技术，特别是对于解决汽车、船舶等交通工具上燃料电池的氢源问题具有重要意义，近年来已成为碳氢燃料重整制氢的研究热点。

工业副产氢是指氯碱、焦化、丙烷脱氢、乙烷裂解等工业生产过程中产生的大量含氢副产气。在化工工业副产氢方面的企业多达百家，涉及焦炉气副产氢气、氯碱工业副产氢气以及丙烷脱氢副产氢气。其中，主要的企业有国家能源集团、中国石化、美锦能源、万华化学等。目前我国规划和在建的丙烷脱氢项目预计可以副产超过 30 万吨氢。我国规划中的乙烷裂解产能达到 1460 万吨，可以副产并外售的氢气达到 90.4 万吨。

水解制氢技术以水作为氢的物质来源，以电能或光能作为能量来源实现水分解制氢，可分为电解水制氢和光解水制氢。其中电解水制氢技术分为碱性电解水制氢、质子交换膜（PEM）电解水制氢和固体氧化物（SOEC）电解水制氢。碱性电解水制氢较为成熟，商业化程度最高，成本也是三者最低。国内代表企业主要有苏州竞立制氢设备有限公司、天津大陆制氢设备有限公司和中船重工 718 所。目前我国制氢技术水平在产气量每小时 0.01—1000 方，能耗在每立方 4.3 到 5.5 度电。质子交换膜电解水制氢质子交换膜代替石棉网，传导质子、隔绝两侧气体，安全性更好，被认为是极具发展前景的电解水制氢技术之一，也是我国重点开发的电解制氢技术。但其成本也更高，国产质子交换膜的性能与稳定性与国外产品仍有一定的差距。目前国产质子交换膜电解制氢单堆产氢量为每小时 0.1—100方。固态氧化物电解池原理上是固体氧化物燃料电池的逆运行，高温条件下可有效降低水电解电压，提高制氢效率。若热源来源于工厂废热，SOEC 将能够大幅降低制氢成本。目前相关的研究主要在于电解质（YSZ）材料以及高性能的密封材料，密封材料的研究主要集中在玻璃/玻璃陶瓷体系、压力密封材料（云母体系）和金属钎料等。

光解水制氢包括光催化制氢和光电化学制氢，太阳能以光化学反应转化为氢能储存的途径，是可再生能源制氢的重要方式。西安交通大学研制的太阳能聚光与光催化分解水耦合系统太阳能能量转化效率达到 6.6%，表观量子效率达到 25.47%（365nm），处于国内领先水平。目前光解水制氢方面的研究主要集中于研制高效、稳定、廉价的光催化材料与光电极材料，以期提高体系的转化效率。在工程热物理领域，目前研究重点主要围绕高效光电解水制氢固液界面化学反应与物质传输耦合机理，构建光催化与光热耦合协同催化的高效低成本制氢技术途径，以获得高效的太阳能到氢能的转化。

生物制氢技术主要包括光解水生物制氢、光发酵法生物制氢、暗发酵法生物制氢以及微生物电解池制氢等，处于实验室研究阶段。光解水生物制氢过程中，微生物利用水或有机物为底物、太阳能作为能量来源，利用大气中的 CO_2 或有机底物作为碳源生长，形成一个良性循环。微生物光合产氢与有机废水处理相结合，同时实现清洁能源生产和环境治理。

2. 氢能存储技术

氢存储技术作为氢气从生产到利用过程的中间桥梁，至关重要。氢具有质量能量密度大但体积能量密度小的特点，目前制约其储存技术发展的关键在于兼顾安全和经济的同时提高氢气的存储密度。储氢方式可分为高压气态储氢、液态储氢以及固态储氢。当前高压气态储氢技术成熟、成本较低、应用最多，但并非最佳方案。高压气瓶的结构型式一般分为四类型：全金属结构（Ⅰ型）、金属内胆纤维环向缠绕结构（Ⅱ型）、金属内胆纤维全缠绕结构（Ⅲ型）、非金属内胆纤维全缠绕结构（Ⅳ型）。车载储氢瓶用于氢能源汽车燃料电池的氢能储存，由于对减重的需求，大多使用金属内胆碳纤维全缠绕气瓶（Ⅲ型）和塑料内胆碳纤维全缠绕气瓶（Ⅳ型）。我国Ⅲ型（铝内胆纤维全缠绕瓶）储氢瓶技术发展成熟，国内车载高压储氢系统主要采用35兆帕的Ⅲ型储氢瓶。国内多个科研机构在开展70兆帕储氢瓶的技术研发。

液态储氢技术有低温液态储氢和常温液态储氢，低温液态储氢技术是将氢气压缩后并深冷到 –252℃以下进行液化，以液态氢的形式保存，其体积密度是常压气态时的845倍，远高于其他的储氢方法。但其液化耗能大、热漏蒸发损失、操作条件苛刻以及对储氢容器的保湿性能要求高阻碍了其规模化推广与应用，目前需要探索液氢无损储运技术、低温液态储罐的自增压和热分层现象以及储氢罐的热力学性能，同时研究其热力学机理和模型。同时，液氢相关的大型低温制冷设备也是重要的方向，涉及集精密加工、气体轴承氦透平膨胀机技术、低温传热与绝热技术、高效安全集成调控技术。我国在航天事业和前沿科学发展的需求推动下进行了几十年低温技术积累，由中国科学院理化技术研究所研制的大型低温制冷设备技术指标达到 10kW/20K、氦透平膨胀机绝热效率 ≥ 70%。常温液态储氢一般是指有机液态储氢，凭借其安全性、便利性及高密度的特点，具有较大发展潜力，是当前研究的重要方向。有机液态储氢是对液态有机物进行可逆的催化加氢脱氢反应实现氢储氢，具有良好的稳定性、可使用油品运输船和储运设施在常温常压下液态有机物氢载体（LOHC）上进行加氢和脱氢循环使用储氢。但 LOHC 的加氢和脱氢转化，需要消耗氢本身能量的 35%—40%。目前用于 LOHC 的物质主要是以环烷为主的化合物，如环己烷、甲基环己烷（MCH）、十氢化萘、二苄基甲苯等有机材料。

固态储氢技术是一种体积储氢密度高、压力低、安全性好的储氢技术，适合应用于对体积要求严格的场景。固态储氢材料主要包括有机金属框架物（MOF）、金属氢化物、非金属氢化物、纳米碳材料等多个技术方法。目前研究主要针对储氢量、放氢温度、放氢速度以及材料成本等参数进行优化，促进体系动力学性能以及放氢反应热力学的增强，促进其储氢性能提升。目前国内固态储氢技术仍处于前期技术研发阶段。以金属合氢储氢为例，镁源动力的镁基合金储氢系统可在常压可控温的条件下实现可逆循环储放气，储氢体积密度达 55g/L，质量储氢密度达 4%。

3. 氢能应用技术

氢能的应用形式多样，可以渗透传统能源的各个方面，包括交通运输、工业生产、化工原料等。对于交通领域主要是氢燃料电池车的应用，工业生产主要在于高热量的能源密集型工业中，氢能是一种有效的减碳和脱碳途径。另外，氢气可以取代碳（来自天然气或煤）作为炼铁过程中的还原剂，并且可以与捕获的二氧化碳一起替代碳氢化合物生产中的化石原料如甲醇及衍生产品等。在这些应用中，氢燃料电池目前是氢能终端应用最重要的场景之一，相比于热力学转化系统，其具有能量转换效率高，接近于零排放以及低噪声和高可靠性的优点。我国《中华人民共和国国民经济和社会发展第十四个五年规划和 2035年远景目标纲要》中提出，要聚焦新一代新能源汽车等战略性新兴产业，加快关键核心技术创新应用，培育壮大产业发展新动能。燃料电池包括质子交换膜燃料电池和固体氧化物燃料电池。质子交换膜燃料电池具有工作温度低、催化剂稳定性、比功率 / 功率密度高的优点，是最适合应用于交通和小型固定电源领域。目前已经实现商业化，但要实现大规模应用还需进一步提升性能、降低成本和提高耐久性，目前的研究热点是研究新型高稳定、高活性的低铂或非铂催化剂以及燃料电池的运行状态检测、水热管理以及低温冷启动等问题。我国目前在质子交换膜、催化剂和电堆系统方面的研发和制造都取得了良好的成绩，但性能和稳定性仍然与国际高水平产品有一定差距。武汉理工氢电科技有限公司建成国内首条膜电极自动化生产线。2019 年，苏州擎动科技有限公司自主研发的国内首套"卷对卷直接涂布法"膜电极生产线正式投产，对标国际先进水平，效率高、制造成本低。

固体氧化物燃料电池具有燃料选择范围广、适应性广、运行温度高和适合模块化组装等特点，可作为固定电站用于大型集中供电、中型分电和小型家用热电联供领域。近年来固体氧化物燃料电池的研究重点聚焦于阳极材料，其中镍基阳极是目前固体氧化物燃料电池阳极材料中综合性能最佳的，需要进一步研究镍基阳极材料的积碳机理及其动态过程，针对积碳过程对固体氧化物燃料电池阳极性能影响机理进行孔隙尺度研究。需要探究固体氧化物燃料电池多重衰退机理和辨识研究，以期能在退化初期准确预测电池剩余寿命，及时采取行之有效的维护手段延长其使用寿命，从而推动固体氧化物燃料电池的产业化进程。潮州三环集团研发出的电解质隔膜片电导率和材料密度，均接近理论值。2016 年，研究人员已开发出 1.5kW 标准电堆，可通过简单串并联方式，组装成更大功率的电堆或模组。电堆发电效率 68% 以上，预计寿命可达到 5 年，潮州三环的固体氧化物隔膜片大量出口，已成为全球最大的 SOFC 电解质隔膜供应商、欧洲市场上最大的 SOFC 单电池供应商。

（七）先进技术中的工程热物理问题

1. 电子设备的热设计

由于温度对于芯片性能、安全性和寿命非常重要，我国学者进行了持续的研究，在芯片温度测量方面取得了较大进展。在利用芯片在工作状态中的已有电学参数（如栅漏电流和阈值电压等）与温度的关系进行温度测量的电学测量法中，提取并分析了非晶态铟锌氧化物薄膜晶体管的阈值电压、场效应迁移率、漏电流等电学参数随温度的变化规律；开发了光电联用拉曼光谱法用以原位测量芯片在实际工作状态的温度、热应力和界面热阻。

随着芯片工作趋于高频化，高频工作芯片中载能子强烈局域非平衡问题凸显。我国研究者搭建了飞秒激光时域热反射测试系统。飞秒激光时域热反射法基于样品表面反射率随载能子温度变化特性，通过一束泵浦脉冲光加热样品，激发其中的载能子，另一束探测脉冲光经位移平台在精确设定的延迟时间后探测样品表面反射率变化，进而研究其中载能子超快耦合过程。采用飞秒激光时域热反射法测量了不同金属材料中超快电子 – 声子耦合特性，发现多晶金纳米薄膜的电子 – 声子耦合没有尺度效应；研究了碲化铋薄膜等半导体材料中多载能子激发耦合过程，包括电子弛豫过程、晶格加热过程、相干光学声子能量弛豫过程以及相干声学声子能量弛豫过程等。

电子器件的冷却方式有被动式和主动式两种，微纳米通道热沉法是主动式冷却的典型方法之一。我国学者通过实验和模拟相结合的手段，在微纳米通道热沉冷却方面开展了深入研究，包括连续型微通道、间断型微通道和歧管式微通道。研究发现带有扰流线圈的微通道线圈引发的纵向涡提高了微通道热沉的传热性能，但流动阻力也随之增大。当 Re=663 时，与直微通道热沉相比，该带扰流线圈的热沉可使热源最高温度降低 5.3%，压损增加 67.4%；发现在波长相对较小时，在相同泵功率下，相比传统左右壁面为波纹状的微通道热沉，上下壁面为波纹状的微通道热沉的热阻更小。但相比直通道，该结构热沉仍会增大流动过程中的压损。在间断式微通道热沉研究中，设计了平行矩形式、交错矩形式和梯形式等多种间断式微通道结构，发现交错矩形式的冷却能力优于平行矩形式，而且梯形间断式微通道热沉具有最低的压损和最好的传热特性，综合性能表现最优。设计了周期性扩展 – 收缩的间断式微通道，模拟和实验结果均表明与普通直微通道相比，该类热沉可以同时强化换热（50%—117%）并降低压损（10%—74%），有较好的流动传热特性。针对凹穴和肋组合式微通道热沉，在常流量下，以总热阻和泵功率均最小为优化目标得到了泵功率 – 总热阻的帕累托前沿图。针对带二次流结构的微通道，以热阻和泵功率均最小为优化目标，得到了帕累托解，与普通直通道热沉相比，在相同质量流量下，优化后的结构可将热阻降低 28.7%，同时将泵功率降低 22.9%。

2. 电池的热设计

"热失控"是威胁电池安全的关键问题之一。我国于 2015 年 5 月发布了一系列新的电池安全性测试标准，如 GB/T 31485–2015，GB/T 31467.3–2015，GB/T 31498–2015 等，旨在规范电池设计，提高安全性能。

在热失控机理方面，研究发现电解液燃烧和石墨负极与电解液反应放热量最高。在发生热失控的过程中，从低温到高温排序，锂离子动力电池将依次经历：高温容量衰减；SEI 膜分解、负极 – 电解液反应、隔膜熔化过程、正极分解反应、电解质溶液分解反应；负极与粘接剂反应；电解液燃烧等过程。利用绝热加速量热仪的加热 – 等待 – 搜索模式，对多种工况下锂电池发生高温热失控时的热特性参数研究发现锂电池发生高温热失控时的自产热起始温度主要受 SEI 膜分解的影响，而 SEI 膜分解后正极与电解液的反应产热是导致热失控的主要原因。电池电量越高，热失控中的最高温度越高，电池破坏程度也越大。数值模拟了钴酸锂电池在受加热状态下的产热和温度分布，发现热生成速率最大的反应是正电极和电解液的反应，正电极区域的热生成速率最大，并且电池的良好散热条件和高导热系数会提升热失控的加热临界温度。

锂电池的隔膜用于分隔电池正负极，阻止电子传导并传导离子，避免发生自放电及短路的问题，是保障锂电池安全工作的重要部件。研究发现隔膜熔化闭孔会导致电池内阻的显著增大，同时，隔膜受热易收缩的特性会提高电池压力，增大热失控的风险。玻璃纤维隔膜拥有突出的耐高温性能、力学性能和循环性能，是理想的电池隔膜产品，但生产价格昂贵。高聚物隔膜加工便利，与无机非金属材料复合使用时具备较高的耐热温度与形状保持能力，兼顾了经济型和耐热性。

电池的被动控温是防止热失控的有效途径。相变材料热管理系统是利用相变材料的蓄热过程实现对锂电池的散热，相变材料冷却可以在不出现异常升温的情况下，应对电池剧烈的热负荷。研究发现膨胀石墨石蜡复合相变蓄热材料其相变温度在47℃附近，非常适合锂电池应用；以计算流体动力学为基础，开发了一种使用相变材料的新型电动汽车电池热管理系统，可研究不同工况的冷却性能，发现填充PCM能够保证电池组的最大温度不超过安全温度50℃，最大温差在5℃以内，可以明显改善电池组的温度场分布，使电池的容量得到充分的利用。

电池控温优化性能的研究主要集中在锂离子电池使用时的容量衰减和安全问题上。发现磷酸铁锂电池在–20℃时锂离子电池放电容量只有室温时的31.5%，而传统锂离子电池工作温度在–20℃—+55℃，但在航空航天、军工、电动车等领域，要求电池能在–40℃正常工作。因此，改善锂离子电池的低温性能意义重大。研究了锂离子电池低温理论，分别讨论了电池正负极、电解液、添加剂及工艺等因素对锂离子电池低温性能的影响及作用机理。发现除了正负极材料本征高性能外，适应于低温的电解液也很重要，其需要满足：①形成薄而致密的SEI膜；②保证Li^+在活性物质中具有较大的扩散系数；③电解液在低温下具有高的离子电导率。研制了一种包含翅片的石蜡/膨胀石墨复合相变材料冷却/电阻丝预热耦合热管理系统并应用于超长电池模块。电池组内温度分布越均匀，电池之间的电压差越小，而低温环境运行时，电池的电化学性能高度依赖热条件，因此环境温度较低时电池组的均匀性更为重要。提出了基于相变材料的动力电池热管理单元三维模块。将电池温度从–30℃升至10℃，空气加热所需的冷启动时间是相变材料加热时间的4.2倍。当相变材料的导热系数增加到5倍时，温差从9.9℃减小到4.6℃。设计合理的相变材料热管理系统，有利于动力电池在低温下的应用。

全固态电池已成为近年来电池的发展趋势，其性能也显著受到温度影响。提高电池功率密度、扩展电池工作温度，主要依赖于电解质电导率的提高。这些方面对于电导率较低的聚合物体系仍是一大挑战。最近我国学者开发了一种纤维增强的聚碳酸亚丙酯基电解质，室温电导率可达3×10^{-4} S/cm。基于此电解质的固态电池不仅可实现在室温下以0.5C（C/n代表n小时充满或放出电池的理论容量所需电流密度，这里1/n=0.5）的倍率进行 1000 次接近理论容量的循环，即使在 120℃ 也可表现出相当的稳定性和优异的倍率性能（以 3C 的倍率进行 500 次循环仍然保持 85% 的初始容量），显示出较好的商用潜力。

聚合物、硫化物和氧化物固态电解质在大电流密度（0.5mA/cm²）下都有可能会被锂枝晶贯穿，进而发生短路失效。借助有效的温度调控方法，可以提高固态电解质电导率，也能降低锂金属的硬度，防止锂枝晶贯穿电解质层。利用电解质 Li_6PS_5Cl 与聚氧化乙烯制备得到了厚度仅为 65μm 的硫化物电解质薄膜，利用此薄膜组装而成的全固态电池首圈放电比功率可达 374.7Whkg⁻¹，通过对工作温度控制，实现了 1C 倍率下 1000 圈以上的稳定循环，容量保持率为 74%，平均库伦效率可达 99.85%。

三、国内外研究进展比较

（一）国内外发展趋势

1. 化石能源低碳化利用

在燃煤低碳发电方面，我国的高参数高效燃煤发电机组总装机容量全球领先，但新型低碳燃煤发电技术相关研究起步较国外稍晚。我国建成 250MW IGCC 绿色电站示范项目，配套煤气化、空分、燃气轮机等设备发展迅速，但不够均衡充分，部分设备核心技术被国外垄断，距大规模商业化运行具有一定差距。国家能源集团于 2020 年 10 月成功运行具有我国自主知识产权的国内首套煤气化燃料电池循环发电（IGFC）系统核心设备：20kW 级固体燃料电池发电系统（SOFC）。但对于 IGFC 技术整体系统设计、研发以及系统之间协同控制与国外领先水平具有较大差距。西方部分发达国家在 IGCC 整体工艺技术流程与配套设备的研发完成之后，立即转向 IGFC 技术的研发，并取得了初步突破。2019 年日本 NEDO 与大崎 CoolGen 合作进行 IGCC 和 IGFC 项目开发验证，将应用于 500MW 级商业发电设施，在 CO_2 回收率 90% 条件下实现 47% 的送电端效率（HHV）。德国 Vattenfall 30MW、法国 TOTAL 30MW、澳大利亚 Callide 等富氧燃烧项目已实现工业化示范，国内于 2012 年启动 35MW 富氧燃烧工业示范项目，2015 年成功点火试验。整体而言，富氧燃烧技术基本实现与国际同步发展。

在煤炭清洁低碳转化方面，煤气化技术主要通过过程强化，不断提高气化炉单位体积的处理能力，降低装置投资，实现近零排放。煤液化技术侧重在新工艺和新方法，研制高效的费托合成催化剂和煤温 – 加氢催化剂，大型煤液化反应器技术，煤制油复杂系统集成与优化技术，初级合成油品分离与深加工的生产高端油品与化学品技术，煤温和加氢与费托合成耦合的分级液化技术，柴油 – 汽油 – 航油 – 润滑油 – 化学品联产工艺技术，上下游工艺匹配技术等。煤制清洁燃料和化工品技术则以合成气/甲醇等为原料的碳氢氧原子化学键的定向调控、目标化合物的化学合成新途径、催化剂的精准合成和制备为重点，以及生成目标产物的合成工艺及反应器等，开发系列煤基原料转化制清洁燃料和化学品新技术，保障产品的高选择性、低成本、低消耗等。国内外煤制氢 +CCS 耦合技术均处于设想阶段，并未有工业化示范，相关研究大多处于实验室核心技术开发阶段。

在二氧化碳捕集利用与封存方面，发达国家高度重视碳减排，美国于 2020 年进一步提出 ZCAP 计划。国际能源署指出，若 CCUS 技术无法突破，各国净零排放均无法实现。国际社会 CCUS 项目合作较多，百万吨级大规模燃煤电站碳捕集驱油项目（Petra Nova、SaskPower 等）不断涌现，但我国 CCUS 技术大多处于中试及即将工业化放大的设计阶段，尤其是碳捕集技术领域已实现的工业示范项目较少。我国现阶段碳捕集技术中：国家能源集团在陕西锦界电厂建成的 15 万 t/a 燃烧后碳捕集项目是目前国内最大规模的碳捕集项目；化学链燃烧技术反应器设计运行和载氧体大规模制备等仍处于单元化研发阶段，缺乏系统性整合；富氧燃烧技术系统集成优化、压缩纯化等方面落后于国际先进水平。碳捕集技术是推进二氧化碳减排的核心与前提，实现低成本富集高纯度二氧化碳是各国的主要研究方向。国际上部分项目已实现碳捕集驱油经济收益正增长，但仍存在技术经济性较低、依赖环境部门补贴的问题。实现二氧化碳捕集技术的率先突破将极大程度上奠定在国际社会能源低碳利用技术领域的引领地位。

2. 可再生能源转化及利用

2020 年我国光伏新增装机规模 48.2GW，同比增长 60%，累计光伏装机规模达 253GW。但光热发电技术仍处于产业化初期阶段，在具有决定性意义的下一代光热发电技术方面，我国已经部署了太阳能超临界二氧化碳发电技术的研究。

2008—2018 年，全球安装的聚光太阳能容量从 0.5GW 大幅增加到 5.5GW。大多数正在运行的聚光太阳能发电厂都在西班牙、美国、摩洛哥和南非，而中东、北非和中国正在建造大多数新的聚光太阳能工厂（2.2GW）。此外，1.5GW 的聚光太阳能工厂正在开发中，主要是在欧洲、智利、南非和澳大利亚。为了开发更高能效和更低平准化度电成本（LCOE）的下一代聚光太阳能电厂技术，包括美国、澳大利亚、欧洲和亚洲在内的国家/地区在这十年中启动了不同的举措或研发项目。美国、欧盟在太阳能技术领域处于领先地位，仍在加大投入，持续资助光热等前沿技术研究，美国的 Sunshot 计划和 Sunshot 2030 计划等在太阳能领域投入超过 19 亿美元，储能领域投入超 12 亿美元，欧盟的 Horizon 2020 以及 Horizon Europe 计划等在太阳能领域投入超 18 亿欧元。

在风能发电方面，中国力量领跑全球，2020 年新增陆上和海上风电装机容量均位列全球第一，累计陆上风电装机总量全球第一，累计海上风电装机总量全球第二，达到 996MW，仅次于英国。近年来，我国将海上风电作为东部沿海能源转型升级的重要战场，但在海上风电方面，我国的发展仍落后于国际先进水平。海上漂浮式风机的潜在市场以欧洲、美国、亚洲的沿海国家为主。欧洲市场不仅具有装机容量最大的固定式海上风电市场，同时也是浮式风电的主要研发、测试和商业开发地区。截至 2019 年年底，欧洲漂浮式风电装机容量占全球 70%，达 45MW，主要的欧洲国家有英国、葡萄牙、西班牙、德国、法国和挪威等。目前,漂浮式风机样机测试项目主要集中在欧洲地区,以苏格兰、葡萄牙和地中海区域为主,技术研发和设计则主要集中于挪威、法国、葡萄牙、英国、美国和日本等发达国家。

在生物质发电方面,随着各国积极支持和推动,全球生物质能发电装机容量持续稳定上升。2008—2017 年的十年间,生物质能装机容量从 53.59GW 增长至 109.21GW,年复合增长率为 8.23%。到 2018 年,全球生物质能电厂 3800 个,新增装机容量 108.96GW。根据 IEA 最新市场预测结果,2018—2023 年,生物质能源将引领可再生能源持续增长,占到全球能源消费增长的 40%。到 2040 年,可再生能源在一次能源占比中达到 17%—22%,将是实现全球电力需求的主要贡献力量。全球的生物发电能力和发电总量近年来呈快速上升态势。从地区来看,在可再生能源指令刺激下的欧盟的发电量仍然是各地区最大的,亚洲发电量增长最快,其中中国发电量增长几乎等于亚洲其他地区增长的总和,北美发电量基本保持稳定。就国家而言,中国的生物质发电量在"十三五"时期迅猛发展,中国仍然是世界上最大的生物质发电生产国,紧随其后的是美国,其次是巴西、德国、印度、英国和日本。美国的发电量因缺乏强有力的政策驱动以及来自其他可再生能源的竞争,在过去十年中并没有显著增长。巴西是全球第三大生物质发电生产国,同时也是南美洲最大的生物质发电生产国。

3. 动力装备中的能源转化与利用

动力装备性能的提升,很大程度上依赖于气动热力学和燃烧学基础研究的持续进展。鉴于叶轮机械对航空发动机和燃气轮机发展的重要性,现阶段各国都将目光放在了新热力循环、新气动布局、新材料和新能源的研究上面,在满足现有技术极限条件下性能指标的同时,为未来可能的满足更高技术要求的新型动力装置提供技术储备。

航空发动机气动热力学发展的研究前沿主要包含内流复杂现象的非定常机理、旋涡流动模型及模拟、流固耦合预测与分析等。针对组合动力新型布局,由于当前各型动力之间融合程度不够,压缩、燃烧及膨胀等多过程仍存在优化空间,并且缺乏有效的综合性能评估方法,最优组合形式难以判别,需要在热力循环分析与优化设计层面就设计方法、内在机理、行为规律等开展研究。美、英、法、俄也开展了一系列大型的航空发动机基础研究计划,推进高推重比涡扇发动机、大涵道比涡扇发动机技术的研究工作。

燃气轮机技术的发展目标是进一步提高燃气轮机参数以提高循环热效率,其主要的表征参数是燃气初温与压气机压比。德国西门子的新一代天然气燃气轮机——HL 级燃气轮机以西门子成熟的 H 级燃气轮机 SGT-8000H 技术为基础进行开发。通过融合一系列已经被验证的全新技术和优秀特性,可使燃气初温达到 1600 度以上,联合循环发电净效率突破 63%。在氢燃料燃气轮机技术方面,美国、日本、欧盟等发达国家和地区均投入了大量的人力和物力,推进富氢燃料乃至纯氢燃料燃气轮机的研究,美国通用公司和德国西门子公司均已突破 50% 以上氢混合燃料燃气轮机技术,目前正在攻关纯氢燃料的稳定燃烧技术与燃烧室设计。

随着国家"两机"重大专项的启动实施，以及重大装备节能减排和低碳经济发展模式的推进，大型叶轮机械的战略地位愈发凸显。我国初步构建了基于全三维定常流动分析与优化方法的叶轮机械气动设计体系，有力支撑了先进动力装置的研发。在对转冲压、非定常涡升力新型增压布局等基础研究方面，我国也取得了重要的原创性成果，在若干关键点上形成了一定的比较优势。我国也高度重视重型燃气轮机技术和产业的自主化发展，力主研制具有完全自主知识产权的 300MW 级 F 级重型燃气轮机产品，攻关具有国际先进水平的 H 级技术验证机关键技术。

4. 储能与智慧能源

国际主要发达国家针对储能和智慧能源领域加强了顶层设计战略主导，发布了系列化行动计划。美国发布了《可再生与绿色能源存储技术方案》、欧洲电池联盟发布战略行动计划、日本发布了《第五期能源基本计划》、德国发布了《第七期能源研究计划》等支持储能和智慧能源技术的研究。为促进能源领域的转型升级和技术革命，我国发布了一系列推进储能和智慧能源发展的政策和指导意见，推动了储能和智慧能源的发展。我国发布了《关于促进储能技术与产业发展的指导意见》《能源技术革命创新行动计划（2016—2030年）》对储能和智慧能源技术的研发进行了部署。5G、物联网、大数据、人工智能、云计算、区块链、机器人等新技术的发展提升了能源在节能减排、多能互补和集成优化等方面的实施能力，从不同领域、不同维度全面推动了智慧能源的创新发展，开启了互联网＋智慧能源的新生态。

全球抽水蓄能占运行储能项目总量的 96.4%，其中中国、美国和日本抽水蓄能装机容量占全球的 50%。高水头混流式水泵水轮机技术是当前的研究热点，主要集中在 500—700m 高水头水泵水轮机的研究，并不断向高水头和大容量方向发展。

传统的压缩空气储能技术采用在发电时燃烧化石燃料的技术方案，摆脱地理条件限制、摆脱化石燃料和提高系统效率是压缩空气储能的未来发展方向和目标。为摆脱对地理条件的依赖，美国学者提出了绝热压缩空气储能系统。为解决依赖地下洞库的问题，英国和中国等提出了液态空气储能系统。为提高系统效率，美国提出了等温压缩空气储能系统，德国提出了具有余热回收的压缩空气储能系统等。我国已完成了 1.5MW 和 10MW 先进超临界压缩空气储能系统研发，正在开展山东肥城 50MW/300MWh 和河北张家口首套100MW 级先进压缩空气储能系统研发。

2000 年前后，飞轮储能工业应用产品开始推广，其中美国的飞轮储能技术处于领先地位。近年来，具有无源自稳定性基于超导磁轴承的飞轮储能系统，受到国内外学术界的关注，国外在超导磁悬浮飞轮储能系统方面已有 20 多年的研究历史，美国、德国、日本、韩国等处于前列，成绩较为显著。

储热技术向着更高温度、更低成本和更高效率方向发展。在储热技术方面，在 250—

600℃太阳盐和希特斯（Hitec）盐已经在商用太阳能热发电站上使用，国内有北京工业大学、中山大学等在开发新的低熔点、高使用温度上限的多元硝酸盐。国外固体储热技术主要以蓄热电暖器为主，多采用镁砖等显热储热，目前已市场化；混凝土储热由于工作温度高、材料成本低，在太阳能光热电站有初步应用。德国宇航中心研制了三段式显热－潜热混合储能实验系统，储热容量 1MWh，潜热部分采用硝酸盐、显热部分采用混凝土。挪威 Energy Nest 公司采用混凝土储热，建成 1MW 的塔式光热试验平台。国内建成多个集中电采暖示范项目，主要采用镁砖为蓄热材料。国内最大单机加热功率达 10MW，有效蓄热能力达 48MWh，放热能力达 2.8MW；南京金合能源研制出高温复合相变材料，相变温度 550℃，在新疆阿勒泰建成风电清洁供暖示范项目，加热功率 6MW，总蓄热量 35MWh。在国外中低温相变储热常用于建筑领域，与供热系统或建筑材料结合，或在被动式房屋中与采暖通风系统结合，提高了居住的舒适性。国内部分企业将在中低温相变储热通过固定式或移动式与集中供暖耦合，利用谷电制热应用到居民日常供暖。

在热泵储电技术方面，目前国际上美国通用、马其他（Malta），德国曼（MAN）集团、西门子、航空航天中心（DLR）等已经开展热泵储电系统的技术研发，英国 Isentropic 公司研发出 150kW/600kWh 的热泵储电系统，尚未完成调试。目前国内外学者在热泵储电技术热力学分析与系统设计优化方面开展了分析研究工作。

欧盟、美、日等发达国家和地区率先开展了智慧能源方面的基础研究、示范项目规划设计及建设推广等工作。欧洲从哥本哈根气候大会开始，就做出了全球最高标准的减排承诺，即"20-20-20 计划"。能源智能化和信息化是欧盟提高能源使用效率和节能减排的必要改革和创新，与其他国家和地区相比较，欧盟更强调信息技术和人工智能技术在低碳化能源发展上的作用。德国是实践智能型能源互联网最早的国家，E 能源（E-Energy）技术创新促进计划包括智能发电、智能电网、智能消费和智能储能 4 个方面，该示范项目作为一个国家性的"灯塔项目"，旨在推动其他企业和地区积极参与建立以新型信息通信技术、通信设备和系统为基础的高效能源系统，以最先进的调控手段来应付日益增多的分布式能源与各种复杂的用户终端负荷。而 E-DeMa 项目选址于莱茵－鲁尔区的米尔海姆和克雷菲尔德两座城市，侧重于差异化电力负荷密度下的分布式能源社区建设。将用户、发电商、售电商、设备运营商等多个角色整合到一个系统中，并进行虚拟的电力交易，交易内容包括电量和备用容量。瑞士联邦政府能源办公室和产业部门启动了未来能源网络远景（Vision of Future Energy Networks）研究计划，研究多能流传输和分布式能源高效转化、存储技术。瑞士联邦理工学院提出的能源中心（Energy Hub）通过超短期负荷智能预测以及分布式能源和配电网的实时在线检测数据进行智能控制，实现电、热、冷等多种负荷的转换、调节和存储。美国对智慧能源的探索也起步较早，在强大的技术基础支撑下，美国对智慧能源体系的技术探索主要集中在智能电网和智慧建筑领域。早在 2010 年 9 月，美国能源部在智能网络全球论坛上提出了美国发展智慧能源的最新战略，即建立"21 世纪的能源网络"，重点支持可再生能源接入、大规模储能、用户端管理、数据与信息安全、能源转化智能信息化等内容。同时，美国在北卡州立大学建立了研究中心，利用电力电子和信息技术在未来配电网层面实现能源互联网。日本正在探索未来家庭能源管理系统（HEMS），HEMS 是能源互联网的基本单元。家庭能源管理系统包括：智能监控家庭太阳能，EV 电动车，储电池或燃料电池，空调、冰箱等家电，与微电网智能互动调整平衡等。

我国当前科研机构已对智慧能源的基本理念概念、技术学科特征、技术体系结构、工程应用技术以及产业模式体系进行了关键问题的初步突破。与此同时，我国近年也相继落地了一系列以"综合智慧、跨界融合、践行能源安全新战略"为主题的智慧能源示范项目，如："北京延庆能源互联网综合示范区""临港区域能源互联网综合示范项目""厦门火炬开发区'一区多园'互联网 +'智慧能源 + 智能制造产业融合试点示范""上海城市综合智慧能源供应服务体系""上海国际旅游度假区'互联网 +'智慧能源（能源互联网）工程""海南省三沙市永兴岛'互联网 +'智慧能源示范项目""珠海（国家）高新技术产业开发区'互联网 + 小镇'智慧能源示范项目"等。这为我国未来智慧能源系统成功示范与大规模应用奠定了技术基础和经验支撑。

5. 氢能利用技术

我国在氢能制备方面，不同制氢方法的发展水平各不相同，其中碱性电解水制氢技术基本实现国产化和产业规模化，质子交换膜电解水制氢的关键技术和关键设备都依赖进口，目前高性能产品的市场被国外厂商垄断，光解水制氢和生物质制氢的研究水平处于国际先进水平。未来利用可再生能源的制氢技术将成为制氢应用与研发主流。

在氢能存储方面，国外 70MPa 加氢站使用的高压储氢容器形式较多，有钢质单层结构、多层金属补强结构、无缝内胆碳纤维缠绕补强结构等。我国目前商品化的主要是钢带缠绕式容器，其存在重量较重、生产成本较高和制造难度较大的问题。而国外应用成熟、广泛的高压储氢容器为钢质无缝瓶式容器和钢质无缝内胆碳纤维缠绕增强结构，比较典型的为日本 JFE 公司的全钢质瓶式容器结构和美国 FIBA 公司设计压力为 100MPa 的钢内胆碳纤维缠绕储氢容器，已经在韩国加氢站应用。

在氢能应用方面，质子交换膜主要使用的是全氟磺酸质子交换膜（PEM），主流的 PEM 最常用的加工方法有热熔融挤出成膜法和溶液流延成膜法两种，由于制备工艺复杂、技术要求高，长期被杜邦、戈尔、旭硝子等美国和日本的少数厂家垄断。国内生产的膜电极目前多数使用戈尔的增强复合膜，市场占有率在 90% 以上。国内东岳、苏州科润和百利科技等企业布置质子交换膜生产，如东岳 150 万平方米质子交换膜生产线一期工程已投产，科润 100 万平方米质子交换膜项目也已开工。而美锦能源、鸿基创能以及武汉理工氢电科技也致力于膜电极生产，随着国内持续投入和技术的不断突破，国产质子交换膜将逐渐实现进口替代。在氢冶金方面，安赛乐米塔尔集团 2019 年在汉堡工厂计划开始实施氢冶金项目，即在工业规模钢铁生产过程中使用氢直接还原铁矿石。在未来几年还将建设一座以风力发电所制的氢为基础的铁矿石还原的示范工厂，年产能为 10 万吨。2019 年宝武集团战略部成立"氢能策划组"，制定了宝武集团在制、储、运、加、用等氢能全产业链的布局，提出制氢端"亿吨宝武百万吨氢"的规模，沿江沿海、一带、一路的加氢站网络布局，明确以重卡用氢、氢冶金为主要应用方向。2021 年 3 月国内陕西鼓风机（集团）有限公司与河钢集团下属企业张宣高科签约氢能源开发和利用工程示范项目，以建设使用富氢气体的直接还原铁工业化示范项目，助力中国钢铁行业低碳转型。

6. 先进技术中的工程热物理问题

在电子设备热设计方面，目前国内外的相关研究还落后于电子器件整体发展，导致出现"热摩尔定律"，成为电子器件发展的"卡脖子"技术。对于芯片热设计工具，以 Flomerics 公司开发的 Flotherm 为代表，可以实现从元器件级、PCB 板和模块级、系统整机级到环境级的热分析与热设计。但现有的芯片热设计工具对于器件达到纳米量级的尺度效应考虑不够，因此纳米尺度电子器件导热性质的可靠测量方法和基础数据积累是国内外的重要发展趋势。芯片高效散热技术是解决芯片散热问题的根本，国内外目前都处于积极研究探索阶段，新型散热技术不断涌现，散热热流密度持续提高，但和实际电子器件的散热需求仍有差距。对于芯片热设计评估，原位测量芯片在实际工作状态的温度、热应力测试方法和技术处在不断探索中，近期我国相关研究有所突破，但还需进一步发展完善和全面推广应用。

在电池的热设计方面，我国发布的电池安全性测试标准包括 GB/T 31485-2015，GB/T 31467.3-2015，GB/T 31498-2015 等，国外的相关标准包括 ISO 12405-2014，IEC 62133-2015，UL 2580-2010，SAEJ 1929-2011，JISC 8715-2-2012 等。对于热箱实验，GB/T 31485，IEC 62133-2015 等 4 个标准均要求电池在 130℃ 的高温条件下进行测试。对于热失控机理，国内外都开展了大量研究尚需进一步深入开展。对于固态电池开发及其中的热设计是该领域近年来新的突破技术和研究资源汇聚点，受到国内外相关研究的高度重视，可预期在新型安全可靠的高性能固态电池开发中取得突破。

（二）学科优势与差距分析

1. 化石能源低碳化利用

目前，我国化石能源低碳化利用技术整体上具有一定的研发基础，但各环节发展不均衡，部分核心技术被发达国家垄断。煤炭清洁高效发电技术总体国际领先，特别是在常规污染物排放控制方面达到超低排放水平，全球领先。新型高效低碳燃煤发电系统发展基本处于跟跑欧美发达国家，但在相关政策与科技项目支持下，有望快速突破技术壁垒，在跟上国际社会步伐后，争取进一步自主创新实现国际领跑。在燃煤低碳发电领域新型发电技术国际首创性的提出较少，大多紧跟国际发展趋势。在全球气候变化的大背景下，发达国家极其重视能源转型过渡期的煤炭低碳发电技术，相关技术研发推进较快。我国基于

IGCC、IGFC 等新型发电技术核心理论，对系统各个环节核心设备进行引进及自主研发，已基本达到国际领先水平。在二氧化碳捕集利用与封存领域，美国、德国、西班牙等化学链燃烧技术已达到工业化放大阶段，国内与国外发展基本持平，但因其系统过于复杂等问题，难以工业化应用。二氧化碳驱油技术在我国应用前景广阔，但相关项目较少，主要原因在于现阶段二氧化碳捕集成本较高且困难，无稳定持续高纯度二氧化碳供给源，在下阶段二氧化碳捕集技术突破后，二氧化碳驱油项目将在各大油田铺开，为我国碳减排提供有力支撑。二氧化碳地质封存技术对于二氧化碳减排具有重要意义，我国在地质封存选址、地球物理监测技术方面落后于发达国家。

2. 可再生能源转化及利用

目前我国可再生能源发电技术总体处于跟跑和并跑阶段，有一定基础，但整体与欧美还有差距。太阳能热发电主要涉及热力学、传热学等，在学科上国内与国外先进国家基本水平相当，差距不大。在超临界二氧化碳透平的研究上，我国与欧美有差距，但是，我国如西安热工研究院、中国科学院电工研究所、中国科学院工程热物理所等多家单位也进行了相关研究。在风电方面，大型风电机组整机、智能风电场、海上风电系统理论等与国外先进水平尚有差距。生物质发电方面，可再生的清洁生物质能已成为国际能源战略的重要着眼点，发达国家极为重视生物质能的研发和应用，欧美国家的生物质发电技术已较为成熟，我国在直燃发电产业推广、混燃发电产业应用方面与国外先进水平均有较大差异。气化发电多联产处于推广阶段，商业化项目较少，与国外整体水平相当。总体来说，我国可再生能源发电基础研究与国际水平相近，甚至有超越趋势，但技术、产业化开发和市场培育与先进国家的差距较大。

目前，我国在太阳能热发电领域的基础研究、技术研发、工程实践等已形成一定基础，一些关键设备、核心技术已进入国际先进行列。但我国光热发电技术仍处于产业化初期阶段，在具有决定性意义的下一代光热发电技术方面，尚未有相关研究规划及布局，落后于欧美。随着技术进步、产业链贯通、产业化规模化发展，太阳能热发电成本会有较大幅度的下降。未来，太阳能热发电将在整个电力系统中占据重要位置。

3. 动力装备中的能源转化与利用

20 世纪 80 年代以来，随着理论、实验测试和数值模拟方法的发展以及与其他学科的交叉融合，气动热力学学科取得了长足发展，叶轮机械气动性能也不断提升。由于叶轮机械对航空发动机和燃气轮机发展都具有重要作用，发达国家不断投入资金开展内流流体力学基础研究，实施了综合高性能涡轮发动机技术（IHPTET）、先进核心军用发动机（ACME）、多用途、经济可承受的先进涡轮发动机（VAATE）、支持经济可承受任务能力的先进涡轮技术（ATTAM）等计划，鼓励高校与工业部门的深入合作，并建立了成熟的叶轮机械设计体系，开发了 TFLO、Turbo、TRACE、elsA 等叶轮机械数值模拟软件，建设了一批基础研究和型号研发试验台，发展了高负荷、高效率叶轮机械数据库，湍流及动态涡系结构等机理研究不断深化，支撑了轻重量抗畸变风扇、高功率超冷高温涡轮等先进技术的发展。发达国家具有工程实用价值的高性能叶轮机械基础研究细节和设计书极少公开。

我国以国际上现有叶轮机械数据库和设计分析软件为基础，结合自身设计经验和试验数据，初步构建了叶轮机械气动设计体系，但是该设计体系对强压力/温度梯度下流-热-固-声多场耦合、多部件匹配、非设计工况运行特性等关键科学问题还没有较为系统深入的理解，难以满足重大装备创新研发的长远要求。针对这些问题，我国实施了"两机"专项等研究计划，目标定位在建立航空发动机及燃气轮机自主创新的基础研究、技术与产品研发和产业体系，为高性能叶轮机械基础研究和型号发展提供了强有力的支撑。在航空发动机领域，我国在对转冲压、非定常涡升力新型增压布局等方面取得了重要的原创性成果，在叶轮机械基础理论、涡轮旋转流动与传热特性、高速进排气系统气动设计、内流湍流模型改进与计算流体力学、先进流动控制等方面也形成了研究特色。在燃气轮机领域，我国也在气动、传热、材料、制造等方向安排了相应的涡轮/透平基础研究项目，取得了一定的研究进展，为深入开展具有我国特色的高水平气动力学研究打下了扎实基础。虽然我国已经初步构建了叶轮机械气动设计体系，并在多个研究领域取得了国际认可的研究成果，但是在高性能叶轮机械的工程研发等方面与发达国家仍有较大差距，跨学科交叉的基础研究还有待进一步深化发展。

4. 储能与智慧能源

目前我国在储能与智慧能源方面总体处于跟跑和并跑阶段，在部分领域达到国际先进水平，但整体与欧美等发达国家还有差距。我国抽水蓄能发展始于 20 世纪 60 年代，目前我国抽水蓄能的装机规模已经居世界首位，装备制造接近世界先进水平，机组制造国产化水平不断提高，但在高水头、大容量、高转速抽水蓄能机组方面距世界先进水平还有差距。我国在先进压缩空气储能技术方面开展了热力学、传热学和叶轮机械方面的研究，与世界先进水平差距不断缩小，部分性能居于国际先进水平。目前国内飞轮储能技术处于关键技术突破和产业应用转化阶段，与国外先进技术水平有 5—10 年的差距。我国储热技术发展较快，与国外差距逐渐减小，其中在高温熔盐储热方面与国外相比还存在差距，我国固体储热和相变储热技术在清洁供暖和火电调峰等领域已经获得商业化应用，我国相变储热在建筑领域中的应用技术与国外相比还存在一定差距。我国在热泵储电领域尚未有相关研究规划及布局，落后于欧美。在智慧能源方面，如西班牙、德国等国积极探索和打造零碳城市，多个城市已实现 100% 可再生能源热力及电力供应，我国与国外先进水平相比还存在一定差距。

我国自 2016 年大力推进"互联网+"智慧能源发展，提出"两步走"战略，实行先期示范、后期推广。目前，已经进入第二阶段能源"互联网"规模化发展阶段。经过了第一期的探索工作，已经积累了丰富的实践经验。智慧能源系统已被成功融入商城、社区、机场、企业等不同场景。但是，从目前的产业发展布局来看，智慧能源系统的应用大多面向传输侧和消费侧的单一环节应用，针对能源企业的供给侧能源系统的构建及覆盖"源－网－荷－储"全环节的综合能源系统的研究较少。同时，在建模过程中的数据来源缺乏规范和标准，预测和优化模型有待提高。此外，关于能源互联网的标准化体系架构以及能源市场交易机制、多能互补分布式能源系统、微网、热电联供技术等方面工作成为当前的研究前沿。

5. 氢能利用技术

目前我国氢能利用技术在技术研发方面处于国际并跑阶段，但一些核心材料的制造工艺水平仍然落后于国际先进企业。

在制氢方面，我国已拥有大规模煤制氢、天然气制氢、甲醇制氢的工程技术集成能力，并掌握了氢气液化关键技术，具备碱性电解水设备制造、工艺集成能力。对于质子交换膜电解水制氢，国内系统大多使用的是进口的质子交换膜，国产化膜在稳定性上还与进口膜有较大差距。我国主要在材料与工艺方面落后于国际先进水平，但从工程热物理学科方面，我国在制氢系统理论，工程集成技术与国外相比处在并跑的位置。在储氢方面，我国仍然在相关储氢材料方面落后于国外先进水平。70MPa 碳纤维缠绕Ⅳ型瓶已是国外燃料电池乘用车车载储氢的主流技术，而 35MPa 碳纤维缠绕Ⅲ型瓶仍是我国燃料电池商用车的车载储氢方式，70MPa 碳纤维缠绕Ⅲ型瓶只是少量用于我国燃料电池乘用车中。在氢气压缩机方面，我国具备 45MPa 小流量自主研发制造能力，拥有 87.5MPa 压力试验样机。在液氢储运方面，日本、美国已将液氢罐车作为加氢站运氢的重要方式之一。我国尚无民用液氢输运案例。管道输运是实现氢气大规模、长距离运输的重要方式，美国已有 2500km 的输氢管道，空气产品公司在美国墨西哥湾地区管道每天输运氢气量超过 4000 万立方米，欧洲已有 1598km 的输氢管道，而我国则仅有 100km 的输氢管道，最长的两条是中国石化巴陵石化－长岭炼化 42km 输氢管线和河南济源－洛阳吉利 24km 输氢管线。燃料电池技术方面也完成了技术储备，处于应用示范阶段，但主要技术指标仍落后于国际领先水平。美国、日本、韩国等国家是全球燃料电池的领跑者，燃料电池在发电和供热站、便携式移动电源、汽车、航天、潜艇等领域都得到了广泛应用。我国研究主要集中在质子交换膜燃料电池和固体氧化物燃料电池领域的研发和产业化上，在质子交换膜方面已具有国产化能力但生产规模较小，固体氧化物燃料电池整体技术水平与国外先进水平存在一定差距。

6. 先进技术中的工程热物理问题

目前，我国在先进技术中的热设计方面整体上处于跟跑与并跑阶段，个别技术已达到领跑水平，相关领域先进技术具有一定的研发基础，但各环节发展不均衡，发达国家极其重视电子器件热设计技术及相关基础研究，相关技术研发推进较快。我国在电子器件热设计工具开发方面还有一定差距，我国的研究机构和相关公司开展了相关研究并开发了一些产品，但与国外尚有差距。在芯片高效散热技术方面，特别是我国在微纳米通道热沉冷却技术研究中取得较大进展，目前和国际研究处于相近水平。对于芯片热设计评估，我国起步较晚但发展迅速，在实际工作状态的温度、热应力和界面热阻的光电联用拉曼光谱法的开创为代表，达到国际领跑水平。在电池的热设计方面，对于电池热失控机理研究，国内外都开展了大量研究尚需进一步深入开展，目前处于相近水平，但和实际应用的需求还有一定差距，电池热失控问题时有发生。对于固态电池开发及其中的热设计，我国起步较晚但发展迅速，整体虽尚有一定差距，但在部分高性能电池开发和温度优化设计概念等方面已经达到国际领跑水平。

四、本学科发展趋势及展望

21 世纪以来，人类面临的能源和资源短缺、环境污染、气候变化等全球性问题日趋严峻，各国将在能源和环境科技方面寻求革命性突破，包括化石能源低碳化利用、可再生能源的变革性技术、动力装备技术突破、氢能、储能、分布式能源系统、能源动力系统温室气体控制等。同时，我国为实现双碳目标，在能源低碳转型方面将迎来新问题、新挑战。面对化石能源低碳化、动力装备技术、温室气体控制等工程热物理学科"卡脖子"问题，亟须系统梳理各分支方向前沿理论问题、工程核心难题，提出未来学科发展方向，推动能源与动力基础研究的快速发展。

（一）学科发展方向与需求预测

1. 化石能源低碳化利用

化石能源低碳化利用在我国现阶段能源转型过程中实现碳减排起着至关重要的作用。我国实现 2060 年碳中和目标离不开煤炭燃烧低碳利用技术的发展，这是我国基本国情和能源形势所决定的。

在燃煤低碳发电方面，大力推进先进碳捕集机组的燃煤净效率提高，构建 IGFC 发电系统模拟平台，自主研发煤气化、深冷空分、燃料电池、二氧化碳液化等系统核心配套设施，形成具有自主知识产权的 IGFC 发电技术并进行工业化应用推广。针对加压、富二氧化碳和水、低氧燃烧条件下着火机理、热解、气化和燃烧反应动力学等问题，突破富氧燃烧过程中的基础问题，形成具有原创性的学术思想、科学技术与转化成果。

在碳捕集利用与封存方面，应针对碳捕集环节的技术瓶颈问题：如化学链燃烧过程中反应器系统设计与运行、高性能氧载体的规模制备、新型化学链燃烧的气固反应原理、晶格氧传递等。通过科技项目支撑，重点突破碳捕集技术中的核心技术经济性瓶颈。碳捕集作为高碳燃料二氧化碳减排的前端，是化石能源实现低碳利用的先决条件。目前最具工业发展应用前景的低成本碳捕集技术为：常压 / 加压富氧燃烧技术、化学链燃烧技术。同时推进吸附法、吸收法、膜分离法等传统捕集办法中的吸附剂再生、高效膜分离技术等核心技术突破，重点发展具有工程化应用前景的碳捕集技术。二氧化碳驱油与地质封存涉及能源、环境、化工、地质等多个学科领域，在发展碳捕集技术的同时，推进二氧化碳驱油、地质封存技术的研究，实现碳捕集与利用、封存系统技术各个环节均衡充分发展，研发具有自主知识产权的配套装备，形成国际先进水平高效实用的大规模 CCUS 全线工艺流程。

2. 可再生能源转化及利用

可再生能源转化及利用的研究涉及面广，学科交叉性强，研究问题复杂。在工程热物理学科范畴，应着重研究的内容包括各种可再生能源转化及利用过程机理以及有关的热物理问题。

在太阳能热发电方面，应着重研究与各种太阳能转换利用过程相关的能量利用系统动态特性以及与能量转换及输运过程有关的热物理问题等。太阳能资源开发利用的关键，是解决高效收集和转化过程中涉及的能量利用系统形式、能量蓄存和调节、材料研究和选择等问题。目前主要的发展方向有两个，一是面向太阳能规模化利用的关键技术；二是探索太阳能利用新方法、新材料，发现和解决能量转化过程中的新现象、新问题，特别是开展基于太阳能转化利用过程的热力学优化、能量转换过程的高效化、能量利用的经济化等；三是探索更高参数、更高效率以及降低太阳能热发电成本的新型太阳能热发电技术。

在风力发电方面，涉及工程热物理与能源利用、大气科学、机械科学、电工科学、材料科学、自动化科学等多个学科。风力发电应针对复杂地形和极端气候条件下大气边界层风特性、非定常空气动力学特性、长型长叶片的气动弹性稳定性、多能互补综合利用系统和新型风能转换系统等问题。生物质发电技术方面，主要针对生物质高效清洁燃烧技术、生物质气化/液化技术、生物质催化液化和超临界液化技术、微生物或酶转化技术等问题。上述技术的突破，需重点解决生物质直接利用或能量转换过程中的基本原理以及热质传递规律等关键热物理问题。

3. 动力装备中的能源转化与利用

未来重复使用空天飞行器对空天推进动力系统提出了水平起降、极宽速域和极宽空域工作、高比冲、大推力、结构紧凑、重量轻、可重复使用等极高要求，目前基于布雷顿循环的燃气涡轮发动机经历了近八十年的发展，所涉及的各学科与技术均已面临极限，从现有的技术手段出发已很难实现发动机性能的大幅跃升，传统的涡轮、冲压和火箭发动机等单一动力无法满足动力装置发展的迫切需求，需要在高超声速航空发动机方面取得重要突破。民用航空领域对经济性、安全性、环保和搭乘舒适性的要求不断提高，这些都为内流气体动力学的发展带来了新的机遇和挑战。传统的航空发动机正在向齿轮传动发动机和变循环发动机等方向发展，非传统的脉冲爆震发动机、超燃冲压发动机、涡轮基组合发动机等也在不断推进，其发展将使未来的航空器更快、更高、更远、更经济、更可靠、更环保，并将使高超声速航空器、跨大气层飞行器和可重复使用的天地往返运输成为现实。

学科发展重点方向包括：超宽速域组合发动机、超高马赫数航空发动机热力循环构建及分析设计方法，非设计工况下航空发动机气动热力设计体系的建立与发展，航空发动机多部件匹配与飞发一体化设计方法，新概念/新原理气动热力布局设计方法，大涵道比涡扇发动机气动噪声产生机理及先进控制方法，非定常流固热声多学科耦合机理、预测与一体化设计，航空燃料燃烧机理和污染物生成、抑制方法，极端、宽域和跨尺度条件下发动机热端部件复杂燃烧、燃烧不稳定性、流动与热管理，"强瞬变""强耦合"环境特征下超高温材料结构微-细观失效机理及控制方法等。

4. 储能与智慧能源

储能与智慧能源的研究领域涉及多种技术，学科交叉性强，问题复杂。在工程热物理学科范畴，应着重研究各种形式的能量存储、电能与其他能量形式相互高效转化机理以及有关的热物理问题。

低成本、高效率和大规模化是储能技术的未来发展方向。抽水蓄能技术不断向高水头和大容量方向发展，因此研究变速抽水蓄能电站机组、高效高参数抽水蓄能机组设计制造和装备设计优化技术是工程热物理学科的主要研究内容。进一步提高效率、摆脱对地理条件的限制和对化石燃料的依赖是压缩空气储能的主要发展方向，主要研究内容包括先进压缩空气储能系统优化，高负荷、高效、宽工况透平机械设计优化，高效紧凑式蓄热/换热器设计和地下储气单元设计与应用。针对电网短时、高频次储能的需求，大功率、高转速是飞轮储能技术的重点发展方向，包括大储能量飞轮转子优化、高速电动发电机转子低损耗、磁-电-热-机多子系统集成。高温度参数、低成本、大规模和高效率是储热储冷技术的重点发展方向，具体研究内容包括先进储热储冷材料基础研究、储热储冷单元内部流动及传蓄热机理研究、储热储冷系统集成优化与调控。新型热泵储电技术的主要研究内容包括热泵储电系统能量耦合机理，储热单元内部流动和传蓄热机理，压缩机与膨胀机的损失机理。

发展数字化低碳型智慧能源系统是现阶段提高能源效率和减少碳排放的重要举措。低碳智慧型能源系统以数据为驱动，以智慧平台为支撑，以能源产业变革为举措，以实现安全高效、绿色低碳的可持续经济发展新模式。低碳智慧能源系统的发展有利于能源企业在能源生产方面的产业结构调整，协调能源在生产、传输与消费过程的分配，从而实现能源消纳全环节的碳排放控制及数据记录。建设具有"横向多能源体互补，纵向源-网-荷-储协调"和能量流与信息流双向流动特性的综合智慧能源系统是重要研究目标。面向安全高效绿色低碳的综合智慧能源体系的建立仍然是今后的研究重点，对于高精度能源数据采集系统、数据的存储及安全保护措施、高效智能的预测和优化算法模型、多环节交互及多能协调系统构架的和低碳集约型能源系统调控策略等方面的研究是未来发展主要方向。

5. 氢能利用技术

目前中国能源结构正逐渐从传统化石能源为主转向以可再生能源为主的多元格局。短期内工业副产氢［焦炉气副产氢、氯碱副产、丙烷脱氢副产（PDH）等］将是氢供给的主要来源，但可再生能源制氢规模化、生物制氢等多种技术也得到快速发展；中期将以可再生能源发电电解水制氢、煤制氢配合 CCS 技术实现大规模集中稳定供氢为主，而未来将以生物制氢和太阳能光催化分解水制氢作为大规模制氢的来源。国家发展和改革委员会与国家能源局联合发文，支持探索可再生能源富余电力转化为热能、冷能、氢能，实现可再生能源多途径就近高效利用。根据国内的氢能产业联盟机构预测，到 2050 年之后，70%的氢气将来源于可再生能源，可以看出可再生能源电解水制氢将成为未来主流。

在储运氢方面，我国氢能储运发展将按照从低参数向高参数发展、从进口部件组装到核心部件全国产化的路径发展，逐步提升氢气的储存和运输能力。在氢管网的建设方面，除新建纯氢管道运输之外，还可在初期积极完善掺氢天然气运氢技术，以充分利用现有管道设施。

在燃料电池方面，将持续开展高功率系统研发、以系统结构设计优化提高产品性能和智能策略优化提高产品寿命，以零部件优化以及产业规模化效应实现成本大幅降低，同时在能量效率、功率密度、低温启动等方面取得突破性进展。为了燃料电池车的发展提供更好的场景，在加氢站基础设施的研发和建设方面还需加大投入，为持续增加的燃料电池车提供加氢服务。在核心材料方面，尽管目前全氟磺酸质子交换膜（PEM）应用最广泛，但仍存在成本较高、尺寸稳定性较差、温度升高会降低质子传导性的缺点。为解决 PEM 存在的问题，进一步提升质子交换膜的性能并降低成本，部分氟化 PEM、无氟 PEM 和复合 PEM 成为质子交换膜新的研究方向。在氢燃料电池催化剂方面目前以 Pt/C 催化剂为主，铂用量 0.3—0.5g/kW 的水平，降低铂用量并寻求廉价替代催化剂将是未来发展目标，预计铂用量可降至 0.1g/kW。同时获得高性能高稳定性的非铂催化剂也是未来燃料电池实现大规模低成本应用的重要条件。

6. 先进技术中的工程热物理问题

在电子设备热设计方面，电子设备趋于高功率化、小型化、高集成化和高频化，芯片作为电子设备的"中枢"，芯片级散热成为芯片开发的"卡脖子"关键技术之一。高热流密度、局部热点、高频工作下的强烈局域非平衡成为芯片热失效的"元凶"。芯片内部热积累问题凸显，结温急剧升高，约 55% 的芯片失效都是由温度因素诱发。同时，芯片工作趋于高频化，太赫兹技术已被用于数据通信及传输领域，工作频率达到 0.1—10THz，芯片中载能子能量交换时间达到 100fs 量级。在此时间尺度下，电子和声子等载能子处于非平衡态，形成强烈的局域非平衡。电子器件热设计成为电子器件发展的"卡脖子"技术，导致出现"热摩尔定律"。随着电子设备的进一步发展，电子器件热设计的需求会更加迫切。

在电池热设计方面，全固态电池已成为近年来电池的发展趋势，其性能也显著受到温度影响。与商用锂离子电池相比，全固态电池使用的固态电解质具有不可燃、无腐蚀、不挥发、不存在漏液的优势，因而全固态电池具有固有安全性和更长的使用寿命。合理的温度控制可以降低固态电解质与金属锂负极之间的界面阻抗、提高电池的临界电流密度、改善锂的扩散性能和机械性能（弹性、塑性和黏性等），对锂的稳定循环具有积极作用。此外，在全固态电池制备过程中采用有效的温控预处理手段，也可以进一步提高电池整体的循环稳定性。全固态电池开发和其中的热设计将成为电池热设计的重要方向。

（二）学科发展建议

1. 化石能源低碳化利用

在煤的燃烧和利用方面，研究重点应包括：燃煤锅炉、电站、工业窑炉的常规污染物控制；燃煤发电机组的灵活性改造；煤气化燃料电池循环发电技术；超临界二氧化碳等新型循环发电技术；煤气化与脱碳制氢一体化技术；煤制烯烃、芳烃等清洁转化技术；煤温和加氢液化与费托合成相耦合的新一代煤制油技术；煤与可再生能源耦合发电技术等。

在油气资源转化利用方面，研究重点应包括：高效清洁燃烧的液体燃料发动机、低碳燃料发动机、多种动力系统耦合技术；燃料重整的脱碳制氢一体化技术；重油、劣质油、渣油加氢处理等清洁燃料生产；石化原料生产技术、能耗排放低碳化；非常规油气全过程的高效清洁开发利用等。

在碳捕集利用与封存方面，研究重点应包括：化学链燃烧等低碳燃烧技术；高效低成本二氧化碳捕集与分离技术；高性能可循环利用吸附剂、膜等新材料开发与制备技术；二氧化碳驱油、驱煤层气技术。

2. 可再生能源转化及利用

在太阳能热利用与热发电系统方面，研究重点应包括：规模化太阳能光热利用能质提升与高效转化利用基础理论与技术；太阳能热化学燃料转换与制氢技术；多能互补高效太阳能热发电技术；基于新型工质的透平技术等。

风力发电方面，研究重点应包括：大型智能海上风电机组整机技术；高可靠海上风电机组关键零部件技术；风电机组制造中的人工智能、数字化、虚拟电厂技术。

生物质转化与利用方面，研究重点应包括：能源植物的筛选与高效培育；成型燃料高效清洁燃烧技术；规模化生物质原料收集与转化装备技术；规模化沼气发电及电、热、燃气多联供技术等。

3. 动力装备中的能源转化与利用

在叶轮机械气动热力学方面，研究重点应包括：湍流输运、复杂非定常三维黏性内部流动、高精度高时空分辨率测量诊断等内流复杂湍流流动问题研究；内流复杂湍流、非定常流场输运／扩散、流动噪声产生与控制、失稳机制与控制、流动控制及气动隐身一体化等内流非定常流动机理与控制；变循环发动机、新概念 / 新原理气动热力布局和极限高参数（负荷、效率）、多部件 / 多系统 / 多场耦合的叶轮机械设计方法；涡轮 / 透平的流动与燃烧非定常耦合动态响应机理以及极端环境影响下的叶片流 – 热 – 固耦合机理；内流激波系、激波 / 附面层干扰、颠覆性的增压气动布局、能 / 功转换等新原理。

高超声速航空发动机气动热力学与热管理方面，研究重点应包括：涡轮发动机、冲压发动机、火箭发动机等方面的新型热力循环、气动优化理论与控制机制；高超声速极端且复杂的热环境条件下强各向异性和变物性导致的流动与换热耦合、热质传递与交互作用、高效预冷、热防护及先进热管理等问题。

4. 储能与智慧能源

在储能方面，研究重点应包括：储能介质与材料体系的表征、测量和优化改性，新型低成本和高性能储能材料配方及合成，储能材料基础热力学和动力学；储能单元器件内部流动、传热传质和反应动力学机理、设计方法与性能强化，高效压缩机、膨胀机，水泵、水轮机、高速电机、磁轴承、蓄冷蓄热等单元设备；储能系统设计与耦合调节与控制，并网分析与故障诊断；热化学储能、热泵储电新方式等。

在智慧能源方面，研究重点应包括：分布式能源、可再生能源、氢能、储能、电能替代等能源转换利用新技术的系统集成；多能协同转化；能源与信息融合的智能化监测、调控和优化；微能源网、多能互补与多能源智能协同；智慧能源系统标准化；系列化、标准化的慧能源示范系统。

5. 氢能利用技术

在制氢方面，研究重点应包括：光热物理、光热化学、光生物等氢能制备原理和方法，光 / 热化学水解制氢与生物制氢技术，制氢系统电化学反应界面的能质传输强化及核心材料、器件与集成，生物质超临界水气化中多相流动力学、传热传质机理、生物质反应动力学。

在储氢方面，研究重点应包括：氢在气固液三相的热物理学性质，氢的填充与释放过程中的热物理特性，先进氢气增压系统和液氢压缩机，气态、液态以及固态储氢技术，储氢过程能量与物质的综合管理、能效以及安全性能评价。

在氢能应用方面，研究重点应包括：燃料电池及其电堆系统仿真模拟，低铂非铂催化剂，高活性高稳定性膜电极，水热管理与状态参数检测，富氢和氢气动力燃烧与动力装置，富氢还原高炉和氢气气基竖炉直接还原工艺。

6. 先进技术中的工程热物理问题

在先进技术中的热设计方面，研究重点应包括：电子设备热设计工具开发，电子设备原位综合热评估方法开发，纳米尺度电子器件的导热性质可靠测量方法和基础数据积累及机理研究，新型高效电子器件散热技术开发；电池"热失控"机理和快速应对技术研究与开发，全固态电池开发及其中的热设计。

专题报告

多能互补的分布式能源系统发展研究

一、研究内涵与战略地位

（一）多能互补分布式能源系统的战略地位

能源短缺和环境污染是制约我国经济社会可持续发展的主要瓶颈，发展先进的供能系统以实现能源高效利用与环境协调相容，将成为践行节能减排战略和构建清洁低碳、安全高效能源体系的必由之路。

当前，我国终端能源供应主要依靠集中式火力发电和远距离输配电网的供电、基于燃煤／燃气锅炉的供热和电驱动的空调制冷，这类单一高品位能源输入和单一低品位能源输出的简单粗放式利用直接造成能源利用效率低、环境污染以及能源高质低用等一系列问题，同时电力和燃气的季节峰谷问题突出，供能安全形势严峻。在"碳达峰、碳中和"战略目标的背景下，大力发展清洁能源，推动能源系统从高碳向低碳、从以化石能源为主向以清洁能源为主转变，太阳能和风能等可再生能源利用规模将持续攀升，预计"十四五"末我国可再生能源的发电装机容量将达到电力总装机 50% 以上[1]。但同时，受限于资源的波动性和间歇性等固有属性影响，供能网络中的源（电源）网（电网）荷（负荷）三者之间的不匹配性也随之不断扩大，给系统的稳定和可靠运行带来了严峻挑战。

以单一纵向延伸为主的传统能源利用模式难以适应新时代清洁低碳的发展要求，有别于集中式供能体系，分布式能源系统通常临近负荷中心，经科学合理的系统集成，可以直接面向用户需求就近生产并独立供应能量，是具有多种功能、可满足多重目标的中小型能量转化利用系统[2]。在分布式能源系统中的发电、供热和制冷等环节，化石能源与可再生能源可以开展不同形式的互补利用，由此实现能源综合梯级利用和高效转换，兼具环保、经济和灵活等特点[3]。与此同时，分布式能源系统也将传统"源－网－荷"间的刚性链式连接转变为便于主动调控的"源－荷－储"柔性连接，实现就地生产、就近消纳，提升能源生产及供应的安全性和可靠性[4]。

我国 2014 年在政府工作报告中首次提出"发展智能电网和分布式能源",把发展分布式能源提升到国家战略高度[5],并在"十四五"发展规划中指出:构建现代能源体系,加快发展非化石能源,坚持集中式和分布式并举,大力提升风电、光伏发电规模,并建设一批多能互补的清洁能源基地[6]。在能源利用技术变革和能源转型发展的新形势下,分布式能源是集中式供能系统不可或缺的重要补充,不仅为深化能源的高效清洁利用提供了重要支撑,也为可再生能源的高效转化开辟了新方向,在能源体系中占据重要地位。

(二)多能互补分布式能源系统的研究内涵

"分布式能源系统"概念提出于 20 世纪 70 年代,其早期目的是作为小型、高效、灵活的电能生产技术或装置,可以独立于大电网运行,从而增强用户电力供给的可靠性,同时可以降低某些应用场合的能量传输成本和能量损失。经过几十年的发展,新型分布式能源系统进一步强调系统的综合性能,包括系统适应用户波动负荷调控的能力、系统的热力学性能和环保特性等,立足于用户侧实际需求以及与现有条件的协调相容,将现有的能源 – 资源配置条件和成熟技术相结合,追求能源、资源利用效率的最大化和最优化,并降低环境污染。

分布式能源系统多以燃气发电机组、余热锅炉、吸收式制冷为主,通常以天然气为主要燃料,经能量梯级利用,在提供电能的同时,满足用户的冷热需求。另外,分布式能源系统具有燃料多元化的特点,不仅可以采用天然气和氢气为燃料,风能、太阳能、生物质能等可再生能源为其提供了更多能源选择,通过多能源互补不仅解决了可再生能源的波动性和间歇性等问题,也助力实现就地生产和就近消纳[7, 8]。

多能互补分布式能源系统是一项复杂的系统工程,涉及工程热物理、光学、电学、控制科学与工程、化学化工、材料科学、能源管理等多学科交叉和综合运用,是极具挑战性的课题,也是推动能源利用技术变革和能源转型发展的重点研究领域。推动发展多能互补分布式能源系统是实现能源可持续发展的必由之路,面对先进能源动力、可再生能源等新兴战略产业的快速发展,多能互补及分布式利用的基础理论与方法尚显不足,急需原创性技术,以促进多种能源互补和多系统协调优化,为走出一条能源、资源与环境协调发展的新模式提供科学支撑。

二、我国的发展现状

我国已进入能源低碳转型发展的新阶段,不可持续的能源发展和利用模式正在不断改变,原有以化石能源为主导的能源结构将逐步过渡到化石能源与可再生能源协同共存。通过多能源互补利用,一方面降低了化石燃料消耗及碳排放量,另一方面将不同能源进行优势互补,在时间和空间上进行相互补充,平抑间歇、波动的可再生能源对系统稳定供能的影响，实现化石燃料源头节能和可再生能源提质增效利用。构建多能源互补的分布式能源系统将为实现高效清洁的能源利用提供新方向，也将在我国能源转型期发挥举足轻重的作用。近年来，我国在多能源互补分布式能源系统的研究主要包括燃料的高品位化学能释放与热功转换、中低品位热能的先进利用，分布式供能系统集成等，并已具有良好研究基础和经验积累，其中在一些领域处于国际前沿水平。

（一）能的梯级利用与多能互补能势匹配

20 世纪 80 年代初，我国著名科学家吴仲华先生就倡导了总能系统的概念，提出各种不同品质能源要合理分配、对口供应，提倡按照"温度对口、梯级利用"的能源利用原则，做到各得其所[9]。在传统分布式能源系统中，从燃料高温燃烧的热能释放，再到动力排烟余热利用的系统用能，存在余热利用温度断层、作功能力损失大和能的梯级利用水平较低等问题，对此，我国已深入开展了能量综合梯级利用、多能互补能势耦合、动力余热驱动的循环耦合及功冷并供等基础理论研究。

在传统的能源转化过程，燃料化学能通过火焰燃烧得以释放，不仅造成了巨大的可用能损失，而且也是各类污染物和 CO_2 生成的主要源头，通过多学科交叉，积极探索研究了新型能量释放机理和各类先进能量转化技术，包括燃料重整等实现化学能可控转化、燃料分级转化等化学能梯级释放、化学链等新型无火焰燃烧。通过控制热化学反应和燃料品位的逐级利用，在转化源头实现燃料化学能的有序释放和梯级利用；通过化学链等无火焰燃烧反应，关联气体燃料与含氧固体氧化剂的还原与再生化学反应，避免了燃料与空气的直接接触，实现 CO_2 产物的富集与无能耗分离回收。通过进一步扩展化学能与物理能的综合梯级利用，实现多层次不同品位化学过程与热力循环的有机结合，改变了燃料化学能通过传统燃烧直接利用和通过提升循环初温以提高物理能接收品位的单一思路，也成为同时解决能源效率和环境污染两大问题的关键，将为实现资源、能源与环境协调发展提供科学支撑[10]。

多能源互补包括同种类能源（化石能源的煤、石油、天然气等或可再生能源的风、光等）或不同种类能源（化石能源和可再生能源）的互补。通过合理设计有机整合各类能量转化过程，以实现能的梯级利用及污染物排放的有效控制，也被认为是克服可再生能源利用不稳定性和提高系统运行效率的有效手段。多能互补分布式能源系统耦合多种供能技术，互补的能源之间表现为"能质"和"品位"的不同，不同类型能源间的属性和品位差异成为约束高效多能源互补发展的理论瓶颈，对此，我国已深入研究了以风 - 光互补和光 - 煤互补为代表的物理互补利用技术，以及以中低温太阳能驱动甲醇重整 / 裂解制氢为代表的热化学互补技术，揭示了多能互补的能量品位耦合与梯级利用机理，进一步通过集成冷热电联产、与各类化工生产过程紧密结合，深化了互补能源的高效利用，并兼顾动力与化工、环境等协调发展，也为在分布式供能系统中实现多能互补和能的综合梯级利用指明了方向[11]。

（二）分布式能源系统先进热力循环与能量高效存储

热力循环是分布式能源系统的核心，涉及燃料化学释放及热功转化等，也是革新分布式能源技术和推动我国能源结构清洁转型的重点领域。以燃气轮机为代表的微小型动力是分布式冷热电联产系统的核心单元，但燃气轮机小型化引起的叶尖泄漏损失比例增大，高温燃气动能未被充分利用，循环初温较低（900℃），导致燃气轮机热功转换效率下降[12]。为提升分布式能源系统的循环效率，我国研究了应用于分布式冷热电联产系统微小型动力循环的压缩系统，从做功本质和流动组织规律上对其压缩部件进行理论创新，突破传统动力循环的技术瓶颈，从而实现新型动力系统压缩部件的原理性创新和技术革新突破，研制了新型高效增压系统，并完成了高效增压原理的实验验证。

在分布式能源系统中，中低温余热的来源广泛，为此可用于宽温区的热功转化技术应用前景广阔，热声发动机具有本征效率高、结构简单、可靠性高及成本低等优点，尤其是多级环路行波热声发动机因起振温度低、能流密度高而得到越来越多的关注。近年来，国内外已分别研制出高效行波热声发动机，热声系统中的行波热声转化机理、热声自激振荡演化过程、大振幅的非线性热声转换理论、变温热源热声转换新流程等是国际研究热点和前沿[13]。

此外，有机朗肯循环作为一种利用中低品位热能循环的发电技术，不仅可化解过剩产能，还可用于可再生能源发电，已成为分布式能源系统的主要研究方向之一。有机朗肯循环的基本原理与常规的朗肯循环类似，两者最大的区别是在于有机朗肯循环使用的是低沸点、高蒸汽压的有机工质，工质的选取是有机朗肯循环的关键。另外，超临界 CO_2 闭式布雷顿循环作为目前应用最广且效率最高的超临界 CO_2 动力循环方式，我国学者开展了相关的技术研究工作，其中在中高温热源发电方面，已从理论上验证其能够代替蒸汽朗肯循环，且具有结构紧凑、热效率高、系统布置简单等优点，特别是针对核能和太阳能等恒定高温热源，超临界 CO_2 闭式布雷顿循环的优势更为突出[14]。

在传统的分布式能源系统中，吸收式制冷与热泵是有效的余热利用途径，但现有溴化锂和氨水吸收式制冷所需的热源温度不足200℃，将其简单用于分布式冷热电联产系统400—500℃的动力余热回收势必造成了较大的做功能力损失，降低大温降余热利用的温度断层和提高能量利用效率是分布式冷热电联供系统所面临的一大难题。对此，我国的研究人员开展了动力余热驱动的循环耦合和功冷并供研究，将大温降看作多个温位热源，构建适合不同温区的子循环，合理设置各子循环品位与热源品位差，借助循环耦合，实现不同功能（功、制冷、制热）的输出，通过采用品位匹配、品位提升等措施实现循环构型的创新，例如基于正逆循环耦合的功冷联产技术、化学回热循环技术、与温度品位对应的变效吸收式制冷技术等[15-17]。

分布式能源系统临近用户并直接提供冷热电等多种能量，用户侧的能源需求也随时段呈现一定的变化规律，需求侧与供给侧不同的波动状态引起强烈的能源供需不匹配，特别是以可再生能源为输入的分布式能源系统还存在能量间歇性强、分布不均匀以及波动性大等特点，均需要通过储能解决变工况调控等问题。储能技术通过存储过剩能量并在需要时合理释放，能够在很大程度上弥补分布式能源系统中能源需求与供给在时间、空间以及形态上的不匹配[18, 19]。储能技术包括热能存储、电化学能存储、电能存储、化学能存储和机械能存储等，其中，储热技术是分布式能源体系中最常用的储能技术之一，按储热方式的不同可分为显热储热、潜热储热和热化学储热[20]。储热技术的研究现状及发展方向可参见专题报告"储能科学技术发展研究"。

（三）多能源互补系统集成与运行调控

随着能源高效利用与环境相容发展的迫切要求，单一能源输入和单一能源输出的常规利用方式无法满足多元化的能源发展需求。开展高效、清洁、低碳三位一体的能源技术变革是历史必然，通过构建"分布式 – 智能微网 – 多能互补 – 需求侧消纳"的能源生产及供应体系，将缓解能效提升与碳减排之间的矛盾、提高可再生能源的消纳能力，并有望解决当前因过于追求大规模发电、长距离输电所引起的"源 – 网 – 荷"不平衡等难题。

对于具有多元化驱动和多过程集成的多能互补分布式能源系统，耦合了多种供能技术，在形成互动、互补、互助效应的同时，也使得系统复杂化，如何实现其最佳集成配置以满足用户冷、热、电需求，并取得最大的节能、经济等收益尤为关键。我国科研人员对含有微型燃气轮机、风机、光伏、燃料电池等设备的微电网进行了模拟分析，建立了混合整数线性规划模型，并运用优化算法得到了微电网的最优容量配置[21]。另外，在建立含太阳能光伏光热多能互补分布式能源系统模型的基础上，以成本经济、能耗节约、环境影响低为优化目标对系统进行优化配置，并具有全面的潜力优势。由于存在多种能源耦合，多能互补分布式能源系统在运行、管理、调节等方面较为复杂，系统运行优化的目的在于协调系统与用能单元之间的能量匹配关系，依据能量需求来调整或改变系统的运行模式，以达到多能互补、整体运行最优的目标。为解决风光并网消纳问题，我国学者通过搭建风光互补理论模型并设置适宜的装机容量比例，运用多种算法相结合的模型求解法，优化得出了系统逐时运行策略[22]。

多能源互补的分布式系统，具有可再生能源和化石能源输入，而太阳能等可再生能源兼具周期性和随机多时间尺度波动特性，且多元化的用户需求易受到社会活动和环境气象条件影响，多能流协同效应显著，因此孤立地考虑单一机组的运行情况往往会导致其他机组出力冗余或过载。因此，需要在理解系统跨时间尺度输入、输出负荷动态特性的基础上，进一步揭示化石能源与可再生能源的全工况能质互补特性与匹配规律，对系统整体框架、设备容量以及运行策略进行协同优化，这也是多能互补分布式能源系统调控的关键基础。

针对不同能源资源的独特属性，基于能的综合梯级利用原理，通过多能互补的利用方式能够充分发挥各自优势，扬长避短，从而提高能源利用效率和降低污染物排放，在保障不同能源系统之间的物理能在"数量"和"品位"层面满足"对口互补"以外，也要兼顾化学能利用过程的能量品位互补，从而使其充分发挥潜在的节能减排效益。目前，在能的综合梯级利用及系统集成领域有望获得突破的技术途径包括：①热转功的热力循环与化工等其他生产过程有机结合，探讨热能（工质的内能）与化学能的有机结合、综合高效利用，注重温度对口的热能梯级利用，突破传统联合循环的概念，以实现领域渗透的系统创新；②热力学循环与非热力学动力系统有机结合，例如，将燃料化学能通过电化学反应直接转化为电能的过程（燃料电池）和热转功热力学循环有机结合，实现化学能与热能综合梯级利用等。

三、国内外发展比较

由于在能源利用效率、环境保护和供电安全等方面的优势，分布式能源系统技术已被许多发达国家作为本国科技优先发展的关键领域，微小型动力、余热利用和多能源互补系统集成是目前的主要工作，且已有了突破性的进展。

美国是分布式能源发展较早的国家，目前已建成 6000 多座分布式能源电站，现已发展到多能互补分布式能源利用阶段。日本分布式能源项目以热电联产和太阳能光伏发电为主，装机容量约 3600 万 kW，占全国总装机量的 13.4%，并计划在 2030 年前达到分布式发电量占总发电量 20% 的目标，此外，日本已通过 Ene-Farm 项目安装了 30 万个家用燃料电池 – 微型热电联供单元，并取得了商业成功。欧盟分布式能源发展处于世界领先水平，截至 2019 年 4 月，欧盟通过 Ene-fielld 和 PACE 等项目安装了 1 万个燃料电池 – 微型热电联供单元，计划到 2022 年增至 10 万个；英国也已通过大量激励政策扶持，建成了 1000 余座分布式冷热电联供系统[23, 24]。

我国的分布式能源系统产业起步较晚，从发展质量上而言，区域分布式能源项目较多处于热电联产层面，没有考虑冷热电三联供和多能互补。2004 年，《国家发展改革委关于分布式能源系统有关问题的报告》中对分布式能源的概念、特征、发展重点等做了较为详细的描述，明确了我国分布式能源的发展方向；2011 年，国家能源局与财政部、住建部和国家发展改革委联合下发《关于发展天然气分布式能源发展的指导意见》，对发展天然气分布式能源的重要性、目标、政策及有关措施作了全面阐述；后续一批法规与政策相继出台，为大规模推广应用分布式能源创造了有利条件。目前，一大批天然气分布式能源系统项目相继投产，例如广州大学城、北京燃气集团调度中心大楼、上海浦东机场、上海黄浦区中心医院等项目，在建的天然气分布式能源项目超过 300 个，总装机容量达到 1200 万 kW 以上，随着国家对分布式能源重视程度的逐年增加，以及支持力度不断走向实用化，我国分布式能源迎来了良好的发展机遇。另外，我国分布式光伏等可再生能源项目的发展迅猛，截至 2021 年一季度，我国的分布式光伏累计装机容量达到 8114 万 kW，占光伏总装机容量的 31.39%[25]。

总体来说，当前我国多能互补分布式能源系统的研究与国际水平相近，甚至在基础理论方面还有超越的趋势，但在核心技术、市场产业化开发方面与先进国家还有较大的差距，主要表现如下。

（一）经济性依然不容乐观

我国目前还难以实现分布式能源成套设备的自主生产，关键设备和控制系统尚需进口，设备购置费用约占分布式能源系统固定投资成本的 60% 左右，另外由于设备运行及燃料成本过高（国内天然气发电成本是煤炭发电成本的 2—3 倍），机组性能与用户用能特性匹配也不够完善，导致系统的投资成本大、回收周期较长。

（二）相关核心技术有待突破

在微小型动力循环领域，特别是微小型燃气轮机等，我国目前主要依赖国外引进，此外，在超低温制冷系统和大面积集中供冷系统的控制、微型燃机的离心压气机等方面，仍需进一步提升核心设备的国产化程度；另外，先进的高效分布式能源系统的关键技术，如 HAT 循环、正逆耦合循环技术、中低温余热驱动的吸收式热泵和除湿技术、化石燃料与可再生能源互补技术、储能技术等尚未成熟，有待进一步开发。

（三）机组或系统设计与用户用能特性不匹配

由于分布式冷热电联产系统通常靠近用户设置，极易受用户冷、热、电需求变化的影响，系统设计容量与实际负荷的适配度存疑，已投产的分布式能源项目在综合集成性能、多能互补品位匹配、能量梯级利用、变工况运行效率、主动控制水平等方面尚未充分发挥其能源利用率高和用户友好性强的潜力。同时，由于区域用能特性（电、热、冷等负荷）随区域类型变化大，模块化设计系统难以同时满足不同用能特性，定制化系统设计可能成为未来主流，但会增加设计成本。因此，弥补当前分布式能源系统存在的缺陷，进而推动分布式能源系统的发展，亟须提高我国分布式能源研究的整体水平。

（四）国家和地方政策细则不明朗

目前国家层面及地方政府出台的政策大多提出了宏观目标，但没有具体实施细则，所涉及的相关利益关系未得以捋顺，还牵扯如税收优惠政策、天然气价格折让、上网电价、电力直供等问题。在各方政策细则不明朗的情况下，制约了多能互补分布式能源产业的发展积极性，必须以实现科学发展为目标进一步加强统筹协调，制定体系化的分布式能源产业政策，构建完善的电力管理体系、市场机制和技术支撑体，通过清晰的发展战略和规划共同推动技术研发及设备国产化，大力支撑产业的有序发展。

四、我国发展趋势与对策

（一）多能互补分布式能源系统的发展趋势

1. "碳达峰、碳中和"战略目标下，能源供应由传统能源驱动向可再生能源驱动转变

当前我国的能源结构仍然以煤炭等化石能源为主导，在"碳达峰、碳中和"战略目标背景下，能源供应已开始由传统能源驱动向可再生能源驱动转变。分布式能源系统有利于提高供能和用能的灵活性，但传统分布式能源系统多以化石能源为主，或化石能源间的互补，存在燃料燃烧过程不可逆、损失大等问题，另外，可再生能源的不稳定性和能量密度低等固有特性也制约其规模化利用，通过化石能源和可再生能源的互补集成将有助于实现双赢，也将成为优化传统能源转换和解决可再生能源间歇性利用的重要研究方向。

2. 在能量转化方面，能量传递与转化过程更加新颖、复杂和多向

先进能源转化和利用技术层出不穷，复杂性和多向性是当前及未来能源系统的一个显著特征，例如智能电网集中式与分布式跨空间的能量传递，传递方向趋于多向互动。考虑到内燃机、燃气轮机等的热功转换效率随系统容量减小而降低，由热功转化向光电转化、化学能改质、电化学转化等更多能量转化形式转变是未来发展方向。电化学过程、热化学过程、热声转化过程等使得分布式系统更加高效环保，目前质子交换膜燃料电池、固体氧化物燃料电池等电化学转化设备已经初步商业化。

3. 储能在分布式能源系统中将扮演越来越重要的角色

以高比例可再生能源驱动的分布式能源系统存在能量间歇性、分布不均匀以及波动性大等特点。储能系统可以解决发电功率和负荷功率之间、不同类型电源响应时间之间的不匹配问题，增强可再生能源的可调度性，提高分布式能源系统的供能质量、稳定性和运行效益。针对锂电池储能技术，降低成本及提高寿命是未来发展方向；而对于化学储能装置，依托电化学转化实现新能源电力制氢、甲烷及液体燃料，依托热化学转化实现高品位热能的高效存储，是未来两个重要发展趋势。

4. 能源需求更趋多元化，负荷精准预测和供需协同要求更高

传统固定应用的冷、热、电负荷波动特性较为稳定，负荷预测技术成熟。但由于移动应用（电动、氢/混合动力汽车，车载应急电源，可移动冷－热－电联供）及化工原料需求的增加，负荷波动加剧，需求倾向于多元化。因此，对多能互补分布式能源系统不稳定性、可再生能源的输入及用户负荷的精准预测和评估成为优化设计多能互补分布式能源系统的前提。

5. 不断涌现的多种以不同能源为核心的新型高效分布式能源概念系统

新型高效分布式能源概念系统包括基于氢气（单元化的低温燃料/电解电池）和碳基

气液燃料（可逆固体氧化物电池）的高效冷热电联供系统，根据燃料属性匹配燃料电池等电化学转化模块，具有高效、运行灵活和寿命长等特点；通过高比例可再生能源驱动，互联互通的多能源互补分布式能源系统集成区域内多种能源供应，能够应对电力、交通、化工、供热等日益增加的多元需求，其中以电化学转化装备为核心的"能源路由器"，可实现电网、气网双向交互，连接不同能源领域应对可再生能源的不确定性。

6. 与泛在电力物联网深度融合进一步提升分布式能源系统性能

在系统控制方面，与泛在电力物联网深度融合，依靠"互联网＋"，集各类分布式电源、储能设备于一体，通过智能管理和协调控制，最大化地发挥分布式能源的效率，同时减少对大电网的影响。将分布式发电融入能源互联网，通过开展配售电、热、冷等业务，成立区域售电、售热、售冷一体化能源服务公司，实现发－配－售一体化，实现区域综合能源服务，满足用户多样化和定制化的需求。

（二）多能互补分布式能源系统的发展对策

1. 加快科技创新平台建设

分布式能源系统涉及工程热物理、电工学、化学工程、环境工程等多学科交叉，以及能源、燃气、建筑、暖通空调、化工等多领域的渗透，应当聚焦国家重大战略和行业科技前沿，形成自主技术研发的科技创新平台，充分利用企业和科研院所的科研力量，发挥人才优势和研究设施优势，开展多能互补分布式能源技术的研发工作，加快分布式能源关键技术和系统集成技术的创新研发，培养形成一支高水平的分布式能源研究团队，以掌握关键核心技术，并促进企业的技术升级。

2. 完善产学研结合的创新体制建设

面向高效、清洁、低碳的分布式能源系统的国家重大需求，在基础理论、技术研发、工程示范和产业化推广的全价值链范围内，建立由机构、企业和高校等共同打造的分布式能源技术产学研创新模式，以技术进步为核心，强化技术融合及产业融合，组建三方研发联合体开展联合攻关，重点突破一批关键"卡脖子"技术问题，培育具有自主知识产权的分布式能源产业体系，为我国实施节能减排战略，构建清洁低碳、安全高效的能源体系奠定基础。

3. 进一步健全法律法规和政策体系建设

目前国内有关多能互补分布式能源系统的研究和实践基本处于初级阶段，还涉及电网、发电、石油、天然气、热力和设备制造等多个行业，面对即将到来的规模化快速发展态势，需要进一步制定和完善分布式能源技术开发、应用、推广相关法律法规。建议研究并提出支持多能互补分布式能源系统发展的长效机制和激励政策等措施，加强宏观调控和引导，建议制定统一的行业标准，健全政策统筹衔接机制，加强多部门协调，打破技术壁垒、体制壁垒和市场壁垒，促进多种能源互补互济和多系统协调优化。

4. 强化基础研究，探索新的学科增长点

针对未来先进的多能互补的分布式能源系统的技术发展，迫切需要深入探究分布式能源中的相关基础科学问题，以探索新的学科增长点，强化多学科、多角度、多领域的深度交叉融合，建议在一些关键领域开展重点研究[26]：①多能互补高效转化利用技术，主要是燃料化学能梯级定向协同转化利用方法；②高效动力技术，包括高效内燃机、燃气轮机和燃料电池发电、中低热值合成气燃烧及动力装置燃料适应性、化学回热发电等技术；③高效储能技术，包括储电、储热、储冷、燃料化学储能技术，以及储能对分布式供能系统的主动调控；④高效动力余热梯级利用技术，包括吸收式制冷与热泵一体机、吸收式与压缩式复合热泵、第二类热泵、液体吸收式除湿等技术；⑤分布式能源系统集成与主动调控技术，包括基于大数据机器学习的分布式能源系统优化及性能预测、模块化成套技术、智能化控制技术、智能微网技术等。

参考文献

[1] 国家能源局. 国新办举行中国可再生能源发展有关情况发布会［EB/OL］. http://www.nea.gov.cn/2021–03/30/c_139846095.htm.

[2] 徐建中. 科学用能与分布式能源系统［J］. 中国能源，2005，27（8）：10–13.

[3] 金红光，隋军，徐聪，等. 多能源互补的分布式冷热电联产系统理论与方法研究［J］. 中国电机工程学报，2016，36（12）：3150–3161.

[4] 曾鸣，杨雍琦，刘敦楠，等. 能源互联网"源–网–荷–储"协调优化运营模式及关键技术［J］. 电网技术，2016，40（1）：114–124.

[5] 2014 年中华人民共和国政府工作报告［EB/OL］. http://www.gov.cn/guowuyuan/2014–03/14/content_2638989.htm.

[6] 中华人民共和国国民经济和社会发展第十四个五年规划和 2035 年远景目标纲要［EB/OL］. http://www.gov.cn/xinwen/2021–03/13/content_5592681.htm.

[7] Wang X, Jin M, Feng W, et al. Cascade Energy Optimization for Waste Heat Recovery in Distributed Energy Systems［J］. Applied Energy, 2018, 230：679–695.

[8] 金红光，隋军. 可再生能源的热利用与综合利用［J］. 中国科学院院刊，2016，31（2）：208–215.

[9] 吴仲华. 能的梯级利用与燃气轮机总能系统［M］. 北京：机械工业出版社，1988.

[10] 金红光，洪慧，王宝群，等. 化学能与物理能综合梯级利用原理［J］. 中国科学 E 辑：工程科学 材料科学，2005，35（3）：299–313.

[11] 金红光，刘启斌，隋军. 多能互补的分布式能源系统理论和技术的研究进展总结及发展趋势探讨［J］. 中国科学基金，2020，34（3）：289–296.

[12] Zhang L, Wang H, Luo W, et al. Influence of Exit–to–throat Width Ratio on Performance of High Pressure Convergent–divergent Rotor in a Vaneless Counter–rotating Turbine［J］. Science China Technological Sciences, 2011, 54（3）：723–732.

［13］Wu Z, Yu G, Zhang L, et al. Development of a 3kW Double-acting Thermoacoustic Stirling Electric Generator ［J］. Applied Energy, 2014, 136：866-872

［14］Zhu H, Wang K, He YL. Thermodynamic Analysis and Comparison for Different Direct-heated Supercritical CO$_2$ Brayton Cycles Integrated into a Solar Thermal Power Tower System ［J］. Energy, 2017, 140：144-157.

［15］陈宜，韩巍，孙流莉，等. 回收透平排气有效成分的功冷联产系统研究［J］. 工程热物理学报，2017，38（7）：1503-1511.

［16］刘泰秀，隋军，刘启斌，等. 太阳能热化学与化学回热联合的冷热电系统［J］. 工程热物理学报，2017，38（9）：1815-1821.

［17］徐震原，王如竹，夏再忠. 一种根据热源温度品位自动调节效能的溴化锂吸收式制冷循环［J］. 制冷学报，2014，35（1）：1-7.

［18］何雅玲，严俊杰，杨卫卫，等. 分布式能源系统中能量的高效存储［J］. 中国科学基金，2020，34（3）：272-280.

［19］Wang X, Tian H, Yan F, et al. Optimization of a Distributed Energy System with Multiple Waste Heat Sources and Heat Storage of Different Temperatures Based on the Energy Quality ［J］. Applied Thermal Engineering, 2020, 181：115975.

［20］丁玉龙，来小康，陈海生. 储能技术及应用［M］. 北京：化学工业出版社，2018.

［21］Luo F, Meng K, Dong Z, et al. Coordinated Operational Planning for Wind Farm With Battery Energy Storage System ［J］. IEEE Transactions on Sustainable Energy, 2015, 6（1）：253-262.

［22］晏开封，张靖，何宇，等. 基于机会约束的微电网混合整数规划优化调度［J］. 电力科学与工程，2021，37（2）：17-24.

［23］杨勇平，段立强，杜小泽，等. 多能源互补分布式能源的研究基础与展望［J］. 中国科学基金，2020，34（3）：281-288.

［24］金东，马宪国. 国内外分布式能源的发展［J］. 上海节能，2017，4：177-180.

［25］国家能源局. 2021年一季度全国光伏发电建设运行情况［EB/OL］. http://www.nea.gov.cn/2021-04/27/c_139910029.htm.

［26］金红光，何雅玲，杨勇平，等. 分布式能源中的基础科学问题［J］. 中国科学基金，2020，34（3）：266-271.

撰稿人：金红光　刘启斌　白　章　等

可再生能源发电发展研究

一、战略地位与研究内涵

（一）可再生能源发电战略地位

可再生能源利用对优化我国能源产业结构、改善生态环境、推动能源生产消费转型升级、完成"碳中和"目标具有重大战略意义。我国太阳能、风能、生物质能资源丰富，具备大规模开发的有利条件。当前，世界能源格局发生重大调整，新一轮能源革命蓬勃兴起，全球气候变化问题日益严峻。以可再生能源为代表的一大批新兴能源技术正在改变传统能源格局。我国是可再生能源大国，发展大规模可再生能源技术与产业是我国能源安全、能源转型和实现 2030 年碳达峰、2060 年碳中和的必由之路。

近三十年来，我国在可再生能源的开发利用方面已取得了一些令人鼓舞的进展。截至 2020 年，我国可再生能源发电量达到 2.2 万亿 kWh，占全社会用电量的比重达 29.5%，较 2012 年增长 9.5 个百分点，有力地支撑了我国非化石能源占一次能源消费比重达 15.9%，如期实现 2020 年非化石能源消费占比达到 15% 的庄严承诺。

可再生能源预计到 2050 年对二氧化碳减排的贡献可达到 50%。可再生能源的开发利用已成为我国能源工业发展的重要战略目标。国家制定并实施了《可再生能源发展中长期规划》以及《可再生能源发展"十三五"规划》，新一轮的《"十四五"可再生能源发展规划》也已经发布，上述规划确定了国家可再生能源发展的近期和中远期总量目标。指出要逐步提高优质清洁可再生能源在能源结构中的比例。"十四五"期间可再生能源年均装机规模将有大幅度的提升，到"十四五"末可再生能源的发电装机占我国电力总装机的比例将超过 50%。

我国太阳能发电技术总装机容量、年新增装机、组件产能均全球第一，但主要以光伏发电为主。近 10 年来，全球太阳能光伏发电呈现出强劲的发展势头，太阳能光伏装机容量连续多年保持 30% 以上的增长率。我国光伏发电相关产业的发展在世界上尤其突出，产业规模多年保持世界第一，截至 2020 年年底，全国光伏发电累计装机达到 253GW，同比增长 23.5%。面向光伏发电规模化利用，我国光伏系统关键技术取得多项重大突破，在可预见的将来，太阳能光伏发电技术和经济性都将达到与常规能源相当的水平，推动能源变革与转型的发展。光热发电技术仍处于产业化初期阶段，但光热发电是一种出力可调的太阳能利用技术，对构建稳定可靠的高比例可再生能源电力系统至关重要。本学科对太阳能发电的研究主要针对太阳能光热发电开展。

（二）可再生能源发电研究内涵

太阳能光热发电研究内涵：太阳能热发电是将太阳能转化为热能，通过热功转化过程发电的系统[1]。太阳能热发电是指利用大规模阵列抛物或碟形镜面收集太阳热能，通过换热装置提供蒸汽，结合传统汽轮发电机的工艺，从而达到发电的目的。太阳能光热发电是一个多学科交叉研究领域，内涵较广，涉及工程热物理与能源利用、材料科学、传热传质学、光谱学以及自动化等学科。该领域的基础研究对象包括：太阳能热发电系统技术研究、聚光吸热技术研究、储热材料及技术研究、透平技术研究等。

风力发电研究内涵：在太阳辐射与地球自转、公转以及河流、海洋、沙漠等地表差异的共同作用下，地球表面的大气层各处受热不均而产生温差，引起大气的对流运动而形成风。因此，风能实质上来源于太阳能，作为自然界中空气的一种运动方式，它具有一定的位能与动能。风能取之不尽，用之不竭，地球上的风能资源每年约为 200 万亿 kWh。目前风能利用主要以风力发电为主，即通过风力机捕捉风能，并将其转换成电能后并网传输，供电力需求用户使用。风力发电是一个多学科交叉研究领域，内涵较广，涉及工程热物理与能源利用、空气动力学、结构力学、大气物理学、机械学、电力系统学、电力电子学、材料力学、电机学、自动化学等学科。该领域的基础研究对象包括：风资源评估，风电机组及关键零部件，风电场，风功率预测，风电并网等[2, 3]。

生物质发电研究内涵：生物质发电是指把生物质能通过化学手段转化成为一种可以直接利用的能源形式，然后再转化成电能的一种技术，这项技术研究推广包括对生物质燃烧发电、生物质气化发电以及沼气发电等开发利用形式。生物质能的有效利用有助于降低碳排放，同时也是缓解我国能源矛盾的重要途径之一。生物质发电涉及工程热物理与能源利用、物理化学、化学工程、微生物学、植物学与农业种业学、电工科学、信息科学等多个学科。生物质能利用的研究范围主要包括：作为一次能源的高效清洁燃烧技术；转换为二次能源的生物质气化和液化技术、生物质催化液化和超临界液化技术、微生物或酶转化技术、生物质燃料改性技术等。

二、我国的发展现状

目前，我国风电、太阳能发电及生物质发电等可再生能源发电技术具备一定产业化基础，其中风电和太阳能发电装机均居世界第一位。在太阳能光热发电方面，熔盐、蒸汽介质、蒸汽朗肯循环发电等技术尚处于产业化初期阶段，光热发电成本与光伏相比缺少竞争力，亟须研发超临界 CO_2 循环、粒子吸热器等先进技术，抢占未来光热大规模产业化制高点。在风力发电方面，已构建了 100 米高度近地层大气湍流理论和评估方法；风电机组及关键零部件研究方面，已发展了陆上、近海 MW 级及多 MW 级叶片、齿箱、电机、轴承、变桨、偏航及整机的多学科优化设计与建模方法，并逐步探索深远海漂浮式气动 – 水动 – 伺服 – 弹性耦合系统问题；在初步解决尾流模拟精度和效率问题基础上，风电场正转向开展非定常多尺度耦合风场下微观选址方法研究。风电机组制造产业方面，在进入 21 世纪以来开始快速发展，一些主要风电机组制造厂商已经从引进图纸、引进设计技术到现在具备一定自主研发能力，国内厂商占据国内陆上、海上风电市场绝大部分份额，部分机型开始出口。低风速风电技术位居世界前列，国内风电装机 90% 以上采用国产风机，10MW 海上风机开始试验运行[4]，但与风电机组气动、气弹、机械、控制设计以及风电场设计相关的主要行业软件仍然以国外产品为主，核心关键部件和国外产品还有差距，基础研究领域对原始创新、行业软件、行业标准和技术开发的贡献不足，很多时候低价竞争抵制了技术先进性竞争。总之，大部分风能核心技术仍依赖国外，原创技术缺乏，存在许多共性关键技术问题亟待突破。生物质发电技术方面，我国直燃发电规模最大、技术最成熟，在混燃发电和气化发电多联产方面已有示范项目投入运行，但仍未实现产业化，气化发电多联产等关键技术亟待突破。

（一）太阳能热发电技术研究进展

我国《国家中长期科学和技术发展规划纲要（2006—2020 年）》以及《可再生能源中长期发展规划》等均把太阳能热发电列为重点和优先发展的方向。经过"十二五"至今 10 余年的技术开发，已经掌握了光热发电的核心技术，特别是"十三五"期间，在国家能源局组织的第一批光热发电示范项目的带动下，光热发电产业发展迅猛，已经形成了完整的产业链，涌现出众多的专业从事光热发电技术开发和设备制造的企业，开发了一系列具有自主知识产权的技术和专用设备[5-12]。

1. 吸热器研究进展

目前太阳能热发电的集热形式主要有槽式、塔式和菲涅尔式等[13, 14]。槽式光热发电系统是首个具有商业特性的发电方式，其技术标准比较成熟，并积累了一定的操作经验，结构零件简单、系统控制容易，可以完成工业批量生产与安装，跟踪设施不复杂，不足是聚光效率与运行温度偏低，热能消耗偏大[15]。

抛物线槽式集热器是目前最为成熟的技术，但是也存在很多问题制约着槽式集热器效率的进一步提升：①材料问题，对于材料的研究主要集中于集热管上太阳能光谱选择性吸收涂层和集热管内的热媒导热油。现在的选择性吸收涂层一般能在400℃左右的工作范围内稳定工作，但超温时就会出现表面粗糙化等不稳定情况，导致传热效率降低。导热油是有机热载体，导热油超过最高运行温度时，会发生裂解等现象，造成传热效率急剧下降并不可逆转，且部分导热油具有一定毒性，给实际运行、生产带来安全隐患。②集热管制造问题，集热管是槽式集热器的核心部件，集热管的热效率直接影响整个槽式集热器的热效率和光学效率。提高集热效率的重要途径就是减少集热管中的残余气体，可通过改变膜的制造工艺以减少气体的渗透，设计并制造可靠的密封环阻止空气的进入，以及在真空管中合理地布置吸气剂来实现[16-18]。

吸热器对材料提出了较高的要求，材料必须耐高温、抗腐蚀以及耐疲劳，要承受1200℃以上的温度，这就需要利用镍基合金材料，但这种材料的成本较高，加工比较困难。吸热器的问题包括：①吸热器热流密度及其表面壁温的均匀性较差，吸热器的热应力和热疲劳问题严重；②吸热器的材料制造与加工技术非常复杂；③吸热器维护与检修，吸热器表面涂层长期在高温并暴露于大气环境下工作，维护周期一般为3—5年。

2.传热工质、储热材料及技术研究

光热电站的储热材料主要有水／水蒸气、导热油、熔盐以及金属合金等，但水蒸气和导热油均存在使用温度低的缺陷，熔盐具有较高的使用温度，同时其传热性能好，饱和蒸汽压低，特别适用于光热电站中[19, 20]。合金材料中尤以铝基合金的相变温度合适，同时具有相对低的腐蚀性，成为金属合金相变储热材料研究的焦点，在太阳能热发电高温储热中具有较好的应用前景。储热材料的研究主要集中在材料的热物性和腐蚀性特性上。

目前，熔盐储能技术在光热电站中应用较为广泛，其经济性和安全性都表现出明显的优越性。目前对太阳能热发电领域中高温熔盐的研究大多倾向于将其用作显热储热材料或同时作为换热流体，也只有显热存储形式得到了一定规模的应用，较为成熟的熔盐体系主要有二元硝酸盐和三元硝酸盐，两者的使用温度范围分别为260—565℃和149—538℃。作为太阳能热发电研究的方向，介质特性的研究也是关键因素。遗憾的是，目前研究的无论是硝酸盐类、碳酸盐类或其他混合盐类，某些指标还达不理想，如熔点温度过高等。要满足制热和发电的目的，目前还需寻找更好的蓄热介质。该蓄热介质在整个蓄热的工作温度范围内，以液体的形式存在，拥有较大的单位热容和导率以及较高的流动性，凝固点尽量接近常温，气化温度尽量高，同时成本较低，以上是未来熔盐的研究方向。为提高熔盐的导热系数，采用高温熔盐复合材料，可实现将高温熔盐的高相变潜热和添加剂材料的高导热系数很好地结合起来，明显地提高了材料的储热性能。

当前较成熟的蓄热系统多采取熔盐式储热，而此类储热系统中存在许多难题尚未解

决。蓄热器内部存在大温差的对流换热过程，其流动换热特性研究是提高储热效率的重要途径。还需深入剖析熔融盐的对流传热规律，获取不同的流态、温度范围内混合式熔盐强制对流换热特性；开展熔盐强化传热领域的机理探索，需探讨不同强化传热手段（如螺纹管等）对熔盐换热的强化特性；再结合热力学换热规律，寻求低成本且高效率的熔盐强化传热设备，为储热系统的设计理论提供指导。此外，更要打破传统，注重新型蓄热介质的开发并研究其热物性，寻求能量密度高、比热容高、导热好、换热强、稳定性较好、可多次重复利用的蓄热介质；与此同时，还要从储热部件结构设计角度出发，研发高效可靠的蓄热设备，最终提高热储存效率。

3. 粒子吸热器

目前，对粒子吸热器的研究大多处于实验验证阶段，主要集中在太阳能塔系统上[21, 22]。固体颗粒提出的关键问题有：太阳能塔热发电系统中的吸热和储存介质要求，接收器中固体颗粒的流动和传热特性，热交换器中固体颗粒作为热传递材料的传热特性，循环过程中固体颗粒的磨损和金属壁的磨损，以及接收器性能的调节和操作优化。这些技术困难需要进一步探索，以确保固体颗粒太阳能吸热器的实际工程应用。

（二）风能发电研究进展

近年来，我国风电产业发展迅速，截至 2020 年年底，我国风电累计装机容量已达 2.81 亿 kW，规模居世界首位[23]。我国是一个风能资源十分丰富的国家，陆上 70 米高度层可开发利用的风能储量为 50 亿 kW。据中国气象局最新风能资源评级数据，全国陆地 70 米高度层平均风速均约为 5.5m/s。其中，内蒙古中部和东部、新疆北部和东部部分地区、甘肃西部、青藏高原大部等地年平均风速达到 7.0m/s，部分地区甚至达到 8.0m/s 以上，全国陆地 70 米高度层年平均风功率密度为 237.1W/m²[24]。风电产业的发展空间巨大，预计"十四五"期间将新增风电装机容量 2.9 亿 kW，年均新增 5800 万 kW[25]。根据国家可再生能源中心发布的《中国风电发展路线图 2050》，2050 年风电装机将达 10 亿 kW，能够满足全国 17% 的电力需求[26]。未来我国风电行业仍将维持较高速度增长。由于风能资源的随机波动性，发电设备的弱支撑和低抗扰性，随着风电在电力系统中比例越来越高，风电等新能源的高效消纳和电力系统安全稳定运行都将面临更大挑战[27, 28]。

我国风电机组制造企业经历了技术引进到消化吸收，现在已经逐步具备了一定的自主创新能力。近 10 年来，随着产业规模逐步增大，陆上风电项目单位 kW 平均造价下降 30% 左右[29]。当前，国内 5MW 容量等级海上风电机组逐渐普及，我国 MW 级陆上风电自主研发水平越来越高。3—5MW 风电机组逐步成为陆上风电场主力机型，8—10MW 近海风电机组开始吊装，已有 5.5MW 漂浮式海上风电机组样机。2020 年 7 月，我国自主研发的首台 10MW 海上风电机组在福建省福清市成功并网发电[30]。

尽管我国风电装机容量和产能均位居世界首位，成为风电产业大国，但是我国还不是风电技术强国，目前一些国产风电机组存在运行效率低、故障率高、可靠性差等问题，致使一些风电场风能的实际利用率、风场盈利能力与预期还有很大差距。究其原因，一方面是因为国内大型风电机组制造产业开始于技术引进，很多厂商安心于技术跟踪，特别是在市场成熟、低价竞争时期，企业不愿或无力承担技术开发风险；另一方面是国内过于重视产业化，基础性研究投入相对不足，基础研究投入的产出、效益也不足，国内研发的行业软件类、技术性产品要在市场中实现超越还面临困难。缺乏稳定持续的研究队伍，产品的可靠性还不能达到较好的水平。为了使我国风电制造业有能力摆脱对国外技术引进的长期依赖，促进我国风电产业可持续发展，真正掌握核心的陆上和海上大型风电机组设计与研发的关键技术成为我们必须尽快解决的首要任务，也是我国由风电大国走向风电强国的必由之路。因此，必须着力提高风电技术的原始创新能力，真正形成风电技术的自主创新体系。

针对上述问题，目前我国已重点支持包括 300 米以内大气边界层风特性、风资源评估和风电场优化设计技术问题的研究。针对 MW 级风电机组叶片，在空气动力学、气动弹性、气动噪声等基础方面的科学问题进行了探索。针对多 MW 级风电机组整机，在气动载荷、非线性气动弹性、海上风电机组水动载荷与支撑结构等大型风电机组的关键力学问题上开展了研究。针对风电机组和风电场的数字化、智能化和多目标优化运行控制开展了研究。针对大规模风电的电力系统，开展了远距离、大规模、高集中度的风电并网、多能互补等大规模风力发电并网的基础理论和核心技术研究。此外，在风电叶片专用翼型设计、整机和关键部件开发、风电场优化设计、海上风电场建设、海上风电场送电与并网等方面也开展了大量的攻关工作[31]。

（三）生物质能利用的研究进展

我国是一个生物质能源较为丰富的国家，生物质能源在我国有着非常广阔的发展空间。生物质能的有效利用有助于降低碳排放，同时也是缓解我国能源矛盾的重要途径之一。生物质发电能够将生物质能通过化学手段转化成电能，是目前生物质能最有效、最稳定的利用方式。

总体来讲，我国生物质发电规模呈现不断扩大趋势。据中国产业发展促进会生物质能产业分会发布的数据显示，截至 2020 年年底，我国已投产生物质发电项目 1353 个，较 2019 年增加 283 个，并网装机容量 2952 万 kW，较 2019 年增加 543 万 kW，年发电量 1326 亿 kWh，较 2019 年增加 214 亿 kWh，年上网电量 1122 亿 kWh，较 2019 年增加 188 亿 kWh[32-34]。同时，我国生物质发电布局也更加优化。全国生物质发电项目主要分布在生物质资源相对丰富的中东部地区。截至 2020 年年底，我国生物质发电累计装机达到 2952 万 kW，同比增长 22.6%，其中累计装机容量位居前五的省份是山东、广东、江苏、浙江和安徽，分别占全国总发电装机容量的 12.4%、9.6%、8.2%、8.1% 和 7.2%。

现阶段，我国生物质发电技术主要包括生物质直燃发电、生物质与燃煤混燃发电以及生物质气化发电。其中，直燃发电规模最大、技术先进，商业模式最为成熟，在我国中东部及东北地区市场较大。目前，山东省的生物质直燃发电累计核准容量居全国首位。生物质与燃煤混燃发电是将生物质作为燃料替代部分燃煤的发电方式，根据耦合方式的不同，可分为直接混燃发电、生物质直燃并联发电、生物质气化后与燃煤混合发电。其中，直接混燃发电的国内示范项目长期处于亏损状态，而生物质直燃并联发电在国内暂无工程实例。生物质气化后与燃煤混燃发电则与生物质气化发电类似，其对锅炉影响小、燃烧系统改动不大，具有一定投资和运行成本优势，但其难点在于生物质气化炉的运行和维护费用较高。因此，目前我国生物质气化发电或气化后与燃煤耦合发电仍以中小规模、固定床、低热值气化技术为主，只有少数省份有小规模应用，如何提高其能源转化效率是该技术快速推广的关键问题。生物质气化发电则是采用气化工艺将生物质转化为可燃气后送入燃气轮机燃烧发电，但面临气化炉原料适应性差、合成气焦油含量高、设备可靠性差、装置难以放大等问题，目前仍停留在实验室或示范阶段。

目前，农林生物质直燃发电锅炉主要分为两类：水冷振动炉排锅炉和循环流化床锅炉。水冷振动炉排锅炉是在引进消化吸收国外技术的基础上逐步成熟的技术，循环流化床锅炉技术完全是我国自主研发的技术。自 2000 年以来，我国开始开展生物质直燃技术研究，在农林生物质燃烧技术、污染物控制技术、生物质直燃锅炉设计开发以及锅炉运行方面均取得了较多的成果和经验。然而目前仍存在关键技术和锅炉运行方面的较多问题亟待解决，包括生物质锅炉受热面积灰问题、蒸汽参数提高后受热面高温腐蚀加剧问题、低温腐蚀问题、污染物超低排放问题、生物质给料问题等。目前围绕生物质直燃发电技术应重点突破的技术包括针对生物质纯燃和混燃在高碱燃料时的燃烧机理、污染物控制、积灰腐蚀控制等关键技术。实现高参数化，进一步提高生物质直燃利用效率和运行小时数，降低运行成本将是生物质直燃发电技术的发展趋势。此外，生物质直燃发电技术非常适用于生物质资源较为丰富的地区，因为充足的生物质资源不仅可以保证生物质的发电量而且还能降低原材料的采购成本，生物质燃料由于受到季节和区域性影响，难以保证连续、稳定的供应，造成燃料成本较高。所以，在生物质原料收集当中一定要对生物质的不易聚结和热值低的特点给予重视，确保其是在致密成型的状态下进行直燃发电[35-37]。

在能源转型的大趋势下，发展燃煤耦合生物质发电是在保障能源安全前提下实现能源清洁低碳发展的经济有效途径[38, 39]。基于实际情况，在大容量火电机组上开展生物质低比例直燃耦合是较好的技术选择[40, 41]。此外，生物质气化直接燃烧发电[42]、生物质气化混燃发电[43]、生物质气化多联产、生物质热电联产、微生物厌氧发酵和制氢等也是重点发展的技术[44-47]。

此外，我国为推动生物质发电行业发展，还制定了针对性扶持政策。一方面，依托国家可再生能源发展基金推进产业发展。国家通过可再生能源电价附加补助资金支持生物质能发电产业发展；财政部会同国家发改委、能源局联合发布可再生能源电价附加资金补助目录，其中生物质项目约 200 个。另一方面，产业规划日益明确，监管体系不断完善。《生物质能发展"十三五"规划》明确指出要推进生物质能分布式开发利用、扩大市场规模、完善产业体系;《农林生物质发电项目防止掺煤监督管理指导意见》规范了生物质发电秩序，促进生物质发电可持续健康发展。这些政策和法规的出台对生物质能在未来的健康发展提供了强有力的政策支撑。

三、国内外发展比较

目前我国可再生能源发电技术总体处于跟跑和并跑阶段，有一定基础，但整体与欧美还有差距。其中太阳能发电技术总装机容量、年新增装机、组件产能均全球第一，但主要以光伏发电为主。光热发电技术仍处于产业化初期阶段，在具有决定性意义的下一代光热发电技术方面，尚未有相关研究规划及布局，落后于欧美。在风电方面，目前我国在10MW 级及以上风电机组及关键零部件（如叶片、轴承、齿轮箱、发电机等）以及适合深远海的大功率、漂浮式风力发电系统优化设计，大型陆上与海上高效、低载与低成本风电机组研制，大型风电场智能化控制与运维以及大型风电场并网等领域与国外先进水平有较大差距。生物质发电方面，可再生的清洁生物质能已成为国际能源战略的重要着眼点，国外发达国家极为重视生物质能的研发和应用，欧美国家的生物质发电技术已较为成熟，我国在直燃发电产业推广、混燃发电产业应用方面与国外先进水平均有较大差异；气化发电多联产处于推广阶段，商业化项目较少，与国外整体水平相当。总体来说，我国可再生能源发电基础研究与国际水平相近，甚至有超越趋势，但技术、产业化开发和市场培育与先进国家的差距较大。

（一）太阳能发电国内外发展对比

我国光热发电技术仍处于产业化初期阶段，在具有决定性意义的下一代光热发电技术方面，尚未有相关研究规划及布局，落后于欧美。2019 年全球新增太阳能热发电装机容量 482.6MW，累计装机容量达到 6590MW。其中，西班牙太阳能热发电装机容量仍居世界首位，其次是美国。得益于国家太阳能热发电示范项目的建设，我国太阳能热发电新增和累计装机容量在全球占比分别达到 41% 和 6%。我国在"十二五"期间，在科技部等部门的支持下，开展了太阳能超临界 CO_2 发电技术的研究与示范，其中涉及高精度定日镜技术、粒子吸热器技术、颗粒与超临界 CO_2 换热器技术、超临界 CO_2 透平技术等。同时，我国在高温熔盐（熔点温度 ≥ 800℃）上也有相应研究。

为了开发更高能效和更低平准化能源成本（LCOE）的下一代聚光发电技术，包括美国、澳大利亚、欧洲和亚洲在内的国家 / 地区在这十年中开展和启动了不同的举措或研发项目。美国，欧盟在太阳能技术领域处于领先地位，仍在加大投入，持续资助光热等前沿技术研究，美国的 Sunshot 计划和 Sunshot 2030 计划等在太阳能领域投入超过 19 亿美元，储能领域投入超 12 亿美元，欧盟的 Horizon 2020 以及 Horizon Europe 计划等在太阳能领域投入超 18 亿欧元[48, 49]。

据评估，美国到 2030 年，光热电站安装总容量可达 118GW，到 2050 年，容量可以进一步增加到 1504GW。而欧盟 2030 年总共可安装 83GW，到 2050 年将达到 342GW。2030 年光热发电有两个目标：①基本负载配置达到 0.05 美元 /kWh（最少存储 12 小时）；②峰值配置达到 0.10 美元 /kWh。这些目标与其他可调度发电机具有极强的竞争力，将使太阳能发电在电网中的渗透率更高，同时还可以使太阳能发电更加可靠并提高其价值。2030 年的目标以及低成本的储存目标若能实现，太阳能在 2050 年前可供应美国 50% 的电力。为了实现 2030 年聚光太阳能热发电（CSP）Sunshot 计划的目标，美国能源部在 2018 年开始资助第三代 CSP 计划 7200 万美元。

欧盟"Horizon 2020"资助的 Scarabeus 项目将在中试规模验证超临界二氧化碳光热技术。计划在未来四年内实现将光热电站的投资成本降低 30%，运营成本降低 35%。西班牙安装的 CSP 容量世界最大（>2.3GW），按照计划到 2025 年西班牙光热电站总装机规模将达到 4.8GW，到 2030 年将达到 7.3GW。与美国的第三代 CSP 计划相比，欧洲的研发采取了更广泛的方法，但也涉及第三代 CSP 技术。一些用于 CSP 新技术测试的工厂已经或正在建造。例如，固体粒子 TES 技术，来自 DLR 的先进粒子接收器，在 Juelich Solar Tower 中进行高于 900℃ 的高温接收和储存热量测试，西班牙 Avanza-2 实验站用 6 吨三元催化剂共晶 Li_2CO_3-Na_2CO_3-K_2CO_3 熔融碳酸盐 TES/HTF 技术进行高达 700℃ 的测试。

（二）风力发电国内外对比

全球风能委员会（GWEC）发布《2021 年全球风能报告》显示，2020 年全球风电行业创下新纪录：全球新增装机 93GW，同比增长 53%。作为两个全球最大的风能市场，中国和美国在 2020 年实现风电装机量创纪录增长，新增装机占全球新增的 75%，累计风电装机达到全球总量的一半以上[50]。

中国力量领跑全球，2020 年新增陆上和海上风电装机容量均位列全球第一，累计陆上风电装机总量全球第一，累计海上风电装机总量全球第二，达 9897MW，仅次于英国。2020 年全球海上风电新增装机容量 6.067GW，其中中国新增容量超过 3GW，占全球新增一半以上。这是中国连续第三年在海上风电年新增装机容量方面居世界首位[51]。

与国外相比，我国风电产业技术基本同步，但基础和共性关键技术研究相对不足，尤其在风资源等基础研究方面差距明显。我国虽已具备风资源现代化探测能力，能深入开展地面到几百米高度范围多尺度湍流风特性研究，但针对风特性认识主要源于 20 世纪 60—70 年代建立的经典相似理论；国外利用现代技术已取得许多研究成果，但不适用于我国阶梯大地形下的复杂山地，不满足复杂地形、风况下机组和风电场设计要求。我国没有自主研发的风资源数值模式系统，只能采用欧洲商业软件，但地形复杂度决定的风场湍流参数不适用而严重影响风电场设计水平；现有台风型风电机组设计风况参数，基于对有限个例的统计，缺少理论计算方法。

关键技术方面，10MW 级及以上超大型海上风电机组与国外差距较大，在机组设计、制造技术方面均落后，从机组容量等级看落后国外先进水平一代机型。海上风电支撑结构技术研究紧跟国际，但与海上风电发达国家相比，深水固定式支撑结构技术存在差距，漂浮式支撑结构技术差距较大。海上漂浮式风机的潜在市场以欧洲、美国、亚洲的沿海国家为主。欧洲市场不仅具有装机容量最大的固定式海上风电市场，同时也是浮式风电的主要研发、测试和商业开发地区。截至 2019 年年底，欧洲漂浮式风电装机容量占全球 70%，达 45MW。主要的欧洲国家有英国、葡萄牙、西班牙、德国、法国、挪威等。目前，漂浮式风机样机测试项目主要集中在欧洲地区，以苏格兰、葡萄牙和地中海区域为主，技术研发和设计则主要集中于挪威、法国、葡萄牙、英国、美国、日本等发达国家。我国漂浮式风机的研究起步相对较晚，国家 863 计划在 2013 年启动了漂浮式风电项目研发，分别支持了两个项目：一是由湘电风能有限公司牵头开展的钢筋混凝土结构浮式基础研制，旨在完成 3MW 风机海上风力发电机组一体化载荷分析和机组优化设计。二是由金风科技股份有限公司牵头开展的漂浮式海上风电机组基础关键技术研究及应用示范，主要针对金风 6MW 机组提出了半潜式平台方案，并完成了载荷分析、水池试验研究工作。随着国家政策对海上风电的利好，"十三五"期间国内对漂浮式风机的研究热度逐渐提高，并有了示范工程项目，包括绿能示范项目、三峡阳江示范项目、海装工信部示范项目、龙源南日岛项目[52-54]。陆上风电场已积累了丰富的设计和建设经验，但复杂地形风电场精细化设计以及智能化、信息化运维技术存在较大差距；海上风电开发、建设和运维经验不足，整体技术水平落后于欧洲。公共技术方面，我国与国外差距较大，公共试验系统技术研究落后于先进国家，尚缺少与产业规模和技术研究发展需要相匹配的 10MW 级及以上全尺度地面传动链测试系统以及海上风电测试技术实证基地，未掌握相关测试技术。

（三）生物质发电国内外对比

随着各国积极支持和推动，全球生物质能发电装机容量持续稳定上升，近 10 年内生物质能装机容量从 53.59GW 增长至 109.21GW。到 2018 年，全球生物质能电厂 3800 个，新增装机容量 108.96GW。根据 IEA 最新市场预测结果，2018—2023 年，生物质能源将引领可再生能源持续增长，占到全球能源消费增长的 40%[33]。到 2040 年，可再生能源在一次能源占比中达到 17%—22%，将是实现全球电力需求的主要贡献力量[55]。

全球的生物发电能力和发电总量近年来呈快速上升态势。从地区来看，欧盟的发电量仍然最多，亚洲发电量增长最快，其中中国发电量增长几乎等于亚洲其他地区增长的总和，北美发电量基本保持稳定。就国家而言，中国仍然是世界上最大的生物质发电生产国，紧随其后的是美国、巴西、德国、印度、英国和日本。中国的生物质发电量在"十三五"时期迅猛发展，美国的发电量因缺乏强有力的政策驱动以及来自其他可再生能源的竞争在过去十年中并没有显著增长。巴西是全球第三大生物质发电生产国，也是南美洲最大的生物质发电生产国。

生物质直燃发电技术是目前发达国家以及我国生物质利用最成熟、产业推广最快的技术。截至 2019 年，在丹麦、芬兰、瑞典等地区共有 320 座以生物质燃烧进行发电的电厂，主要燃烧原料包括农作物秸秆、树木残渣等。英国坎贝斯建成了全球最大的秸秆生物质发电厂，装机容量达 3.8 万 kW[56]。2006 年，单县建成了我国首个以农作物秸秆为燃料的循环流化床直燃发电示范项目，工程建设规模为 25MW 单级抽凝式汽轮发电机组，配一台 130 t/h 生物质专用振动炉排高温高压锅炉；阳光凯迪新建多座循环流化床生物质燃烧发电站，总装机容量达到 576MW。截至 2019 年，我国投产生物质发电项目 1070 个，并网装机容量 2409 万 kW，年发电量 1112 亿 kWh，年上网电量 934 亿 kWh[37]。

生物质混燃已成为发达国家替代燃煤发电的重要途径之一。目前全球在运的混燃电站超过 200 座。美国已建成多座以木质生物质为主的生物质混燃电站，掺烧比例约为 3%—12%，装机容量达到 600 万 kW；英国已在 13 个装置容量为 1000MW 等级的燃煤电站实现了生物质掺烧；部分北欧国家也已建成多座掺烧废旧木料及秸秆的电站[57]。与发达国家燃用生物质以木料、木屑等为主不同，我国的生物质以秸秆、稻秆、棉秆等农业及经济作物为主，钾、钠等碱金属含量较高，灰熔点远低于煤灰，导致锅炉受热面出现积灰结渣，严重影响锅炉运行稳定性，同时，秸秆中较高氯含量也增加了锅炉受热面发生高温腐蚀的风险。因此，国内直接混燃发电项目长期处于亏损状态。

近些年欧洲国家开展了生物质气化发电研究，这种发电方式更加环保，同时发电效率显著提升，可以提高 35% 以上[42]。但是与燃烧发电相比，气化发电需要对燃气轮机进行改造，而这种改造的技术难度较高，并且有许多技术难点尚未攻克，在一定程度上也限制了其广泛应用。但我国尚处于实验室或示范阶段，仍未工程化应用。国外生物质气化领域处于领先水平的国家有丹麦、荷兰、意大利、德国等[58]。目前，国外生物质气化装置一般规模较大、自动化程度高、工艺较复杂。国外生物质气化应用情况主要为：生物质气化发电，生物质燃气区域供热，水泥厂供燃气与发电并用的生物质气化站，生物质气化合成甲醇或二甲醚，生物质气化制氢，生物质气化合成氨等[59]。

总体来说，生物质气化发电在国内外均处于商业化推广阶段，耦合发电处于探索阶段。目前，固定床和流化床是较为成熟的生物质气化技术，中小型生物质气化发电技术在欧美等发达国家研究较早，但大型生物质气化发电技术远未成熟，商业化项目较少，主要停留在研究和示范阶段。并且，焦油处理技术以及燃气轮机改造技术难度较高，系统尚未成熟，在一定程度上也限制了其广泛应用。

在生物质发电行业发展扶持政策方面，国外发达国家建立有相对完善的金融、产业监管机制。一方面，通过金融政策扶持产业发展。德国经济技术部启动支持可再生能源资金计划，支持生物质能产业发展；丹麦政府对生物质能的补贴投入达 3100 万欧元，并通过征收"绿色税收"，引导能源消费可持续发展；美国出台一系列经济激励政策，包括补贴政策、税收政策、价格政策、低息或贴息贷款政策等，推动生物质能产业发展。另一方面，还建立了完善的产业监管机制。丹麦通过电力体制改革，明确生物质发电相关的产业监管条例与机制；英国政府构建了以"非化石燃料公约"制度为核心的可再生能源促进法律和产业监管制度，对生物质能产业发展提出明确要求；美国也制定了系列法律、法规、条例，保障生物质能发电产业健康发展。相较而言，我国在政策扶持力度方面稍显薄弱，三部委近期还发布了《完善生物质发电项目建设运行的实施方案》，明确规划内生物质发电项目采用竞争方式配置并确定上网电价，这为产业发展带来新的严峻挑战。

四、我国发展趋势与对策

我国可再生能源发电研究未来重点发展方向包括：①规模化光热利用能质提升与高效转化利用关键基础理论与技术；②太阳能热发电系统及多能互补特性及优化技术；③超大型海上风电机组与关键零部件高可靠、低成本优化设计；④智慧风电场及运维技术、风能热利用技术；⑤适合我国生物质分布及原料特性的区域性生物质"热－电－气－炭"多联产技术、装备及产业链。

（一）规模化光热利用能质提升与高效转化利用关键基础理论与技术

太阳能热发电是太阳能的高品位利用方式，以高能效为主线，涉及大量的光学、热学、材料等领域的基础科学问题以及光热的基础理论，重点解决以下关键科学问题。

1. 极端条件下热能传输蓄存机理及与材料组成结构的关联机制

吸热、传热及蓄热系统长期在高温、高热流，以及时空高度不稳定、不均匀等极端条件下运行，极端条件下热量吸收与传递机理、变物性传热及蓄热传递规律及强化机制、界面传递规律与传热及蓄热材料微结构量化关系是未来主要研究方向，将为太阳能热发电传热及蓄热高效稳定运行材料设计提供科学基础。

2. 太阳能高效聚光吸热技术

在传统太阳能集热系统结构的基础上，采用自适应光学追踪系统和高次曲面聚光镜相结合的方式，从而达到及时响应与聚光的效果，是太阳能集热单元未来研究热点之一。太阳辐射光子与物质的相互作用本质，太阳能光热器件、光电器件的材料属性和形状特征等参数控制、太阳能光谱吸收特性以及表面吸收的广角性和偏振不敏感性调控以及太阳能全光谱高效利用技术将成为重要研究方向。

3. 高效太阳能热发电系统技术

针对太阳能热发电的核心技术与装备，在借鉴与吸收国外同类技术开发与发展思路的同时，结合我国资源分布与能源需求特点，形成相应的理论与技术以及产业推广模式。直接蒸汽发生系统、熔融盐发电系统、超临界二氧化碳发电系统、蓄热型碟式斯特林发电等高效低成本发电关键技术是未来主攻方向。

4. 高效低成本储热技术

发展高温、高产能密度、低成本、大容量储热技术，提升太阳能热发电系统年有效发电时数、保证率，提升太阳能热发电站的调峰能力，是推进分布式太阳能热发电规模化发展的关键，使太阳能热发电成为我国能源产业创新与技术革命的重要代表，是切实推动能源生产与消费革命的最核心环节。复合材料的储热释热技术、单罐斜温层熔融盐储热技术、高导热系数的陶瓷 / 金属基的复合储热材料技术、输运方便的化学储能技术等是未来储热技术发展的重要方向。

（二）太阳能热发电系统、多能互补特性及优化技术

多能互补是提升新能源消纳的重要手段之一，光热发电与风电、光伏发电相比，具有更好的调节能力。光热电站在多能互补系统中同时起到了调峰和储能作用。太阳能热发电系统带有储能装置，与风电和光伏发电组合，以增加可再生能源电力的上网比例。根据中国电力科学研究院新能源研究所的研究成果，风电和光伏发电与太阳能热发电相结合的发电方式，可显著降低电站的弃风、弃光率。

1. 风力 - 太阳能光热互补发电技术

风力 - 太阳能光热互补发电技术方案利用太阳能光热发电储能单元，利用加热炉和再加热装置有效回收电能，对比传统电池储能技术，风力 - 太阳能光热互补发电技术的投资成本较低，具有稳定的传热蓄热作用，避免二次污染。利用风力发电过剩电能带动加热装置运行可避免发生弃风问题，充分利用新能源。发挥指挥调度系统的作用，可以对太阳能光热发电和风力发电实施调峰处理，维护风力发电工作的稳定性，平稳的输出电力，避免新能源冲击到电网，维护电网运行的安全性。

2. 太阳能 - 化石燃料热互补发电技术

太阳能与天然气互补发电技术、太阳能与燃煤互补发电技术是实现太阳能热利用的重要途径和发展方向。如何借助高容量及高参数汽轮机提高太阳能热发电效率，如何根据实际需要通过灵活改变互补方式，使系统分别处于功率增加及节约燃料模式运行，以及如何在光照不足时通过调节抽汽流量维持系统稳定运行等，都是目前亟待解决的挑战和难题，将成为未来重要研究方向。

（三）超大型风电机组与关键零部件高可靠、低成本优化设计

超大型风电机组整机技术是风力发电的主攻技术，基于可靠性和经济性的 15MW 级风电机组气动－结构－载荷－电控一体化设计、传动系模块化设计技术及海洋环境适应性设计；智能控制与降载优化技术、系统状态监测与故障智能诊断预警技术；机组可靠运行技术、抗台风运行策略与海上维护技术；15MW 级风电机组设计认证技术以及 15MW 级海上风电机组的生产工艺技术将成为未来发展方向。

对于海上风电机组：发展适用于我国的近海、远海风电场设计、施工、运输、吊装关键技术；适合我国海况和海上风能资源特点的风电机组精确化建模和仿真计算技术；10MW 级及以上海上风电机组整机设计技术（包括风电机组、塔架、基础一体化设计技术，以及考虑极限载荷、疲劳载荷、整机可靠性的设计优化技术；高可靠性传动链及关键部件的设计、制造、测试技术），以及大功率风电机组冷却技术是主要研究方向。

对于关键零部件：超高雷诺数的风力机翼型设计技术；高尖速比叶片气动外形优化设计技术；基于损伤断裂力学的叶片结构胶结优化设计技术；基于后掠和纤维方向角调控技术的叶片低载优化技术；超大型柔性风电叶片气弹稳定性分析技术；基于气弹耦合效应的超大型柔性叶片高效、低载、轻量化设计技术均是亟待研究的重要方向。在极端海洋环境荷载作用条件下，研发漂浮式支撑结构致灾机理；多体耦合漂浮式支撑结构关键技术；漂浮式支撑结构系泊系统选型关键技术；10MW 级海上风电机组－支撑结构－系泊系统化设计技术；漂浮式海上风电机组支撑结构海上作业施工关键技术至关重要，是下一步需重点主攻的方向。

此外，自主知识产权的海上风电机组轴承和发电机等关键部件，恶劣海洋环境对机组内部机械部件、电控部件以及对外部结构腐蚀的影响，台风、盐雾、高温、高湿的海洋环境下风电机组内环境智能自适应性系统[60]等也将是重要的研究趋势。

（四）智慧风电场及运维技术、风能热利用技术

智慧风电场在未来风力发电中将占有重要比重，其关键技术如风电叶片载荷智能控制技术、风机关键设备状态智能监测技术、智能故障诊断技术、风力机智能控制技术、风电场智能微观选址技术、智慧运维技术、大数据智能分析技术、精准风功率预测技术及场群控制技术等亟待研发。对于海上风电，设计适用于海上风电场大数据实时、高效、安全传输的数据打包与传输协议；研究基于风电全寿命周期的大数据采集处理及知识挖掘技术；研究用于海上风电场智能运维的风电机组故障诊断与预警关键技术；开发基于大数据和人工智能的海上风电场智能化运维系统与配套装备；研究智能运维装备及智能运维系统的测试方法与评价体系至关重要。

目前，风机厂家及科研机构虽在数字化智慧风电场建设方面做了大量工作，但现有风

电场与数字化智慧风电场还存在较大差距。未来数字化智慧风电场的建设应从基建期开始收集数据，以实现设备全寿命周期信息的收集、分析及处理。智慧风电场建设应重点解决下述问题：①完成对各类数据及信息的标准化工作，统一数据接口；②完成对设备状态、人员考核、机组性能评价及优化、运维过程及运维质量评价、设备故障预警和分析、关键设备可靠性及安全性评价、部件寿命预估等工作过程的数字化及智能化；③在数字化、信息化基础上，利用各类智能决策模型，实现风电场运维决策的智能化；④完成信息智能分析系统与风电场主控系统的连接，以实现主控系统根据信息智能分析系统反馈的信息对风机运行状态的实时调整。虽然，目前建成的或在建的数字化智慧风电场还处于较初级阶段，但随着"互联网+"、信息化与人工智能等技术的飞速发展，大型数字化智慧风电场建设必将成为未来风电场的发展趋势[61, 62]。

对于风能热利用技术，构建复杂风况下海上风热机组新型热力学循环理论模型，开发风热机组选型与调控关键核心技术，并应用于MW级海上机组工程示范与产业化推广，以期填补国内外市场空白，有效开拓新兴海上风能利用领域尤为重要。通过引入自复叠热泵循环，拓展现有单级蒸汽压缩式风热机组的工作温区，研究新一代海上风热机组的耦合热力学循环理论，明确复杂风况下风热机组的能量转化机理，构建海上风热机组的动态模型，探究输入工况极端波动性对热泵性能的影响，建立整机与热泵之间的耦合匹配调控机制与优化设计方法，实现复杂风况下海上风热机组风能利用效率与热泵能量转化效率最优是未来的重要研究方向。

在这些技术研究逐步积累和深入发展的条件下，应积极探索如何在市场条件下支持高校和研究机构形成行业软件产品，如何建立基础研究、软件工具产品开发、产品制造技术开发相互促进的良好生态，从基础做起，形成技术积累和持续进步的数字化、软件化平台，同时使得国内风电大产业、大市场形成的实际运行经验和需求信息反馈给基础研究和技术开发、行业软件开发，促进形成闭环良性循环。很多国外技术的不断发展，得益于国内的市场支持和用户反馈，风电技术的整体发展，也需要建立和培育良好的产业生态环境。

（五）区域性生物质"热－电－气－炭"多联产技术、装备及产业链

生物质发电将向分布式、区域化、能源梯级利用方向发展。国际生物质发电产业的"分布式、能源梯级利用"等特点日益显著，构建以生物质为燃料的分布式供能系统，将实现小规模农村或新型城镇的清洁发电与供热，并可结合区域微电网，形成智能化梯级利用模式。

生物质"热－电－气－炭"多联产将成为生物质能主要利用方式。当前，生物质发电的能源转化效率不足30%，产品单一、资源利用率差、经济效益差等问题突出。采用生物质热电联产可实现能源转化效率增长至60%—80%，并且还能够满足分布式、区域性供

热需求，同时，采用高参数机组能够进一步提高热电联产机组效率，降低单位造价和运营成本，提升生物质发电项目经济性。因此，生物质热电联产将是我国近中期生物质发电产业发展的重点方向。

生物质发电转型综合能源服务，替代燃煤锅炉需求潜力巨大。生物质热电联产项目除提供蒸汽、热水等热力服务外，还可向周边用户提供用电、用热、用能、检修等全方位服务，有利于生物质综合能源服务延伸。而且，随着"碳达峰、碳中和"目标提出以及我国能源结构低碳绿色转型，生物质替代燃煤发电将具有旺盛发展需求。生物质发电和热电联产将能够有效解决燃煤供能产生的大气污染和"碳排放"问题，对于大气污染防治、农村废弃物综合利用等具有重要意义，生态效益和环境效益明显。

参考文献

[1] 王志峰，原郭丰. 分布式太阳能热发电技术与产业发展分析 [J]. 中国科学院院刊，2016，31（2）：182-190.

[2] 龚国平. 清洁（可再生）能源综合发电技术综述 [J]. 上海节能，2015，（12）：661-663.

[3] 王建录，赵萍，林志民，等. 风能与风力发电技术（第3版）[M]. 北京：化学工业出版社，2015.

[4] 海报新闻. 国家能源局：中国在新能源发展上是世界第一 [2021-03-31]. https://baijiahao.baidu.com/s?id=1695702837945254833&wfr=spider&for=pc.

[5] 王康. 光热发电"十四五"：破局发展的关键期 [J]. 能源，2020（Z1）：70-74.

[6] 《中国电力百科全书》编委会. 中国电力百科全书——新能源卷（第3版）[M]. 北京：中国电力出版社，2014.

[7] 中国可再生能源学会. 中国太阳能发展路线图 2050. 北京.

[8] Yadav D, Banerjee R. A review of Solar Thermochemical Processes. Renewable and Sustainable Energy Reviews，2016，54：497-532.

[9] 蔡洁聪，王伟，郑建平. 太阳能光热发电技术研究进展 [J]. 中外企业家，2019（4）：124-126.

[10] 王光伟，许书云，韩蕾，等. 太阳能光热利用主要技术及应用评述 [J]. 材料导报，2014（S1）：193-196.

[11] 吴毅，王佳莹，王明坤，等. 基于超临界 CO_2 布雷顿循环的塔式太阳能集热发电系统 [J]. 西安交通大学学报，2016，50（5）：108-113.

[12] 李方方，袁亚舟，吴怡. 太阳能光热发电现状及前景分析 [J]. 上海节能，2016（7）：397-399.

[13] 邱羽，何雅玲，梁奇. 线性菲涅尔太阳能系统光热耦合模拟方法研究 [J]. 工程热物理学报，2016，37（10）：2142-2149.

[14] 董自春，赵煜，赵静. 塔式光热电站熔盐吸热器关键技术研究 [J]. 上海电气技术，2018，11（4）：10-13.

[15] 佟错，杨立军，宋记锋，等. 聚光太阳能集热场先进技术综述 [J]. 发电技术，2019，40（5）：413-425.

[16] Mwesigye A, Yilmaz IH, Meyer JP. Numerical Analysis of The Thermal and Thermodynamic Performance of a Parabolic Trough Solar Collector Using SWCNTs-Therminol®VP-1nanofluid [J]. Renewable Energy，2018，

119：844-862.

[17] Akbarzadeh S, Valipour MS. Heat Transfer Enhancement in Parabolic Trough Collectors: a Comprehensive Review [J]. Renewable and Sustainable Energy Reviews, 2018, 92: 198-218.

[18] Bellos E, Tzivanidis C, Tsimpoukis D. Therma, Hydraulic and Exergetic Evaluation of a Parabolic Trough Collector Operating with Thermal Oil and Molten Salt Based Nanofluids [J]. Energy Conversion and Management, 2018, 156: 388-402.

[19] 汪琪, 俞红啸, 张慧芬. 熔盐和导热油蓄热储能技术在光热发电中的应用研究 [J]. 工业炉, 2016 (3): 34-38.

[20] 徐海卫, 常春, 余强, 等. 太阳能热发电系统中熔融盐技术的研究与应用 [J]. 热能动力工程学报, 2015 (5): 59-65.

[21] Tan T, Chen Y. Review of Study on Solid Particle Solar Receivers [J]. Renewable and Sustainable Energy Reviews, 2010, 14 (1): 265-276.

[22] 高维, 徐蕙, 徐二树, 等. 塔式太阳能热发电吸热器运行安全性研究. 中国电机工程学报, 2013, 33 (2): 92-97.

[23] 湘能楚天电力集团. 2020 年风电行业 "成绩单" 出炉, 展望 2021 年发展 [2021-02-27]. http://www.xnct99.com/public/index.php/report/info/id/281.html.

[24] 中国气象局. 2018 年风能太阳能资源年景公报出炉 10 米高度年平均风速较近十年略偏大年平均总辐照量略偏低 [2019-01-23].

[25] 王芳. 碳中和, 吹响 "十四五" 风电冲锋号 [J]. 风能, 2020 (12): 20-27.

[26] 国际新能源网. 发改委发布《中国风电发展路线图 2050》 [2019-08-23]. https://newenergy.in-en.com/html/newenergy-2350167.shtml.

[27] 郭梦雪. 中国风能发展现状和展望 [C]. 2018 供热工程建设与高效运行研讨会, 2018.

[28] 张铁龙. 新能源风力发电技术研究 [J]. 技术与市场, 2020, 27 (11): 116+118.

[29] 每日经济新闻. 国家能源局: 风电、光伏发电成本持续下降, 近 10 年来单位千瓦平均造价分别下降 30%、75% 左右 [N]. [2021-03-30]. https://baijiahao.baidu.com/s?id=1695627288948020385&wfr=spider&for=pc

[30] 全国能源信息平台. 里程碑! 国内首台 10MW 海上风电机组并网发电 [N]. [2020-07-13]. https://baijiahao.baidu.com/s? 中国 id=1672070865537549178&wfr=spider&for=pc.

[31] 姚兴佳, 刘颖明, 宋筱文. 我国风电技术进展及趋势 [J]. 太阳能, 2016 (10): 19-30.

[32] 田宜水, 单明, 孔庚, 等. 我国生物质经济发展战略研究 [J]. 中国工程科学, 2021, 23 (1): 133-140.

[33] 陈瑞, 张哲鸣, 曹丽. 生物质能发电行业现状及市场化前景 [J]. 市场周刊, 2021, 34 (1): 39-41.

[34] 文波. 国内生物质发电项目现状和开发建议研究 [J]. 化工管理, 2020 (15): 110-111.

[35] 王文, 万显君, 别如山. 试论生物质直燃发电现状及发展趋势 [J]. 农技服务, 2016, 33 (14): 151.

[36] 李昕蔚, 张萌, 仇伟刚. 农林废弃物变废为宝——生物质直燃发电 [J]. 河南农业, 2016 (26): 57.

[37] 冯泳程, 郁鸿凌, 桂萌溪, 等. 我国秸秆直燃发电技术的发展现状 [J]. 节能, 2018, 37 (12): 14-18.

[38] 王剑利, 张金柱, 吉金芳, 等. 生物质燃煤耦合发电技术现状及建议 [J]. 华电技术, 2019, 41 (11): 32-35.

[39] 翁丽娟. 生物质发电的技术现状及发展 [J]. 通讯世界, 2017 (12): 143-144.

[40] 倪刚, 杨章宁, 冉桑铭, 等. 生物质与煤直接耦合燃烧试验研究 [J]. 洁净煤技术, 2020, http://kns.cnki.net/kcms/detail/11.3676.td.20200420.1734.002.html.

[41] 杨卧龙, 倪煜, 雷鸿. 燃煤电站生物质直接耦合燃烧发电技术研究综述 [J]. 热力发电, 2021, 50 (2): 18-25.

[42] 李至, 闫山山, 胡敏. 我国生物质气化发电现状简述 [J]. 电站系统工程, 2020, 36 (6): 11-13.

［43］ Wu Z，Zhu PF，Yao J，et al. Combined Biomass Gasification，SOFC，IC Engine，and Waste Heat Recovery System for Power and Heat Generation：Energy，exergy，exergoeconomic，environmental（4E）evaluations［J］. Applied Energy，2020，279：115794.

［44］ Natarianto I，Ajay K，Michel M，et al. Distributed Power Generation via Gasification of Biomass and Municipal Solid Waste：A Review［J］. Journal of the Energy Institute，2020，93（6）：2293-2313.

［45］ 哈云. 生物质气化多联产技术及其效益分析——以安徽昌信生物质能源有限公司为例［J］. 滁州职业技术学院学报，2019，18（2）：44-48.

［46］ 詹翔燕，郑徐跃，朱兴仪，等. 以生物质气化多联产为核心的区域综合能源系统数学优化模型［J］. 厦门大学学报（自然科学版），2019，58（6）：907-915.

［47］ 张知足，张卫义，刘阿珍，等. 热电联产应用技术国内外研究现状［J］. 北京石油化工学院学报，2020，28（2）：29-39.

［48］ US Department of Energy，SunShot Initiative. 20 June 2013. Available at：http://www1.eere.energy.gov/solar/sunshot/about.html. Accessed last time July 2014.

［49］ International Energy Agency，Electricity Information：Overview，2018.

［50］ 全球风能委员会. 2021 年全球风能报告［R］. 2021.

［51］ 北极星风力发电网. 新增超6GW！2020全球海上风电数据最新出炉 中国再次领跑［2021-2-26］. https：//news.bjx.com.cn/html/20210226/1138368.shtml.

［52］ 陈嘉豪，裴爱国，马兆荣，等. 海上漂浮式风机关键技术研究进展［J］. 南方能源建设，2020，7（1）：8-20.

［53］ 全国能源信息平台. 全球漂浮式风电项目汇总及我国漂浮式风机发展现状［2020-05-26］. https：//baijiahao.baidu.com/s?id=1667752650105953147&wfr=spider&for=pc.

［54］ 毕亚雄，赵生校，孙强，等. 海上风电发展研究［M］. 北京：水利水电出版社，2017.

［55］ Carlos G，Leonardo PS. Sustainability Aspects of Biomass Gasification Systems for Small Power Generation［J］. Renewable and Sustainable Energy Reviews，2020，134：110180.

［56］ Sasikumar C，Sundaresan R，Nagaraja M，et al. A Review on Energy Generation From Manure Biomass［J］. Materials Today：Proceedings，2020，45（2）：2408-2412.

［57］ 兰凤春，李晓宇，龙辉. 欧洲大型燃煤锅炉耦合生物质发电技术综述［J］. 华电技术，2020，42（10）：88-94.

［58］ 王忠华. 生物质气化技术应用现状及发展前景［J］. 山东化工，2015，44（6）：71-73.

［59］ 刘国喜，庄新姝，尹天佑，等. 生物质气化技术讲座（六）国外生物质气化技术的应用［J］. 农村能源，2000（4）：12-14.

［60］ 许国东，叶杭冶，解鸿斌. 风电机组技术现状及发展方向［J］. 中国工程科学，2018，20（3）：52-58.

［61］ 韩斌，王忠杰，赵勇，等. 智慧风电场发展现状及规划建议［J］. 热力发电，2019，48（9）：34-39.

［62］ 崔帅. 风力发电自动化控制系统中智能化技术的运用［J］. 科技风，2020（27）：9-10.

撰稿人：杨勇平　李元媛　刘启斌　等

空天推进气动热力学与热管理关键问题发展研究

一、研究内涵与战略地位

（一）研究内涵

空天推进气动热力学与热管理，主要研究吸气式空天推进系统内部流动、传热与热管理的基础问题。典型的吸气式空天推进系统包括：小涵道比军用涡扇发动机、大涵道比民用涡扇发动机、涡轴/涡桨发动机、亚燃/超燃冲压发动机、涡轮冲压组合发动机、涡轮冲压火箭组合发动机、预冷循环发动机、涡轮连续爆震发动机等。

空天推进系统内部流动有着显著的特点，与外部流动相比，一方面，在运动的控制方程中，许多内部流动问题出现与外部流动不同的作用力项；另一方面，即使控制方程相同，由于内部流动中存在各种不同的边界，二者的边界条件亦不一样。因此，空天推进气动热力学与热管理研究中，一方面是通过理论分析、数值计算和实验，揭示流动与传热现象普遍的、共同的规律和主要特征，属于基础性研究范畴；另一方面则是建立空天推进系统设计的理论体系和相应的计算方法，以提高其性能、寿命和工作可靠性，属于应用基础研究范畴，这二者往往是紧密联系在一起的。

（二）吸气式空天推进技术是支撑先进飞行器研发的关键

吸气式空天推进系统是先进飞行器的"心脏"，美、俄等国都把高性能空天推进系统发展列为航空航天强国建设的重要内容。

对于军用涡扇发动机，推重比是衡量其性能水平的一个综合指标。欧美各国的发动机预研计划中都将实现高推重比作为重要目标，也是战斗机动力划代的重要标志。从20世纪50年代出现第一代超声速喷气式战斗机开始，目前已发展了四代，第五代正处于研制阶段。发动机推重比也从 2—3 发展至现今的 8—10 一级。20 世纪 90 年代以来，在高推重比军用涡扇发动机的支撑下，美国成功研制了 F-22 和 F-35 等先进战斗机，实现了超声速巡航、超机动飞行等，确保了显著的空中优势。

大涵道比涡扇发动机是大型客机和运输机的首选动力装置，在维护国家安全和国民经济建设中起着重要作用。国外从 20 世纪 70 年代开始大涵道比涡扇发动机的研制，经过几十年的发展，如今已研制出系列化产品。目前罗罗公司则在积极探索发展世界上最大的航空发动机 UltraFan，其风扇直径达到 3.6 米，相对于第一代 Trent 发动机，预计可将燃油效率提高 25%。为了打破欧美国家对市场的垄断，我国近年来在大涵道比涡扇发动机的研发上进行了大量投入，长江 -1000A 发动机研制、长江 -2000 发动机预研进展顺利。

随着临近空间逐渐成为军事竞争的新领域，超燃冲压发动机得到了国际上的广泛重视。经过几十年的发展，美欧先后取得了超燃冲压发动机技术上的重大突破，取得了 X-51A 等标志性进展。在高超声速导弹的基础上，发展水平起降、最大飞行速度达到 5 马赫以上的高超声速飞机，具有极其重要的战略意义，已逐渐成为航空航天科技领域的竞争热点。高超声速航空发动机是高超声速飞机的"心脏"，是制约高超声速飞机研发成败的关键。高超声速航空发动机的典型特征是通过涡轮发动机水平起降、宽速域（0—5+ 马赫）、长寿命。由于传统的涡轮发动机工作速域（0—2+ 马赫）有限，涡轮发动机与其他动力形式或颠覆性技术结合，是高超声速航空发动机发展的必由之路。2016 年，美国启动了"先进全速域发动机"项目，目标是在地面验证一种能够在 0—5+ 马赫范围内无缝工作的可重复使用、碳氢燃料、全尺寸涡轮冲压组合发动机。

（三）气动热力学与热管理基础研究是高性能空天推进技术的源头活水

国际上空天推进技术发展的经验教训表明，系统深入的气动热力学与热管理基础研究对于高性能空天推进技术的发展具有重要意义。

以高推重比涡扇发动机为例，美国早期的"综合高性能涡轮发动机技术（IHPTET）"计划利用 15 年的时间将航空燃气涡轮发动机推重比提高 100%，围绕更高循环温度、更高发动机总压比、更高部件效率等技术挑战，在发动机部件气动设计、冷却设计以及内流建模仿真等气动热力学问题上进行了大量投入，代表性的成果包括压气机气动设计中的"掠"、大小叶片技术等，涡轮冷却中的冷却布局优化方法、内部对流增强方法等，内部流动建模仿真中的整机流动模拟方法、流固耦合非定常模拟方法等。正是依托 IHPTET 计划中的技术验证与转移，美国的 F119 发动机成为最具代表性的第四代高推重比涡扇发动机。对于第五代涡扇发动机中代表性的自适应变循环技术，美国安排了"自适应循环发动机（ACE）""自适应灵活发动机技术（ADVENT）""自适应发动机技术研发（AETD）"等计划，目标是通过调节发动机一些部件的几何形状、尺寸和位置实现发动机热力循环的自适应变化，其中的关键技术包括可调面积涵道引射器、核心机驱动风扇级、可调面积涡轮导向器等部件的气动设计、匹配工作和控制等，这些关键技术的突破很大程度上仍然依赖于气动热力学的基础研究。

对于高速尤其是高超声速推进系统，极端热是其面临的特殊问题。当飞行马赫数达到5以上时，推进系统内部是高温、高热流、强激波、强干扰形成的严苛环境，最高温度达到2000K以上、最高热流达到几十 MW/m^2。统筹热防护与热管理需求，实现整机热量的高效调配使用，既有很大的难度，又有很大的潜力。国外的先进航空发动机技术研究计划都将综合热管理技术列为重点，支撑发动机综合能效的显著提升。美国的"综合高性能涡轮发动机技术（IHPTET）"计划，提出了部件系统热管理概念，改进的冷却方法可减少30%的涡轮叶片冷却空气；2005—2017年实施的"经济可承受多用途先进涡轮发动机（VAATE）"计划，将综合热管理系统列为关键研究领域，以支撑发动机总压比和燃烧效率提高，相关成果已用于第四代发动机F135及下一代变循环自适应发动机上；2018年开始实施的"支持经济可承受任务的先进涡轮发动机技术"（ATTAM）计划也将综合热管理列为重要研究领域。热防护与热管理也是国外超燃冲压发动机系列研究计划的重点研究内容。

为加快建设航空航天强国，我国迫切需要围绕空天推进系统的气动热力学和热管理问题开展持续研究，突破关键科学问题和技术瓶颈，为实现先进空天推进系统的自主研发提供支撑。

二、我国的发展现状

近年来，我国高度重视吸气式空天推进技术发展，专门成立了中国航空发动机集团公司，在国家科技重大专项中也对吸气式空天推进技术进行了重点安排，取得了重要进展。在重大型号研发方面，民用大涵道比涡扇发动机多级高负荷高效率高压压气机技术取得重大突破，完成了国内首台总压比超过20的十级高压压气机研发，实现效率0.86以上，喘振裕度超过25%的指标，达到与国际最先进窄体客机发动机压气机相当的水平。在基础研究方面，"航空发动机及燃气轮机（两机）"重大科技专项安排了先进多级轴流压气机气动设计体系、先进离心组合压气机气动设计、低雷诺数条件下压气机特性、高气动负荷压缩系统稳定性、航空发动机气动噪声问题等多个基础研究项目；国家自然科学基金也安排了"航空轴流压气机新气动布局基础研究"重大项目和多个重点项目，取得了对转冲压压气机、非定常涡升力增压机制等创新成果。在研究条件方面，我国建成和正在建设一系列重大研究设备，包括高效低碳燃气轮机试验装置国家重大科技基础设施、轻型动力高空模拟试验台、大涵道比发动机压气机试验台、旋转换热试验台、高品质变密度平面叶栅风洞、全尺寸风扇旋转声源人工模拟平台等。

（一）风扇／压气机气动热力学

随着高推重比与高功率重量比的需求使压气机的负荷水平不断提高，压气机气动设计理论和方法都面临着新的挑战。由于高负荷压气机中的流动呈现强三维性、强逆压梯度特性和非定常性，探索复杂流动现象、流动失稳过程物理机制以及先进的风扇／压气机设计方法具有重要的意义。

近年来我国学者发展了湍流非平衡理论，基于高精度模拟揭示了叶轮机湍流的非平衡机理和各向异性机理，提出了基于大尺度旋涡湍流机理发展湍流模拟方法的新思路[1-3]，提出了采用联螺旋度计入能量反传物理机制改进湍流模型的新方法，并基于 Spalart-Allmaras 模型发展了考虑湍流能量反传的湍流模型。借助先进的实验测量系统，开展了压气机叶片前尾缘几何形状、叶片表面鲨鱼鳃等仿生结构影响前尾缘的流动分离形态、转捩点位置及叶型附面层发展的机理研究[4, 5]，以跨、超声速高负荷压气机级试验为基础，实现压气机级间高精度的接触／非接触测量，获取压气机内部流动中各旋涡结构产生、发展及演化的非定常机制及其拓扑结构变化的精确描述，掌握压气机内部流场参数变化与来流条件、运行工况的内在联系，获得了激波、附面层、叶尖泄漏、流动分离、旋涡结构及二次流间相互作用等因素对压气机性能和稳定性影响规律[6, 7]。

针对高负荷压气机稳定性问题，我国学者提出了叶轮机流动稳定性通用理论，发现了新型叶根失速先兆，发展了一系列的例如失速先兆抑制型机匣处理和自适应喷气等稳定性控制方法，并在三维稳定性模型和失速预警技术的指导下，发展了先进机匣处理的理论设计方法和稳定性自适应控制策略[8-10]；开展了不同扩稳措施的扩稳机制研究，多种真实复杂进气环境对压气机稳定性及扩稳措施、扩稳机制的影响研究，以及压缩系统失速预警方法研究等多项工作[11, 12]；发展了稳态／动态组合畸变、总压／旋流组合畸变的模拟方法，揭示了典型进气畸变、典型叶片损伤等对压气机性能和稳定性的影响规律；提出了基于纳秒脉冲等离子体激励的非定常壁面射流主动流动控制策略，实现了宽工况下压气机叶片通道流动分离的主动控制，探索了等离子体激励与压气机气动设计一体化方法，实现了设计／非设计工况下压气机气动性能的综合提升；从抑制泄漏流动诱发压气机失速的非定常角度出发，研究压气机动叶叶尖几何造型（叶尖小翼、叶顶凹槽及叶尖片削等）和转速自适应机匣技术等调控压气机间隙流动的机理，在扩大流量范围的同时，实现高负荷压气机压比、效率和喘振裕度的同时提升；开展了非轴对称技术、翼刀－端壁融合技术、附面层抽吸技术、吸力面鼓包技术、等离子体流动控制技术、前尾缘和叶片表面仿生结构技术等在高负荷压气机中应用探索，揭示扩稳技术对压气机流场参数的作用机理，重点分析了从设计工况到近失速工况整个过程中的流动特征，为高负荷压气机设计及其扩稳技术提供支撑[13-18]。

在压气机增压原理和新型气动布局方面，突破了现有气动布局下提高风扇／压气机级压比所面临技术瓶颈，发展了通过转子／调制静子产生强非定常干涉效应，利用涡升力机制提高转子叶片的气动负荷，实现了在相同转速下获得更高级压比的目的[19]。针对高负荷压气机开展叶栅实验研究，全面开展了平面叶栅、单/多级低速、单/多级高速压气机实验，并面向下一代或未来航空发动机的复杂压缩系统的特征，初步建立了复杂压缩系统一体化设计方法，提出并发展了压气机叶型"双函数"设计方法和单一数据源曲率控制造型方法，通过低速大尺寸模型压气机验证各种提高压气机性能的新技术，并通过一定的相似准则将新技术应用于高速小尺寸的高负荷压气机，以降低高负荷压气机的试验风险和研制费用[20, 21]。在新一代三维叶片设计方面提出了角区失速模型和准则和针对不同关键流动结构的控制方法。在新型布局离心组合压气机方面[22, 23]，提出了两种新型斜流+离心组合压气机布局，开展了新型组合压气机探索研究；在高压比离心压气机设计方法方面，将串列叶轮设计思想引入高压比离心叶轮设计，发展了高负荷离心压气机串列叶轮设计方法。

在试验和测试手段上，复合型多孔气动探针的结构设计，LDV/PIV/热线风速仪，高压压气机低速大尺寸模拟试验技术等取得重要进展，显著提高了压气机的叶栅实验和级性能试验能力[24, 25]。在数值计算方法上，广泛使用的定常流动模拟逐渐向三维、非定常、可压缩、黏性、多相流动模拟方向发展，基于 RANS 的数值模拟在叶片性能分析、优化设计中已经实现了应用，基于大涡模拟等先进模拟技术的复杂流动机理研究也得到了开展；还发展了能够考虑加工误差、流动扰动随机因素影响的不确定性分析和精细化优化算法。随着理论、实验、数值模拟方法的发展以及与其他学科的交叉融合，压气机的设计、分析与试验已取得了长足进步，为先进高负荷压气机的设计研究打下了坚实的基础。

（二）涡轮气动热力学与传热冷却

涡轮是航空发动机的三大部件之一，涡轮做功能力的高低直接决定空天推进系统的循环效率，因此，需要揭示高温、复杂流动、旋转等极端环境影响下的叶片流 – 热 – 固耦合机理，形成高负荷、高效率、宽适应性涡轮非定常流动/传热机理与优化设计方法，以提高涡轮叶片耐温能力、做功能力、寿命及经济性。

在涡轮气动方面，国内开展了较为系统的研究。在高负荷涡轮内部流动机理方面，我国学者围绕二维高负荷叶型、全三维叶片的流动结构、损失机理以及多级涡轮中的非定常流动等开展了大量实验和数值研究，改进并提出了多个流动拓扑模型及损失预估模型[26]；并在基于等离子体、涡流发生器、小翼、合成射流的主动/被动流动控制方面开展了研究，取得了良好的流动减损效果。在非定常气热耦合机理与设计方面，我国学者针对激波与边界层/尾迹干涉机理及调控方法[27]、尾缘脱落涡特性及机理[28]、端区/叶顶泄漏流的非定常特性等涡轮非定常流动机理、主流与气膜/封严冷气非定常干涉机制[29]、热斑、总压畸变和旋流等非均匀来流对高压涡轮非定常气热特性的影响机理以及时序效应等开展了研究[30]。在高精度湍流模拟与湍流机理方面，我国学者发展了适用于涡轮气热耦合环境的混合 RANS/LES 及 LES 模拟模型[31, 32]，并与国外同步开展了涡轮内部多尺度流动的高精度模拟研究。在高负荷涡轮机械设计及调控方面，我国的高负荷涡轮设计体系还处于建设阶段，针对高负荷涡轮端区复杂流动机理的研究还比较零散，对端区复杂流动调控方法进行了跟踪式研究，但未能融入设计体系。

在高效冷却方面，针对旋转高温部件、高温静止部件等分别开展了相应的研究。由于工作环境不同，旋转部件冷却和静止部件冷却选择了不同的技术途径。在旋转部件冷却方面，我国学者建设了国际先进的旋转换热实验设施群，突破了旋转状态下流场、温度场测试技术、信号动静传输技术等，发现了旋转态下的非对称换热现象，揭示了旋转附加力作用机理、旋转气膜偏转机理、旋转冲击冷却机理，提出了旋转状态下高精度数值计算方法，发明了涡轮旋转叶片双腔尾缘进气结构、旋转全气膜覆盖技术、旋转非对称换热结构、旋转盘心增温降低热应力新方法、伴随气膜孔结构等一系列原创性成果[33, 34]，相关成果在我国多个型号发动机中得到应用，解决了发动机涡轮旋转部件因冷却不足而烧蚀的难题，有力支撑了我国涡轮旋转部件冷却技术的发展。揭示了高效异型气膜孔的关键结构参数及其与冷却特性的关联机制，建立了基于关键结构参数的高效异型气膜孔优化设计准则，解决了结构参数相互耦合的高效异型气膜孔的设计难题[35-37]；揭示了发动机中重要实际因素影响气膜冷却特性的宏观表现与物理本质，阐明了涡轮叶片气膜冷却的流动 – 结构敏感性与机理；掌握了非定常流 – 热耦合环境下的涡轮叶片对流换热时变行为特性，揭示了涡轮叶片非定常对流换热的关键影响因素及其影响机制，支撑了涡轮叶片精细化热分析技术的发展；获得了涡轮叶片内部复杂组合冷却结构相互影响条件下的前缘、中弦、尾缘的冷却特性与流动机理，提出了具有更佳冷却效果的优化冷却结构，发展了更精细的内冷结构换热特性修正算法。在静止部件冷却方面，我国先后经历了三个阶段：基础单元结构传热特性研究，关联冷却结构的传热特性研究，关联部件对涡轮叶片传热特性的影响研究。目前我国涡轮叶片冷却结构设计及热分析所依据的数据主要属于基础单元结构传热研究成果，国内学者开展了端区、叶顶等复杂流动环境中冷却单元特性的实验和数值研究，提出了一些新型的外部 / 内部冷却单元及组合冷却结构。

为了解决高温部件冷却难的问题，我国学者颠覆传统设计方法，从空气系统的角度为高温部件冷却提供全新的解决思路，提出了超临界燃烧冷却热耦合设计方法。该方法打破燃烧系统和冷却系统的设计壁垒，将航空发动机燃烧系统和冷却系统耦合[38, 39]，通过增加能量交换系统，首先将燃烧室的燃油经过换热器，与冷却系统的冷却空气交换热量，温度提升到400℃左右，达到超临界状态，然后在燃烧室直接超临界气化，开始燃烧，由于避免了蒸发雾化的过程，也避免了大小液滴不均匀的现象，燃烧的出口均匀度大幅提升；冷却空气经过与燃油换热，温度降低 150—200K，冷却能力显著提升，既提高了燃烧系统的燃烧效率，也提高了冷却系统的冷却能力。

（三）进排气系统与空气系统气动热力学

进气系统位于推进系统的最前端，主要负责捕获、压缩、调节自由来流，为发动机提供足够流量、压力和均匀度的气流。对于隐身飞行器，进气道还是雷达波的强散射源。进气道与发动机良好匹配是保证飞行器性能和飞行安全的重要基础。近年来，我国学者提出了进气道新型激波系配置、压力梯度可控前体、通用亚声速扩压器设计等方法，突破了高马赫数前体 / 进气道一体化设计技术以及亚声速任意进出口截面形状扩压器设计技术。针对宽速域进气道，突破了宽速域流动控制技术、变结构进气道试验件研制、小尺寸大推力高精度激励技术等关键技术，提出了柔性调节、形状记忆合金自动调节、气动式调节、多级伸缩调节、四连杆 + 柔性板调节等新型几何调节方法[40-43]。针对宽速域涡轮冲压组合动力，发展了串联式二元 / 轴对称进气道、内 / 外并联二元进气道以及内转式进气道设计方法，通过压缩面和喉道调节等变几何方法，保证进气道在宽范围内正常工作，揭示了不同形式进气道在模态转换过程的稳态和动态流动特性，提出了平稳的模态转换控制规律[44, 45]。针对高超声速飞行器进气道，发现了新的流动失稳模式并揭示其机理，提出了基于多源信息融合的进气道不起动识别方法，发现了隔离段激波串运动过程的非线性特征并提出了预警方法，发展了进气系统稳定裕度表征、多模式协调控制和再起动控制方法[46, 47]。针对涡轮冲压火箭组合动力，设计了包括涡轮、冲压和引射火箭通道的内转式进气道[48]。

排气系统位于推进系统的最后端，主要负责将高温、高压气体通过尾喷管膨胀加速排出，排气系统特性直接影响发动机推力。针对隐身飞行器发展需求，突破了高隐身性能 / 低损失 S 弯喷管型面控制及其与航空发动机相容性等关键技术，建立了兼顾气动 / 隐身性能的 S 弯喷管设计方法；基于大偏角实现技术的多学科交叉设计，发展了三轴承偏转喷管的设计方法；提出了反映多参数耦合作用的固定几何气动矢量喷管与发动机整机耦合及评估方法；掌握了不同流动控制方法在全包线范围内保持非对称大膨胀比喷管性能的影响机理、适用范围和最优结构参数的选取准则[49, 50]。针对高速飞行器复杂后体构型，提出了考虑侧向膨胀、膨胀程度可控、进口非均匀等多种喷管设计方法，实现了复杂条件下喷管型面的一体化设计，掌握了非均匀进口对喷管性能的影响规律，解决了发动机接力点、模态转换点冷热态力矩差过大的关键问题；提出了三维非对称喷管型面的双向流线追踪设计方法，实现了进出口形状可任意指定的三维非对称喷管型面设计，攻克了受限空间内超声速气流高效三维膨胀的关键技术，解决了排气系统与燃烧室相容以及和飞行器后体一体化设计的难题。针对涡轮冲压组合动力排气系统设计，提出了宽范围、多流道、多模态的非常规排气系统协同设计方法，突破了多流道匹配设计的关键技术，揭示了多通道流场间的强耦合作用机理和转级过程中排气系统的流场特性，发现了过膨胀非对称喷管中不同的分离模式，起动、关闭过程中分离模式的跳转现象，揭示了其临界压比迟滞变化的流动机理，通过射流和旁路等流动控制，明显改善了低速情况下排气系统的性能[51, 52]。针对航空发动机尾喷管的超音速气膜冷却问题，分析了超音速条件下吹风比、密度比、主流加速与湍流度、冷气入口条件、曲面效应以及激波入射等因素对气膜冷却特性的影响规律，发现了超音速气膜冷却与亚音速气膜冷却存在较大差别，尤其是在强激波入射条件下，激波能有效地增强气膜与高温主流的掺混。针对发动机二元矢量喷管的内部冷却问题，发展了喷管新型隔热屏结构，并研究了其内部的传热与流阻特性，揭示了小冲击距下的特殊波纹结构对内部冷却效果的影响机理，获得的传热与流阻特性关联式为此类结构在喷管冷却设计中的应用提供了支撑[53, 54]。

空气系统与压气机、燃烧室和涡轮三大部件密切相关，其各个分支流路均携带着自引气点出发，流经各种流阻元件最终到达分支末端，不仅具有压气机防冰、压气机与涡轮部件间轴向力调节、机匣冷却和转静子轴向间隙调节等无可替代的作用，同时也是反映航空发动机部件间强耦合、强关联等物理特性的重要载体。近年来，国内学者围绕转 – 静系旋转盘腔的瞬态盘腔流"非守恒"物理模型开展了压力预估方法的研究，初步构建了适用于过渡过程的盘腔压力预测方法[55, 56]。围绕转 – 转系压气机轴颈腔开展了轴向通流条件下的盘腔稳态 / 过渡态流动机理研究，初步掌握了基本的盘腔流模态特征[57]。针对接收孔高精度流量系数的预测方法开展了系列化的建模工作，针对圆柱形、跑道形以及矩形孔开展了流量 – 阻力特性试验研究工作[58, 59]。围绕各种单层、双层轮缘封严结构开展了非定常的数值模拟研究和实验研究工作，围绕燃气入侵的物理诱导机制、燃气入侵流动特征以及燃气入侵抑制方法开展了基础研究[60, 61]。目前基本掌握了可预测发动机稳态工作过程的空气系统流体网络低维度理论预测方法，聚焦过渡过程的容腔效应、参数迟滞效应以及主流 / 二次流的耦合问题，相关方法正在向过渡过程的参数精准预估推进。

（四）超燃冲压发动机热防护与宽速域空天推进系统气动热力学

在超燃冲压发动机热防护方面，近年来我国学者开展了系列研究，设计并搭建了热防护机理实验平台与样件测试平台，形成了一定的基础研究方法、实验测试条件、数值仿真技术和创新设计能力，深入认识了超燃冲压发动机热防护所涉及的传热学、流体力学、材料科学等相关学科领域中的科学问题，在超临界压力吸热型碳氢燃料流动、换热与热裂解、再生冷却、气膜冷却、发汗冷却、射流冷却等技术方面获得了相关结构和参数对冷却效果的影响规律，并在碳氢燃料再生冷却、多孔结构发汗冷却等多种热防护技术上取得了关键技术突破，研制了多个热防护结构件、冷却发动机模型样机，为工程应用提供了有力支撑[62-65]。

再生冷却技术是超燃冲压发动机燃烧室壁面的主要热防护技术，通常采用超临界压力的碳氢燃料流经超燃冲压发动机壁面进行吸热，在高温下发生吸热型热裂解化学反应，综合利用燃料的物理热沉和化学热沉。在 Ma5-7 的飞行工况条件下，以超临界压力碳氢燃料再生冷却技术为代表的主动热防护技术，已经可以满足超燃冲压发动机的热防护需求。超临界流体强变物性以及碳氢燃料裂解化学反应等对再生冷却性能的影响是研究重点。近年来，针对超临界碳氢燃料对流换热，得到了换热恶化判据与对流换热关联式，提出了局部换热恶化的机理与相应的抑制方法，获得了流道位置、截面形状等因素对水平管内、方形管内超临界压力碳氢燃料对流换热的影响规律；搭建了旋转条件下超临界压力碳氢燃料对流换热实验系统，研究揭示了强惯性力作用下超临界压力流体对流换热机理，提出了考虑了物性修正、哥氏力、浮升力与流动加速影响的对流换热关联式。针对碳氢燃料热裂解及对流动换热的影响，建立了针对超临界碳氢燃料的热裂解详细机理模型、集总反应模型和总包反应模型，提出了碳氢燃料热裂解的微分变化学计量系数总包反应模型构建方法，使用压力和裂解率的二元函数描述不同产物的化学计量系数，模型预测结果与实验数据吻合[66-69]。再生冷却技术的实际应用中，涉及变物性、浮升力、流动加速、过载等多种因素的复杂耦合，上述因素对再生冷却性能的耦合影响仍需开展深入研究。

随着飞行马赫数的进一步提高，超燃冲压发动机的壁面热流也越来越高，发汗冷却技术具有冷却效率高的特点，是实现超燃冲压发动机极高热流密度壁面有效防护的重要技术。发汗冷却可分为相变材料自发汗冷却和受迫发汗冷却。受迫发汗冷却通过压力差将冷却流体通过发汗冷却结构壁面，是超燃冲压发动机热防护的主要技术方向，其发汗冷却结构主要包含层板材料结构、烧结多孔结构和陶瓷基复合材料等。针对金属烧结多孔结构，制备了金属和碳化硅颗粒烧结多孔材料，用于气体和相变发汗冷却研究。采用金属注射成型技术制备了超燃冲压发动机喷油支板多孔结构，获得了喷油支板的发汗冷却规律。针对金属丝网烧结多孔材料，获得了气体和相变发汗冷却规律，揭示了激波入射对局部发汗冷却效率的影响机理，发现并描述了相变发汗冷却的迟滞和振荡规律，并建立了仿真模型。常规发汗冷却都需流量控制系统，在实际过程中热环境复杂、变化剧烈，给流量控制系统带来挑战。为此提出了仿生树木蒸腾作用自抽吸自适应发汗冷却系统，多孔材料中的毛细力可自动将液态水从储水箱抽吸至受热表面，通过调控颗粒直径以及材料表面特性，实现了热流密度 $2MW/m^2$ 的冷却能力，解决了支板结构前缘冷却不足问题，进一步节省冷却剂，改善支板前缘冷却效果[70-75]。现有发汗冷却研究多以烧结多孔材料为主，复合多孔材料发汗冷却性能及与制备工艺的耦合性能尚需深入研究；超声速条件下发汗冷却流动受激波影响，亟待发展激波影响下的发汗冷却性能调控方法；自抽吸自适应发汗冷却技术的极限热流密度仍需进一步提高。

随着飞行速度的提升，发动机进口温度显著增加，导致发动机难以正常工作。我国学者提出了适用于全速域宽空域工作的强预冷航空发动机气动热力新布局，揭示了多系统多参数非线性耦合环境下的物理机制和规律，分析了复杂条件下超临界微小尺度流热非线性耦合效应及强换热机理，发展了基于循环熵产的多系统耦合作用下循环系统性能分析新方法，建立考虑部件耦合特性的动力系统气动热力模型，并开展气动热力设计，证实了基于强预冷技术的发动机气动热力新布局能够满足全速域宽空域范围内高效工作的要求，并在紧凑强预冷器技术方面取得了明显进展[76-78]。

三、国内外发展比较

近年来，我国在空天推进系统研发方面进行了大量投入，在高推重比涡扇发动机、民用大涵道比涡扇发动机、超燃冲压发动机等方面都取得了重要进展，但是与美欧发达国家相比，我国的空天推进系统气动热力设计水平尚有较大差距。从发展态势看，在大力发展传统涡扇发动机的同时，国际上都高度关注宽速域空天推进系统的发展。可喜的是，通过长期的艰苦探索，我国也提出了对转激波增压压气机、非定常涡升力压气机等新概念气动热力布局，取得了重要创新成果，在若干关键点上形成了一定的比较优势，为进一步深入开展具有我国特色的高水平内流流体力学研究打下了扎实基础。

（一）我国航空涡扇发动机的气动热力设计能力与国外相比有较大差距

在空天推进系统研制方面，美国第四代高推重比涡扇发动机 F119 已经服役多年，而我国高推重比涡扇发动机还处于研制阶段。对于第五代涡扇发动机中代表性的自适应变循环技术，美国近年来基于近 50 年的变循环发动机技术积累，实施了一系列研究计划，进行了自适应变循环发动机整机试验，而我国还处于技术探索阶段。对于宽速域空天推进系统，国际上都处于研发阶段。

国外长期投入巨资进行气动热力学基础研究，建立了成熟的叶轮机械设计体系，但真正具有工程实用价值的高性能叶轮机械基础研究极少公开细节，设计技术更是严密封锁。以航空发动机热端部件热分析为例，发达国家一直将航空发动机高温部件设计技术作为最核心的机密，长期专注于高效冷却结构设计与布局、高温材料及高端制造的基础理论和应用基础科学问题的研究，不断提高航空发动机的性能和效率，复合冷却、双层壁冷却、微尺度冷却等相关技术也都率先由国外提出和应用，这些技术都对我国严格封锁。我国在欧美和俄罗斯常规负荷叶轮机械数据库和设计分析软件的基础上，结合设计经验和试验数据，初步构建了基于全三维定常流动分析与优化方法的叶轮机械气动设计体系，针对各种带肋通道、新型气膜孔、层板冷却结构、双层壁冲击＋气膜冷却结构、微尺度、双工作冷却等建立了稳态热分析方法及涡轮叶片冷却结构设计技术，有力支撑了先进动力装置的研发，但对强压力／温度梯度下流－热－固－声多场耦合、多部件匹配、非设计工况运行特性、考虑交变载荷及气动环境影响的叶片寿命预测方法、综合考虑加工工艺的基于流热固耦合的叶片设计方法、复杂流动条件下高精度数值计算方法等关键科学问题的认识还不够系统深入，对综合热管理以及能量管理的重要性认识还比较落后，没有从系统总体性能与能效角度，综合考虑各子系统之间不同形式能量传输与转换过程的相互耦合关系，尚未形成清晰、完整的系统综合热（能量）管理和总体研究体系，难以满足空天推进系统创新研发的长远要求。

（二）国际上都高度重视宽速域吸气式空天推进系统气动热力学与热管理的发展

宽速域吸气式空天推进系统决定着宽速域空天飞行器的发展，是航空航天大国竞争的新焦点。高超声速航空发动机通过涡轮发动机水平起降、宽速域（0—5+ 马赫）、长寿命使用，是宽速域吸气式空天推进系统的标志性装备。美国洛马公司正在研发高超声速无人机 SR-72，设计飞行速度 6 马赫，最大航程 4300km，预计 2030 年完成研制并投入使用。2018 年，美国波音公司连续公布了飞行速度 5 马赫的军用和民用高超声速飞机概念方案，预计验证机 2023 年首飞，2030 年前后投入使用。由于传统的涡轮发动机工作速域（0—2+ 马赫）有限，涡轮发动机与其他动力形式或颠覆性技术结合，是高超声速航空发动机发展的必由之路。涡轮发动机与冲压发动机组合形成的涡轮冲压组合发动机，是高超声速航空发动机的主流技术方案，经过几十年的研发，依然面临"推力鸿沟"和起飞油耗大等重大技术障碍。2016 年，美国启动了"先进全速域发动机"项目，目标是在地面验证一种能够在 0—5+ 马赫范围内无缝工作的可重复使用、碳氢燃料、全尺寸涡轮冲压组合发动机。国际上还发展了涡轮发动机与火箭技术结合的组合发动机，如空气涡轮火箭发动机、涡轮 - 火箭 - 冲压组合发动机等，利用火箭技术实现涡轮发动机扩包线以及解决跨声速和模态转换阶段发动机推力不足的问题。在继续发展上述组合发动机的同时，国际上也在发展强预冷、爆震增压燃烧等新技术，有望通过技术创新大幅拓展涡轮发动机的工作速域，显著提升推进效能。目前，这些技术仍处于发展初期，需要攻克大量的基础和关键技术问题。针对高超声速航空发动机基础研究问题，美欧发达国家纷纷设立了专门的研究计划。例如：美国国家航空航天倡议、美国航空航天局空天推进系统技术路线图、美国空军高超声速技术发展路线图中，都明确规划了高超声速航空发动机相关研发内容，但是研发进度一直难以符合预期。英国制定了基于强预冷的高超声速航空发动机发展路线图，并与美国开展了密切协作。

近 40 年来，以涡轮发动机、冲压发动机等为基本动力单元，相继组合、融合构建了多种新型的高超声速航空发动机热力循环，提出了边界拓宽、推力补偿等气动优化理论，发展了气动增稳、协同控制、冗余控制等控制方法，为高超声速航空发动机的总体、气动与控制设计奠定了基础。国际上发展了涡轮冲压组合循环、空气涡轮火箭 / 冲压循环、涡轮火箭冲压组合循环、吸气预冷循环等多种循环方式。涡轮冲压组合发动机是涡轮发动机和冲压发动机的有机融合，这也是国际上研究时间最长、投入最多的高超声速航空发动机方案，已经进行了大量试验验证。空气涡轮火箭 / 冲压循环发动机使用独立于空气系统的富燃燃气发生器，驱动涡轮带动压气机工作，空气经压气机增压后直接进入涡轮后的燃烧室，在燃烧室内和经过涡轮做功后的富燃燃气进行燃烧，生成高温燃气通过喷管膨胀产生推力，已完成了多个关键部件和整机性能验证。涡轮火箭冲压组合循环发动机由涡轮发动机、火箭引射冲压发动机和双模态冲压发动机组合而成，通过增加火箭引射冲压发动机填补涡轮发动机与超燃冲压发动机的推力鸿沟，飞行速度 0—5+ 马赫，已经完成关键技术验证。吸气预冷循环发动机的早期技术途径是射流预冷，在常规涡轮发动机的进气道加装液体喷射系统，利用水的蒸发吸热冷却进气道中的气流，拓展发动机工作速域，已经完成地面高空台试验；近期的技术突破是深度预冷，通过强换热预冷使发动机具备 0—5+ 马赫的工作能力，目前已经完成预冷器样机试验。气动优化方面，从子系统级的边界拓宽方法，到子系统间的推力衔接机理，再到全系统级的飞发综合评价体系，国际上在不断拓展研究的深度与广度。高超声速航空发动机的子系统包括涡轮发动机、火箭发动机、冲压发动机等多种动力形式，面临子系统工作速域及推力拓展机制、宽域气动布局构建与设计、子系统间流量 / 压力匹配及速域 / 推力补偿模式与机理、综合性能寻优等科学问题。国外开展了大量研究，取得重要技术突破。美国"先进全速域发动机"项目（涡轮冲压组合发动机）计划开展全尺寸全系统样机演示验证，技术成熟度可达到 6 级。与传统航空发动机不同，高超声速航空发动机在与飞机一体化设计中面临设计体系众多、评价角度不一、耦合特性复杂等特点，尽管在推进系统建模、参数裕度分析、多目标优化等方面已取得一定进展，但仍缺失数理特征与评价体系，因此需要建立涵盖功能、性能、约束等的多维度架构与综合性能寻优理论。

预冷是解决涡轮发动机进气温度高、工作速域受限问题的重要途径，从早期的喷水预冷到最近的高效强预冷，基于预冷的高超声速航空发动机技术取得了重要进展。关键部位的被动热防护得到了重要突破，并正在从热防护向热防护热管理一体化发展。高效预冷可大幅降低来流温度，以保证涡轮发动机正常工作，强有力地支撑了高超声速航空发动机的发展。国内外针对高效预冷器设计、流动换热机理及原理样机验证等内容展开了大量研究。英国反应动力公司进行的预冷器试验结果展现了高效预冷的巨大技术优势。高效预冷也使得膨胀循环空气涡轮冲压发动机的推力和比冲分别增加 80% 和 25%。尽管预冷收益十分明显，试验发现预冷器实际换热性能普遍低于预测值。由于在预冷器内部紧凑的空间发生了巨大的热量交换，高效预冷过程伴随着关键参数的强各向异性分布，并受到多尺度流动结构的影响，导致已有低维模型预测精度较低，预冷器设计结果与真实情况存在较大偏差。预冷技术仍面临预冷燃料流量过大、预冷器压降过大、预冷器结构尺寸过大等技术挑战，因此，迫切需要对紧凑空间环境中强各向异性多尺度流动与换热耦合机理进行深入研究。

高超声速航空发动机的来流空气总温过高，使得冷却空气的品质急剧下降，常规冷却措施已无法满足热防护需求。美国高超声速技术发展路线图中，将热防护技术与高速涡轮基技术、亚燃 / 超燃冲压发动机技术和飞发一体化技术并行发展。国内外高超声速发动机热防护技术的发展趋势，包括多种冷却方式的复合及其与高性能复合热防护材料的一体化设计研究。美国空军在高超声速超燃冲压发动机技术（HySET）计划中采用了全流道再生冷却，通过冷却通道表面的催化剂涂层，实现了燃料的高温裂解，提升了燃料的吸热能力。欧洲航天局 2006—2014 年实施了高速飞行空气动力学和热负荷交互及轻质材料的 ATLLAS-I 和 ATLLAS-II 项目，研究用于高超声速飞行器的耐高温轻质材料，开发了带对流冷却或发汗冷却的陶瓷基燃烧室。法国 PTAH-SOCAR 项目研发了基于碳/碳化硅复合材料的带冷却通道发动机构件。国内学者针对超临界压力吸热型碳氢燃料的再生冷却流动、换热及热裂解等开展了系统研究，基于发汗冷却和前缘气膜冷却的组合方式开发了发动机喷油支板冷却结构。目前针对以燃料为介质的冷却方式，燃料在高温条件下的裂解、结焦机理和流动传热特性仍有待进一步研究；超声速流动和激波对气膜冷却和发汗冷却等冷却方式的影响机制仍需揭示，并开发高效数值预测模型。针对基于陶瓷基复合材料的冷却方式，由于复合材料具有复杂的细观结构，其内部多尺度多相热质传递机制仍有待研究。

对于高超声速航空发动机而言，如何充分高效利用燃料的热管理能力，需要通过精细化热管理来设计调控。高超声速航空发动机的能源需求十分巨大，如何发展把热能、机械能、电能进行统筹考虑的综合热管理方法，也越来越受到重视。国外的先进航空发动机技术研究计划都将综合热管理技术列为重点，支撑发动机综合能效的显著提升。总体上看，美国在新一代发动机的研制过程中高度重视发动机综合热管理，系统地部署开展相关研究和验证工作，并逐步得到实施。在这样的背景下，国外学者也针对发动机综合热管理提出了一些评估与优化的方法，包括换热器位置设计对整机性能的影响评估、涡轮冷却气品质的优化方法、闭式循环系统能量综合管理方法等。相比来说，涡轮冲压组合发动机、涡轮火箭冲压组合发动机、强预冷发动机等高超声速航空发动机的综合热管理方面研究报道很少。由于其系统越发复杂，热环境更加恶劣，能量和热沉的需求显著提高，都使得整机层面的综合热管理重要性凸显。我国对整机综合热管理的重要性认识严重落后于欧美等航空强国，部分学者针对高超声速航空发动机开展了能量综合热管理方法研究，但仍属于局部弱关联式的热设计，设计过程中主要采用孤立式的热设计方式，依赖各个组件单项技术的进步提高整机性能。国内目前没有从发动机总体性能与能效角度，综合考虑各子系统之间热/质的相互耦合关系，以及如何在各子系统间更有效地使用能量，以提高整机的能量利用效率，尚未形成清晰、完整的整机综合热管理总体研究思路。

（三）我国在新概念气动热力布局与热管理方面取得了重要的创新成果

我国学者提出了对转激波增压压气机、非定常涡升力压气机和强预冷发动机等新型气动布局。对转激波增压压气机研究在激波/边界层干涉机理、尾迹/激波干涉机理和激波振荡机理及间隙涡控制方法等方面取得突出进展，开展了超音叶栅实验、对转激波增压压气机在发动机环境中的技术验证实验，成功试制了基于对转激波增压原理的双轴对转涡喷发动机，实现两级对转压气机增压总压比 5.0，裕度 18%。非定常涡升力增压原理是利用转子/静子干涉效应产生非定常涡升力来提高转子叶片载荷，增加级压比的理论。理论和实验结果都表明，在低马赫数条件下，当转子/静子轴向间距由17%弦长缩小到3%—5%弦长时，转子叶片载荷和压升系数均有10%左右的提高。高超声速强预冷空天动力研究实现紧凑强预冷器技术重大突破，完成单位重量换热能力超过100kW/kg的紧凑强预冷器研制，顺利开展模拟Ma4、来流总温940K条件下的试验验证，实现了在不到0.03s时间内使来流降温超过600K的超强换热能力。

四、我国发展趋势与对策

空天推进系统是国之重器，我国应进一步加强空天推进气动热力学与热管理基础和关键问题研究，为先进空天推进系统的发展夯实基础。一是继续推进"航空发动机及燃气轮机"等重大科技专项，围绕重点型号开展科研攻关，突破空天推进系统研发中的关键技术瓶颈；二是加大基础研究投入，完善关键部件气动热力与热管理设计体系，为高性能空天推进系统的自主研发夯实基础；三是高度重视高超声速航空发动机发展的重大历史机遇，系统布局，打牢长远发展基础；四是重视学科交叉并加强各单位的协同，从多学科交叉角度进行耦合优化设计，才能获得较高的综合性能，通过各单位大力协同，可实现不同研究方向的齐头并进，加快形成我国在空天推进系统上的技术优势。

（一）继续开展重大需求导向的气动热力学与热管理基础研究

气动热力学与热管理是典型的技术科学，必须面向空天推进系统发展，开展重大需求导向的基础研究。高负荷、高效率、宽适应性压气机非定常流动机理、流动控制和优化设计方法方面，重点研究对转冲压、对转吸附、非定常涡升力等新型气动布局的流动机理、设计理论和方法，涉及复杂真实几何、真实运行环境、多样或含相变工质的高负荷、高效率压气机非定常流动机理，对转环境等强增压内流的流动失稳机理，等离子体、智能结构等主动/被动流动控制方法与机理，噪声/气弹/流固耦合多场、多学科预测与调控方法，变循环发动机压气机流动机理与优化方法。高负荷、高效率、宽适应性涡轮非定常流动/传热机理与优化设计方法方面，重点研究高温升、低排放燃烧室出口气流条件下的涡轮叶栅通道涡系时空演化特性，跨音速高负荷涡轮级非定常流动机理及其与冷气射流的干涉机制和调控方法，非定常流热环境下的涡轮对流-辐射-导热耦合传热机理，考虑非定常效应的涡轮高效冷却结构正向设计及优化的新理论和新方法，过渡态下涡轮气热固耦合设计与调控方法，高效超紧凑对转涡轮的非定常流动机理及其优化设计方法，变几何涡轮非定常流动机理与优化设计方法。内流复杂湍流流动模型与高性能计算方面，重点研究合理反映湍流输运形式、结构、机理的湍流输运理论，预测内流非平衡输运、复杂掺混、旋转、强间断、多尺度、局部湍流斑、转捩、旋涡分离与脱落等现象和机制及其与换热间作用关系的湍流模型，针对内流真实复杂几何，发展自适应 RANS/LES、LES、DNS 等高效、高精度湍流模拟方法，针对内流空化、化工介质相变现象，发展高精度多相湍流模拟方法，发展叶轮机械模拟新技术和软件，揭示其内部湍流的非平衡输运特性和能量耗散机制，湍流模型的伴随方程及其求解方法。新概念气动热力布局方面，我国有较好基础，还要继续探索激波增压方式的创新性原理，从增压原理角度革新突破，挖掘高速旋转压缩系统增压潜力，针对如何利用转子 / 静子干涉产生的非定常效应来提高航空轴流压气机性能，需要通过不同的技术路线和方案进行大胆尝试。

（二）牢牢把握高超声速航空发动机发展的重大机遇

纵观国际高超声速航空发动机的发展，其研发难度大大超出了预期。与传统的航空涡轮发动机相比，高超声速航空发动机的工作速域更宽、空域更广、性能参数更高；与 21 世纪初取得技术突破的高超声速超燃冲压发动机相比，高超声速航空发动机的工作速域更宽并要求长寿命使用。因此，高超声速航空发动机比单独的涡轮发动机、冲压发动机更困难，也不是不同动力形式的简单叠加，而是蕴含着丰富的科学问题和大量的技术问题。高超声速航空发动机发展中每一个技术瓶颈的背后，都是悬而未决的科学问题，例如：难以拓宽涡轮发动机工作速域的源头，是高通流叶轮机械内流机理认识不足与流动组织方法局限；难以拓宽冲压发动机下限马赫数的源头，是宽马赫数下冲压发动机由于固定几何约束带来的矛盾问题。高超声速航空发动机的发展历程也表明，只有从源头上搞清机理、夯实基础，才能找准方向、行稳致远。我国要牢牢把握高超声速航空发动机发展的重大机遇，系统深入开展高超声速航空发动机气动热力学与热管理基础研究，夯实发展基础。

气动热力循环是决定高超声速航空发动机性能的理论基础，气动优化与控制是支撑其气动热力性能实现的关键。高超声速航空发动机的宽速域工作特性对热力循环与气动耦合设计能力提出了全新要求，必须从新概念、新工质、新材料等方面推动新型气动热力循环的发展，深入揭示各系统间热 – 功转化及参数耦合机制。高超声速航空发动机的流动组织与性能维持，很大程度上依赖子系统边界拓展、推力补偿、综合性能寻优等气动优化理论的发展，也亟待气动增稳机制、智能感知监测、协同控制机理和鲁棒控制方法突破。

极端热是高超声速航空发动机面临的特殊问题，预冷是降低发动机进口空气温度、拓展发动机速域的重要途径，热防护与热管理则是发动机安全、高效运行的基础。高超声速航空发动机内部是高温、高热流、强激波、强干扰形成的严苛环境，需要在几十毫秒内对空气实现数百摄氏度的大幅度温降，并保证低流动阻力、高紧凑度、抗热疲劳，这些都对预冷和热防护技术提出了很大挑战。统筹热防护与热管理需求，实现整机热量的高效调配使用，既有很大的难度，又有很大的潜力。紧凑复杂结构、强各向异性、强变物性以及多尺度耦合作用下的流动与换热机制，是高超声速航空发动机预冷、热防护与热管理安全高效运行的关键基础。需要进一步重点认识极端条件下各类冷却技术的应用边界与复合方法、高超声速复杂热环境耦合传热传质机理及强扰动条件下的热防护调控机理和规律，建立超声速、过载、旋转等复杂条件下、复杂结构中流体相变换热、超临界流体对流换热的预测模型和方法。

高超声速航空发动机的动态特性很强，子系统之间、子系统与主机之间存在热/质的相互耦合作用，子系统的热惯量各不相同，影响热/质的动态匹配过程。亟待从整机层面阐明热量产生、收集传输、储存利用和排散的耦合机制，对热/质实施优化分配和动态管理，有效提升发动机的能量利用效率。我国对超燃冲压发动机热防护研究已建立了一定研究基础，但是对于极端条件、紧凑空间、高动态特性等主动热防护技术的认识还有待进一步提升，需要重点研究紧凑空间环境中强各向异性多尺度流动与换热耦合机理，超高温、大热流、强激波等条件下强变物性流体热质传递机理，强耦合、非线性、高动态特征下多系统热/质交互作用机理与热惯量匹配机制，先进材料与主动热防护结合的复合冷却技术。

（三）高度重视气动热力学与热管理和相关学科的交叉融合发展

气动热力学与热管理研究的对象是空天推进系统的部件或系统，未来必须从系统工程的角度，进行多学科一体化研究。例如：涡轮是典型的流-热-固耦合部件，从流-热-固耦合及其与材料制造一体化的角度开展研究，有望显著提升其性能和可靠性。涡轮叶片是航空发动机的热端核心部件，在超过其自身材料熔点以上的高温环境下工作，作为高温、高载荷、结构复杂的典型热端部件，其性能和可靠性直接关系到两机的性能、耐久性、可靠性和寿命。涡轮叶片的设计集中体现着高可靠性、长寿命和轻量化，需要综合考虑气动、传热、强度、寿命、材料及加工工艺等多方面的性能指标，以及各学科之间的耦合效应。国外将涡轮叶片设计技术视为最核心机密，对我国严格封锁。涡轮叶片的自主设计和研发是我国"两机"领域的一大难点，成为制约"两机"研发的瓶颈。因此，需要以叶片工作的高温、交变载荷环境为牵引，以提高涡轮叶片耐温能力、做功能力、寿命及经济性为目标，构建具有我国自主知识产权涡轮叶片流-热-固耦合及其与材料制造一体化理论和方法，揭示高温、复杂流动、旋转等极端环境影响下的叶片流-热-固耦合机理，形成先进的涡轮叶片冷却理论与方法，发展基于温度急剧变化的过渡态涡轮强度及寿命判断准则，突破高温部件冷却结构设计及材料加工制造等关键基础问题，为实现我国涡轮叶片冷却与材料制造一体化自主研发提供理论和方法支撑。

过渡态及稳态下的流-热-固耦合机理方面，需要重点研究考虑瞬态变化、强旋/非均匀主流、冷气掺混、激波、辐射等条件下复杂结构的流热固耦合机理，通过对瞬态变化、主流、激波、高温燃气辐射等对热端部件冷却特性的影响分析，得到过渡态及稳态复杂流动条件下的热端部件的流热固耦合特性，为热端部件冷却结构的精细化设计提供支撑。复杂高温交变载荷下材料失效机理方面，需要重点研究高温交变载荷下的材料组织演化规律，揭示高温交变载荷下的材料微纳组织结构和性能的演变、失效行为及规律，得到高温交变载荷下的材料微结构的特征及演化对性能和失效模式的影响规律。考虑交变载荷及气动环境影响的叶片寿命预测方法方面，重点研究考虑温度载荷、气动载荷、离心载荷等影响下的叶片寿命预估方法，揭示高温环境、主流燃气、旋转等因素对叶片温度场、应力场及寿命的影响机理，探明不同温度及气动载荷对叶片寿命的影响规律，建立交变载荷及气动环境影响下的叶片寿命预测方法。综合考虑加工工艺的基于流热固耦合的叶片设计方法方面，需要重点研究考虑加工制造工艺的复杂冷却结构流热固耦合机理，探明不同冷却结构的制造工艺的可实现性，揭示加工误差对异形气膜孔、内冷结构、多孔介质、微尺度等复杂冷却结构流动与换热影响机理，并探明其应用趋势，为其在涡轮/透平叶片上的应用提供技术支撑。高温复杂载荷下的材料性能变化对传热的影响机理方面，需要重点研究考虑温度载荷、气动载荷、离心载荷等影响下的材料性能变化及其对传热的影响机制，揭示高温环境、主流燃气以及旋转对材料性能的影响规律，探明材料性能变化对于叶片传热性能的影响机理，构建复杂载荷下的材料性能变化对传热影响的数据库。复杂流动条件下高精度数值计算方法方面，需要重点研究考虑高速旋转影响下的高精度数值模拟方法，探明旋转附加力作用对热端部件冷却特性的影响规律，发展适用于旋转条件下的设计方法及高精度数值计算方法，为旋转热端部件冷却结构的精细化设计提供支撑。先进流动与传热试验测量原理与技术方面，需要重点研究考虑提高测量精度和空间分辨率的先进流场及温度场试验测量技术，发展基于光学测量手段的新型传热/传质测量原理，扩展非接触式测量手段在非物理平面或空间中参数精细化测量的应用范围，为弥补我国基础试验数据库的缺失提供技术支撑。

随着空天推进系统工作速域的拓宽，工作条件更为复杂，气动热力学逐渐向多物理场气动热力学发展。多物理场气动热力学面临流、热、固、声、电、磁等复杂的气动热力现象，跨多个时间、空间尺度。例如：等离子体流动控制过程中，等离子体激励的放电时间尺度为纳秒量级，流动响应的时间尺度为毫秒量级，传统的 N-S 方程已经不能描述这一过程，必须与带电粒子连续方程、动量方程、泊松方程等耦合求解。研究这些复杂问题，需要引入人工智能等新兴的方法手段，通过学科交叉融合促进气动热力学的发展。近 30 年来人工智能获得了迅速的发展，在很多学科领域都获得了广泛应用，并取得了丰硕的成果。人类正经历第四次工业革命，进入智能化时代，空天推进系统也在向智能方向发展。智能空天推进系统是能够在整个寿命期内，通过智能控制系统，根据外部环境和自身状态，重新规划、优化、控制和管理自身性能、可靠性、任务、健康等状况的推进系统，实现这个目标的前提是动力装置内部流场的智能重构、智能感知、智能诊断和智能控制能力。气动热力学与人工智能的结合旨在通过人工智能方法，提高对空天推进系统内部流场结构的认知和理解能力，推动人工智能和气动热力学领域的深度交叉和融合，减轻研究者对理论和经验的强烈依赖，全面提升内部流场的感知、诊断和控制能力，进而提高动力装置在全空域范围内的性能。

参考文献

［1］ Liu YW, Tang YM, Tucker PG, et al. Modification of Shear Stress Transport Turbulence Model Using Helicity for Predicting Corner Separation Flow in a Linear Compressor Cascade ［J］. ASME Journal of Turbomachinery, 2020, 142（2）: 021004

［2］ Liu YW, Yan H, Fang L, et al. Modified k-ω Model Using Kinematic Vorticity for Corner Separation in Compressor Cascade ［J］. Science China Technological Sciences, 2016, 59（5）: 795-806.

［3］ Gao YF, Liu YW. Modification of DDES Based on SST k-ω Model for Tip Leakage Flow in Turbomachinery ［J］. ASME Turbo Expo, 2020, GT2020-14851, Sep 21-25th, 2020, Virtual online.

［4］ 杨冠华, 高丽敏, 王浩浩. 基于 NURBS 的扩压叶栅非对称前缘设计 ［J］. 航空动力学报, 2021, 36（3）: 655-663.

［5］ 杨凌, 李勇俊, 钟兢军. 前缘复合改型在压气机平面叶栅中的应用初探 ［J］. 推进技术, 2019, 40（4）: 796-803.

［6］ Zhong JJ, Wu WY, Han SB. Research Progress of Tip Winglet Technology in Compressor ［J］. Journal of Thermal Science, 2021, 30（1）: 18-31.

［7］ 钟兢军, 阚晓旭. 高负荷压气机叶栅内三维旋涡结构及其形成机理的研究进展 ［J］. 推进技术, 2020, 41（9）: 1946-1957.

［8］ Pan T, Li Q, Li Z, et al. Effects of Radial Loading Distribution on Partial-surge-initiated Instability in a Transonic Axial Flow Compressor ［J］. Journal of Turbomachinery, 2017, 139（10）: 101010.

［9］ Li FY, Li J, Dong X, et al. Stall Warning Approach Based on Aeroacoustic Principle ［J］. AIAA Journal of Propulsion and Power, 2016, 32（6）: 1353-1364.

［10］ Sun DK, Liu XH, Sun XF. An Evaluation Approach for the Stall Margin Enhancement with Stall Precursor-Suppressed Casing Treatment ［J］. ASME Journal of Fluids Engineering, 2015, 137（8）: 081102.

［11］ Dong X, Sun, DK, Li FY, et al. Effects of Rotating Inlet Distortion on Compressor Stability with Stall Precursor-Suppressed Casing Treatment ［J］. ASME Journal of Fluids Engineering, 2015, 137（11）: 111101.

［12］ Dong X, Sun DK, Li FY, et al. Stall Margin Enhancement of a Novel Casing Treatment Subjected to Circumferential Pressure Distortion ［J］. Aerospace Science and Technology, 2018, 73（2）: 239-255.

［13］ Zhang HD, Wu Y, Yu XJ, et al. Experimental Investigation on the Plasma Flow Control of Axial Compressor Rotating Stall ［J］. ASME Turbo Expo, 2019.

［14］ Zhang HD, Wu Y, Li YH. Mechanism of Compressor Airfoil Boundary Layer Flow Control Using Nanosecond Plasma Actuation ［J］. International Journal of Heat and Fluid Flow, 2019, 80: 10852

［15］ 张海灯, 吴云, 于贤君, 等. 高负荷压气机失速及其等离子体流动控制 ［J］. 工程热物理学报, 2019, 40（2）: 289-299.

［16］ Kan XX, Wu WY, Zhong JJ. Effects of Vortex Dynamics Mechanism of Blade-end Treatment on the Flow Losses in a Compressor Cascade at Critical Condition ［J］. Aerospace Science and Technology, 2020, 102（7）: 105857.

［17］ Chen YZ, Yang L, Zhong JJ. Numerical Study on Endwall Fence with Varying Geometrical Parameters in a Highly-loaded Compressor Cascade ［J］. Aerospace Science and Technology, 2019, 94: 1-10.

［18］ Zhang LX, Wang ST. A Combination Application of Tandem Blade and Endwall Boundary Layer Suction in a Highly

Loaded Aspirated Compressor Outlet Vane [J]. Proceedings of the Institution of Mechanical Engineers, Part A: Journal of Power and Energy, 2018, 232（2）：129–143.

[19] Du L, Sun XF, Yang V. Generation of Vortex Lift Through Reduction of Rotor/Stator Gap in Turbomachinery [J]. Journal of Propulsion and Power, 2016, 32（2）：472–485.

[20] Yu XJ, Liu BJ. Research on Three–dimensional Blade Designs in an Ultra–highly Loaded Low–speed Axial Compressor Stage：Design and numerical investigations [J]. Advances in Mechanical Engineering, 2016, 8（10）：1–16.

[21] 孟德君，于贤君，刘宝杰. 低速模拟设计技术在大小叶片压气机中的应用 [J]. 推进技术，2017（9）：1963–1974.

[22] Li ZL, Lu XG, Zhao SF, et al. Numerical Investigation of Flow Mechanisms of Tandem Impeller inside a Centrifugal Compressor [J]. Chinese Journal of Aeronautics, 2019, 32（12）：2627–2640.

[23] Zhou CX, Li ZL, Huang S, et al. Numerical Investigation on the Aerodynamic Performance and Flow Mechanism of a Fan with a Partial–height Booster Rotor [J]. Aerospace science and Technology, 2021, 109：106411.

[24] Li RY, Gao LM, Li YZ. Application of Shear–sensitive Liquid Crystal Coating on Flow Visualization of Compressor Cascade [J]. Chinese Journal of Aeronautics, 2018, 31（6）：1198–1205.

[25] Gao LM, Yang GH, Gao TY. Experimental Investigation of a Linear Cascade with Large Solidity Using Pressure Sensitive Paint and Dual–camera System [J]. Journal of Thermal Science, 2021, 30（2）：682–695.

[26] 屈骁. 超高负荷低压涡轮端区非定常流动机理及新型调控方法研究 [D]. 中国科学院大学（中国科学院工程热物理研究所），2020.

[27] 卞修涛，林敦，苏欣荣，等. 跨音透平中激波与边界层、尾迹干涉机理研究 [J]. 工程热物理学报，2017, 38（5）：965–969.

[28] 杨雨欣，葛铭纬. 基于尾缘挡板的钝尾缘翼型流动控制研究 [C]. 第十一届全国流体力学学术会议，2020.

[29] 陆泽帆，陈榴，张发生，等. 前轮缘封严气流对动叶端区流动及冷却的非定常作用 [J]. 动力工程学报，2020, 40（2）：131–137.

[30] 刘兆方，王志多，丰镇平. 燃气透平进口旋流对热斑迁移及动叶热负荷影响的研究 [J]. 工程热物理学报，2016, 37（8）：1641–1647.

[31] 李心语，刘火星. 气冷涡轮导叶流热耦合计算及机理 [J]. 北京航空航天大学学报，2020：doi：10.13700/j.bh.1001–5965.2020.0435.

[32] 王添，席平，胡毕富，等. 面向气热耦合的涡轮叶片计算域模型建模方法 [J]. 北京航空航天大学学报，2019, 45（1）：74–82.

[33] Li HW, Zhang DW, Han F, et al. Experimental Investigation on the Effect o Hole Diameter on the Leading Edge Region Film Cooling of a Twist Turbine Blade Under Rotation Conditions [J]. Applied Thermal Engineering, 2021, 184：116386.

[34] Li H, You R, Deng H, et al. Heat Transfer Investigation in a Rotating U–Turn Smooth Channel with Irregular Crosssection [J]. International Journal of Heat and Mass Transfer, 2016, 96：267–277.

[35] Ye L, Liu CL, Zhu HR, et al. Experimental Investigation on Effect of Cross–Flow Reynolds Number on Film Cooling Effectiveness [J]. AIAA Journal, 2019, 57：4804–4818.

[36] Liu CL, Liu JL, Zhu HR, et al. Film Cooling Sensitivity of Laidback Fanshape Holes to Variations in Exit Configuration and Mainstream Turbulence Intensity [J]. International Journal of Heat and Mass Transfer, 2015, 89：1141–1154.

[37] Liu CL, Gao C, von Wolfersdorf J, et al. Numerical Study on the Temporal Variations and Physics of Heat Transfer Coefficient on A flat Plate with Unsteady Thermal Boundary Conditions [J]. International Journal of Thermal Sciences, 2017, 113：20–37.

［38］ Huang D，Ruan B，Wu XY，et al. Experimental Study on Heat Transfer of Aviation Kerosene in a Vertical Upward Tube at Supercritical Pressures［J］. Chinese Journal of Chemical Engineering，2015，23（2）：425-434.

［39］ 胡希卓，陶智，朱剑琴，等. 热裂解对超临界 RP-3 流动和耦合传热影响的数值模拟研究［J］. 推进技术，2018，39（9）：2011-2019.

［40］ Chen H，Tan HJ. Buzz Flow Diversity in a Supersonic Inlet Ingesting Strong Shear Layers［J］. Aerospace Science and Technology，2019，95：105471.

［41］ Zhang Y，Tan HJ，Li JF. Control of Cowl-Shock/Boundary-Layer Interactions by Deformable Shape-Memory Alloy Bump［J］. AIAA Journal，2018，57（1）：1-10.

［42］ Chen H，Tan HJ，Zhang QF. Throttling Process and Buzz Mechanism of a Supersonic Inlet at Overspeed Mode［J］. AIAA Journal，2018，56（5）：1-12

［43］ 谭慧俊，王子运，张悦. 形状记忆合金在飞行器进气道中的应用研究进展［J］. 南京航空航天大学学报，2019，51（4）：438-448.

［44］ Zhang JS，Yuan HC，Wang YF. Experiment and Numerical Investigation of Flow Control on a Supersonic Inlet Diffuser［J］. Aerospace Science and Technology，2020，106：106182.

［45］ Liu J，Yuan HC，Ge N. The Flowfield and Performance Analyses of Turbine-based Combined Cycle Inlet Mode Transition at Critical/Subcritical Conditions［J］. Aerospace Science and Technology，2017，69：485-494.

［46］ Wang Z，Chang JT，Hou WX. Propagation of Shock-wave/Boundary-layer Interaction Unsteadiness in Attached and Separated Flows［J］. AIP Advances，2020，10（10）：105011.

［47］ Hou WX，Chang JT，Xie ZQ. Behavior and Flow Mechanism of Shock Train Self-excited Oscillation Influenced by Background Waves［J］. Acta Astronautica，2020，166：29-40.

［48］ Zhu CX，Zhang HF，Hu ZC，et al. Analysis on the Low Speed Performance of an Inward-Turning Multiduct Inlet for Turbine-Based Combined Cycle Engines［J］. International Journal of Aerospace Engineering，2019：6728387.

［49］ Sun XL，Wang ZX，Zhou L. Flow Characteristics of Double Serpentine Convergent Nozzle with Different Inlet Configuration［J］. ASME Journal of Engineering for Gas Turbines and Power，2018，140（8）：082602.

［50］ Cheng W，Wang ZX，Zhou L，et al. Infrared Signature of Serpentine Nozzle with Engine Swirl［J］. Aerospace Science and Technology，2019，86：794-804.

［51］ Lv Z，Xu JL，Yu KK. Experimental and Numerical Investigations of a Scramjet Nozzle at Various Operations［J］. Aerospace Science and Technology，2019，96：105536.

［52］ Yu KK，Chen YL，Huang S，et al. Inverse Design Method on Scramjet Nozzles Based on Maximum Thrust Theory［J］. Acta Astronautica，2020，166：162-171.

［53］ Fu ZY，Zhu HR，Liu CL. Investigation of the Influence of Inclination Angle and Diffusion Angle on the Film Cooling Performance of Chevron Shaped Hole［J］. Journal of Thermal Science，2018，27（6）：580-591.

［54］ Liu HY，Liu CL，Wu WM. Numerical Investigation on the Flow Structures in a Narrow Confined Channel with Staggered Jet Array Arrangement［J］. Chinese Journal of Aeronautics，2015，28（6）：1616-1628.

［55］ 曹楠，窦志伟，罗翔，等. 轴向通流旋转盘腔流动及换热特性［J］. 航空动力学报，2018，33（5）：1178-1185.

［56］ 林立，谭勤学，吴康，等. 中心进气转静盘腔一维流动模型的改进［J］. 航空动力学报，2015，30（11）：2584-2591.

［57］ Liu G，Du Q，Liu J，et al. Computational Investigation of Flow Control Methods in the Impeller Rear Cavity［J］. International Journal of Aerospace Engineering，2020：2187975.

［58］ Wang HC，Tao Z，Zhou ZY. Experimental and Numerical Study of the Film Cooling Performance of the Suction Side of a Turbine Blade Under the Rotating Condition［J］. International Journal of Heat and Mass Transfer，2019，126：436-448.

［59］ 梁靓，刘高文，雷昭，等. 预旋系统稳态和非稳态计算对比研究［J］. 推进技术，2019，40（11）：

2546–2553.

［60］Wang RN，Du Q. The Influence of Secondary Sealing Flow on Sealing Performance in Turbine Rim Seal Performance in Turbine Axial Rim Seals［J］. Journal of Thermal Science，2020，29（3）：330–341.

［61］李军，程舒娴，高庆，等. 轮缘密封封严效率及结构设计研究进展［J］. 热力透平，2018，47（1）：6–15.

［62］Zhu YH，Peng W，Xu RN，et al. Review on Active Thermal Protection and its Heat Transfer for Airbreathing Hypersonic Vehicles［J］. Chinese Journal of Aeronautics，2018，31（10）：1929–1953.

［63］韩枫，李海旺，马薏文，等. 旋转对弯扭涡轮叶片前缘气膜冷却的影响［J］. 航空动力学报，2019，34（6）：1352–1363.

［64］孙小凯，姜培学，彭威. 激波对斜孔超声速气膜冷却的影响［J］. 工程热物理学报，2018，39（11）：2476–2479.

［65］姜培学，张富珍，胥蕊娜，等. 高超声速飞行器发动机热防护与发电一体化系统［J］. 航空动力学报，2021，36（1）：1–7.

［66］章思龙，秦江，周伟星，等. 推高超声速推进再生冷却研究综述［J］. 推进技术，2018，34（9）：1977–1987.

［67］芦泽龙，祝银海，郭宇轩，等. 旋转条件下超临界压力正癸烷径向入流时的对流换热［J］. 推进技术，2019，40（6）：1332–1340.

［68］张晓红，姜俞光，秦江，等. 通道截面形状对碳氢燃料流量分配的影响［J］. 航空动力学报，2019，34（9）：1977–1987.

［69］Liu B，Zhu YH，Ya JJ，et al. Experimental Investigation of Convection Heat Transfer of N-decane at Supercritical Pressures in Small Vertical Tubes［J］. International Journal of Heat and Mass Transfer，2015，91：734–746.

［70］胥蕊娜，李晓阳，廖致远，等. 航天飞行器热防护相变发汗冷却研究进展［J］. 清华大学学报（自然科学版），2020，doi：10.16511/j.cnki.qhdxxb.2020.25.044.

［71］冉方圆，伍楠，贺菲，等. 丙二醇改性水溶液的发汗冷却实验研究［J］. 推进技术，2021，42（3）：587–592.

［72］陈星宇，王丽燕，陈伟华，等. 真空条件下多孔平板发汗冷却试验研究［J］. 北京航空航天大学学报，2021，doi：10.13700/j.bh.1001–5965.2020.0257.

［73］Huang G，Liao ZY，Xu RN，et al. Self-pumping Transpiration Cooling with Phase Change for Sintered Porous Plates［J］. Applied Thermal Engineering，2019，159：113870.

［74］Huang G，Zhu YH，Liao ZY，et al. Biomimetic Self-pumping Transpiration Cooling for Additive Manufactured Porous Module with Tree-like Micro-channel［J］. International Journal of Heat and Mass Transfer，2019，131：403–410.

［75］He F，Dong WJ，Wang JH，et al. Transient Model and its Application to Investigate the Injection Mode and Periodical Operation of Transpiration Cooling with Liquid Coolant Phase Change［J］. Applied Thermal Engineering，2020，181：115956.

［76］Yu X，Wang C，Yu D. Precooler-design & Engine-performance Conjugated Optimization for Fuel Direct Precooled Airbreathing Propulsion［J］. Energy，2019，170：546–556.

［77］Ding W，Eri Q，Kong B，Zhang Z. Numerical Investigation of a Compact Tube Heat Exchanger for Hypersonic Precooled Aero-engine［J］. Applied Thermal Engineering，2020，170：114977.

［78］Zou Z，Liu H，Tang H，et al. Precooling Technology Study of Hypersonic Aeroengine［J］. Acta Aeronautica et Astronautica Sinica，2015，36（8）：2544–2562.

撰稿人：李应红　吴　云　孙大坤　等

航空发动机和燃气轮机燃烧发展研究

一、研究内涵与战略地位

航空发动机和燃气轮机（简称"两机"）作为高端动力能源装备，是涉及"国防安全、能源安全和保持工业竞争能力"的战略性关键产品，其自主可控关系到我国国家安全和经济发展的核心利益。其中，军用航空发动机是保障国防安全、彰显强国地位的核心装备，民用航空发动机则是民用航空业自主化发展的重要推动力；燃气轮机广泛应用于能源、电力、船舶等众多领域，是代表一个国家整体科技实力和工业水平的标志性产品之一。目前，我国尚未完全摆脱先进民用航空发动机和重型燃气轮机受制于人的不利局面，先进军用航空发动机较世界先进水平仍存在较大差距。因此，为加快实现航空发动机及燃气轮机自主研发和制造生产，推动制造业产业优化升级、增强制造业核心竞争力，航空发动机和燃气轮机作为制造业核心竞争力项目被列入了《中华人民共和国国民经济和社会发展第十四个五年规划和 2035 年远景目标纲要》（以下简称《十四五规划和 2035 年远景目标》）[1]。航空发动机和燃气轮机工作原理基本相似，需要稳定工作在高温、高压、高转速等复杂及极端气动热力条件下。其中，燃烧室是两机核心部件之一，被喻为"发动机的心脏"[2]，作为核心热端部件遭到西方严密技术封锁，相关技术合作也被严格禁止。燃烧室中出现的超温烧蚀、结焦积碳、自燃回火、燃烧振荡、污染物排放、出口温度分布不均等问题一直以来是两机研制中的核心挑战。然而，由于过去一段时期内燃烧相关的基础研究工作未得到有效重视[3]，复杂燃烧过程常被视作困扰燃烧室研发的"黑盒子"问题，业已成为制约我国先进航空发动机和燃气轮机自主研发的薄弱环节。而燃烧作为两机优先研究领域之一，面临高温高压环境下的低排放、多燃料、宽极限等诸多挑战，突破燃烧基础理论和技术瓶颈是关乎两机未来创新发展的关键与核心[4]。因此，面向两机技术发展的紧迫需求，开展两机燃烧基础研究工作，将有助于解决两机燃烧共性科学问题，支撑引导我国先进航空发动机和燃气轮机燃烧室自主研发能力稳步提升，具有重大的经济价值和战略意义。

当前，军、民用航空发动机燃烧室的发展方向分别是高温升和低排放，而燃气轮机燃烧室的主要发展方向是清洁低碳、安全高效和燃料灵活。同时，长寿命和高可靠性一直是航空发动机和燃气轮机燃烧室设计的基本要求。高效稳定可控的热功转换是两机核心关键技术，燃烧是控制热功转换的重要基础学科，两机性能的提升很大程度上依赖于燃烧基础研究的持续进步。在航空发动机和燃气轮机中，复杂气动热力和化学反应条件下的湍流燃烧过程控制着热工转换效率和污染物排放，其安全性和寿命等则与宽工况范围和极端条件下的湍流燃烧过程密切相关。针对两机燃烧室未来发展方向和技术需求，聚焦两机燃烧中的共性科学问题，需要从基础理论和研究方法上寻求突破：针对宽工况范围条件下的燃烧反应动力学问题，发展基础燃烧实验和动力学模型构建方法，揭示航空煤油、航空替代燃料、新型低碳燃料等发动机燃料的反应动力学本质规律；针对复杂气动热力条件和极端工况条件下的湍流燃烧问题，发展高分辨在线测量方法和高精度湍流燃烧数值模型，揭示两机燃烧室复杂边界条件下湍流燃烧过程的一般规律；基于上述突破，针对两机燃烧室具体技术需求，开展先进高温升、低排放、高效低碳、宽速域燃烧组织研究，支撑两机燃烧室研发技术自主可控。

二、我国的发展现状

当前，我国航空发动机及燃气轮机型号研发已取得一定进展，但先进大推重比军用航空发动机和大型民航客机国产发动机距离最终配装尚需时日。在燃气轮机领域，我国现已基本具备轻型燃机（功率 50MW 以下）自主化能力[5]。由于长期以引进吸收和测绘仿制为主，致使我国两机燃烧基础研究工作起步较晚[3]，自主研发设计体系尚在建设之中。自 2016 年我国正式启动航空发动机和燃气轮机重大科技专项以来，航空发动机和燃气轮机技术的发展进入了战略机遇期。在两机专项基础研究项目支持下，对长期困扰燃烧室研发的基础燃烧科学问题展开了集智攻关，有力地支撑了重点型号燃烧室的研发工作。同时，在国家自然科学基金委"面向发动机的湍流燃烧基础研究"重大研究计划的持续资助下，以发动机燃烧的共性科学问题为核心，以燃烧反应动力学和湍流燃烧学为基础，支持建设了一系列创新研究平台，培养和聚集了一批高水平科技创新人才和研究团队，在理论和方法的源头创新上取得了系列研究成果。

（一）发动机燃料和燃烧反应动力学

当前，两机技术中采用的发动机燃料主要包括气体燃料和液体燃料。在航空发动机方面，C7 以上大分子碳氢燃料是航空煤油的主要组分，也被用作航空煤油模型燃料的组分，其燃烧反应机理是构建航空煤油燃烧反应动力学模型的基础。2014 年来，我国在大分子碳氢燃料的燃烧反应动力学研究领域取得了长足的进步，一系列的新颖研究方法得到发展，解决了传统大分子碳氢燃料基础燃烧实验方法和燃烧反应机理不能满足航空发动机宽工况范围应用的问题。同时，在国家自然科学基金"面向发动机的湍流燃烧基础研究"重大研究计划集成项目的支持下，我国已初步建成了大分子碳氢燃料的基础燃烧实验和基元反应速率常数数据库。

宏观燃烧参数测量方面，我国学者近年发展了高温高压定容燃烧弹方法和高温快速压缩机方法，解决了对高沸点的大分子碳氢燃料火焰传播速度和着火延迟时间的宽范围测量问题。以前者为例，层流火焰传播研究能够为发动机燃烧研究提供关键的层流火焰传播速度信息和火焰不稳定性理论分析，是验证燃烧反应动力学模型、推导湍流火焰传播速度的基础。但长期以来，传统的单腔定容燃烧弹和双腔定压燃烧弹方法均难以应用于高温高压条件，导致高沸点燃料的高压层流火焰传播研究长期存在空白。我国学者提出了双面保护自密封的石英视窗设计，发展了高温高压定容燃烧弹实验方法，装置可耐受最高静压200atm（初始压力超过 20atm），可加热至 500K，从而有效解决了高沸点燃料高压层流火焰传播研究难题[6]。

微观燃烧中间产物测量方面，我国学者进一步发展了同步辐射真空紫外光电离质谱方法和超高分辨质谱方法，可以更加深入地解析燃烧中间产物。通过对取样方法的发展，利用紧凑型二级差分取样方法有效提高了同步辐射光电离区的分子束密度，实现了对一系列重要自由基和活泼中间产物的探测。例如，在 1- 庚烯和醛类的低温氧化中发现了一系列过氧自由基和过氧化物[7, 8]，揭示了燃料低温氧化机理，解决了真实氧化体系中过氧自由基的探测难题，为低温氧化反应动力学模型的构建提供了重要依据。

宽范围燃烧反应动力学模型的发展需要囊括全面的反应类型，拓展基础燃烧实验涵盖的工况范围，并通过充分验证确保动力学参数的准确性和模型在宽工况范围下的适用性。基于新颖的燃烧测量成果和变压力基础燃烧实验研究，通过添加多种燃烧新产物的反应路径，我国学者对航空煤油中的典型烷烃[9]、环烷烃[10]和芳香烃[11, 12]组分建立了具有高预测性的燃烧反应动力学模型。以芳香烃模型为例，我国学者通过对苄基分解机理的深入研究，揭示了苄基脱氢新机理，模型可以准确预测苄基、5- 亚乙烯基 –1, 3- 环戊二烯等关键中间产物的浓度。针对前人模型验证不足、适用性有限的问题，我国学者全面运用燃烧中间产物浓度和着火延迟时间、火焰传播速度等宏观燃烧参数对模型进行宽广温度、压力、当量比范围的验证，大幅提高了模型的适用性和预测性[11]。此外，我国学者还对航空煤油模型燃料进行了构建，并发展了其燃烧反应动力学模型[13, 14]。

在燃气轮机方面，我国学者重视低碳燃料的研究。在燃烧反应动力学方面，围绕低碳燃料的宽范围燃烧反应动力学开展深入研究。C0—C4 燃料中包含大量低碳燃料（如氢气、甲醇等），其燃烧反应机理也是控制燃烧释热、着火、火焰传播的重要机理，含有大量重要的自由基反应，但前人发展的核心机理主要适用于高温条件。针对这一问题，基于含氧基团对链接自由基键能的弱化原理，我国学者在 600—900K 的低温区条件下产生得到了甲基、乙基等一系列小分子自由基，并选择不同含氧基团分别实现热解和低温氧化环境，系统揭示了这些小分子自由基的复合反应和低温氧化反应途径，并将核心机理中小分子自由基反应的验证扩展到低温条件[7, 15]。通过理论计算获得了 C0—C4 燃料机理中关键低温反应的速率常数，构建了包括低温和高温反应的 C0—C4 核心机理；通过宽工况范围的实验验证，获得了适用于发动机宽广温度、压力和当量比范围的 C0—C4 低温机理，机理可对低温氧化特性、高压火焰传播和芳香烃污染物生成等关键燃烧特性进行准确预测[16, 17]。氨气燃烧是近年来国际燃烧学领域的热点问题，我国学者在氨燃烧反应动力学领域取得了较为丰富的研究成果，2009 年发展出了国内首个氨气燃烧反应动力学模型[18]，并基于氨气/甲烷低压掺混燃烧的微观中间产物浓度进行了验证。2019 年以来，我国学者开展了氨气宏观燃烧参数测量，特别是宽范围氨气层流预混火焰传播研究，构建了在宽工况条件下适用的高预测性氨气燃烧反应动力学模型[19-21]。

　　上述低碳燃料在燃气轮机中的应用都具有一定的挑战，需要燃烧调控方法的发展。氢气具有很强的化学活性，燃烧速率很快，导致回火问题严重，制约了氢能在燃气轮机中的应用。针对这一难题，我国学者在燃料调控和燃烧器技术方面开展了相关研究，取得了一定的进展。在燃料调控方面，以天然气为调控燃料与氢气进行掺烧，降低了燃料的火焰传播速度，减小了回火风险[22]。在燃烧器技术方面，我国学者研究了适用于富氢燃料的稀释扩散燃烧技术[23]及阵列驻涡预混技术等[24]。氨气是另一种潜在的燃气轮机零碳燃料，由于具有很弱的化学活性，导致了其在燃烧时存在点火困难、火焰稳定性差（容易熄火）的问题。另外，由于氨气中含有氮元素，氨气燃烧时会产生大量的 NO_x 排放。在氨气燃烧活性强化方面，我国学者采用燃料调控的思路，使用高活性燃料如氢气或合成气与氨气进行掺烧，提高燃料的化学活性[21]，使火焰稳定性得到了明显改善[25]。针对高 NO_x 排放的问题，一方面通过在燃气轮机排气段安装脱硝装置进行处理，另一方面，我国学者也在积极探索氨气燃烧低 NO_x 排放的燃烧组织方法。

　　生物质合成气是包含可燃成分与稀释气体的燃料混合物，主要成分包括甲烷、氢气、一氧化碳、氮气和二氧化碳等。由于存在大量稀释气体，生物质合成气具有很低的燃料热值和化学活性，其体积热值为 3—10MJ/Nm³，远低于常规天然气燃料（约 36MJ/Nm³）。低体积热值会使同功率条件下的燃料体积流量过大，燃料射流速度过高，导致燃烧稳定性恶化。同时，大燃料流量带来的大空气流量也会增加压气机的喘振风险，对其安全稳定运行造成挑战。因此，通常采用高热值燃料掺烧的方法提高燃料热值或对燃烧系统进行相应改造。而低活性则同样导致火焰稳定性差的问题，燃烧很难维持。针对这一问题，我国学者研究了提高火焰稳定性的燃烧技术，如锥形稳燃技术[26]及等离子体助燃技术[27]等，取得了较大的进步。

（二）复杂气动热力条件下湍流燃烧测量与模拟

1. 湍流燃烧场多参数原位在线测量

由于航空发动机湍流燃烧过程的高度复杂性（宽压强、温度、流速范围，复杂的燃烧中间组分，强湍流等）以及试验台运行的恶劣试验环境（强振动、强声、强自发光和强电磁干扰等），激光燃烧诊断技术直接应用于发动机燃烧试验测量极具挑战[28, 29]。另外，基于多种模型燃烧室开发的激光燃烧诊断技术通过对温度、流速、燃烧组分浓度等重要物理量的实时原位测量，可以揭示湍流燃烧结构和动态流场信息，进而有助于理解航空发动机湍流燃烧过程中的跨临界雾化、极端条件点熄火以及燃烧不稳定性等一系列问题。

在温度测量和燃烧组分浓度测量方面，我国学者通过多组分可调谐半导体吸收光谱（TDLAS）[30, 31]技术实现了冲压发动机的高频温度测量，大大提高了温度、主要燃烧产物浓度测量的时间分辨率；通过反斯托克斯拉曼光谱（CARS）技术[32]有效提高了高压湍流火焰测量的精度和空间分辨率；平面诱导荧光光谱（PLIF）被大量应用于燃烧中间组分测量，并进一步用于表征湍流火焰结构[33, 34]；基于双线平面诱导荧光光谱 PLIF技术[35]、滤波瑞利散射技术[36]等的激光诊断方法将温度场的测量从点测量、线测量扩展到平面测量。

在流速测量方面，基于示踪粒子的图像测速（PIV）方法得到了最广泛的应用，我国学者通过立体全息 PIV 测量方法得到了湍流火焰的三维流场分布[37, 38]。同时，基于多普勒频移的 TDLAS 测速方法[39]和基于飞秒激光的拉丝成像测速（FLEET）方法也被用于复杂流场流速的精确表征[40]。

由于湍流燃烧是具有超高时空演变特征的、多物理量耦合的过程，采用单一诊断方法测量通常仅针对单一物理量，在实际应用中具有较大局限性。因此，需要将多种测量方法结合起来才能实现多参数的同步测量。

基于高频脉冲激光光源，结合 PIV 测速和 PLIF 测量燃烧中间组分，我国学者得到了发动机模型燃烧室湍流燃烧火焰结构和速度场的演化过程[38, 41]；通过高速摄像，相位多普勒粒子分析（PDPA），我国学者也成功获得了加温加压燃烧室内的火焰结构特征以及油雾分布形态[42, 43]；这些工作有助于构建准确的湍流燃烧模型、提高发动机湍流燃烧的CFD 仿真精度。

2. 湍流燃烧物理过程建模和高保真高效数值模拟

航空发动机和燃气轮机湍流燃烧过程涉及湍流流动、燃烧化学反应、传热传质、雾化蒸发等众多复杂的物理机制，且多个过程强烈耦合，对湍流燃烧物理过程的高保真建模及机理研究一直是国际上的研究难点和热点，也是制约发动机湍流燃烧高精度高效数值模拟的瓶颈。我国的航空发动机燃烧仿真技术的研究始于 20 世纪 80 年代，随着国际燃烧室设计技术的快速发展，各大科研院所先后开展了大量基于商业软件的燃烧计算应用，以及针对商业软件的验证与确认工作。然而，商业燃烧仿真软件代码完全封闭，二次开发权限极为有限，并且无法为国内提供先进的两相湍流燃烧模型，导致国内研究院所无法基于商业燃烧仿真软件进一步提升航空发动机燃烧室两相湍流燃烧仿真能力。近年来，我国在湍流燃烧建模及高精度数值模拟方向取得了长足的进步，在一些关键领域发展了新型的物理模型及计算方法，为健全发动机燃烧室的工程设计方法提供了坚实的基础。

面向发动机湍流燃烧应用，我国学者发展直接数值模拟（Direct Numerical Simulation, DNS）方法，开展了发动机工况下的气液两相湍流燃烧数值仿真，分析了强湍流射流火焰和近边界层燃烧等重要湍流燃烧问题的物理机制，增强了对复杂工况下湍流燃烧规律的认识和把握。结合 DNS 数值结果，研究了湍流预混火焰的精细结构定量表征，发展了自传播片元模型与火焰粒子方法定量化研究预混火焰结构；拓展了涡面场方法以定量化研究湍流燃烧中的涡结构，包括其几何变形与拓扑变化。基于湍流燃烧直接数值模拟和实验验证，开展了湍流预混火焰速度及大涡模拟 / 概率密度函数亚格子模型研究，提出了基于自传播片元拉格朗日统计量的湍流预混燃烧速度模型，可在宽湍流度与压力范围内准确预测湍流燃烧速度[44]。

从工程应用需求出发，我国学者开展了系列湍流燃烧模型的工作，大幅提升了数值模拟效率和精度，主要包括：构建了自适应、智能化的化学反应动力学加速计算方法体系，大大增加了复杂化学反应动力学的计算效能；充分考虑了湍流流场的多个特征尺度，构建了混合雷诺平均方程（RANS）/大涡模拟（LES）、"超大涡"模拟等自适应湍流模拟理论框架[45]，突破了湍流多尺度特性、瞬态演化特性以及计算网格分辨率之间的耦合建模技术；结合航空燃料机理简化和高效应用等方法，发展了火焰面和加厚火焰系列燃烧模型；充分考虑湍流与燃烧相互作用的非平衡作用机制，发展了先进亚格子火焰褶皱模型；开展了大量基于水平集 – 流体体积耦合法（Coupled Level Set and Volume of Fluid, CLSVOF）、光滑粒子流体动力学（Smoothed Particle Hydrodynamics, SPH）等方法的雾化仿真方法研究；发展了输运概率密度函数方法，揭示了湍流预混燃烧中反应标量小尺度耗散机制，建立了反应标量小尺度混合、湍流混合和化学反应之间的内在关联，发展了适用于各个预混燃烧状态的混合速率模型[46]，量化了预混燃烧中湍流混合和化学反应过程对反应标量混合的影响。

近年来，我国相关研究院所和高校，基于自主代码和开源代码，纷纷开发移植了相关湍流燃烧模型和计算方法，通过了系列实验室尺度标准火焰的精细化诊断数据的充分验证和校核，并着手开发包含 RANS 或 LES 湍流模型、两相雾化和蒸发、辐射及污染物等物理模型的工程燃烧仿真软件，开展了模型和全环主燃烧室以及加力燃烧室全流动域数值仿真验证工作和性能计算分析研究。总体而言，面向航空发动机和燃气轮机燃烧室设计应用，在湍流模型、湍流燃烧模型、两相雾化蒸发模型等物理模型研究方面取得了显著进展，在燃烧室数值计算软件平台开发和验证试验数据库建设方面也有了一定程度的发展，初步具备了航空发动机燃烧室设计仿真体系建设的能力[113]。

（三）航空发动机的先进燃烧组织与调控

军用和民用航空发动机逐渐向着大推力、低污染、长寿命的方向发展。军用航空发动机要求更高的涡轮前温度，因此燃烧室温升需达到1200K以上，相应的，燃烧室的油气比需要大幅提高，组织燃烧所需空气量也随之增加。上述燃烧室工作条件的改变对高温升燃烧室的燃烧组织提出了三大技术需求[47]：①更宽广的稳定工作范围；②更高出口温度，且分布均匀；③更少冷却空气量。我国已针对性地开展了先进的高温升燃烧组织方式的研究。

在国家重大科技项目等的支持下，我国研究人员逐步发展了适应先进燃烧室设计的高温升燃烧组织方式，尤其是将多级旋流燃烧组织模式应用到未来高温升燃烧室的设计中，并实现在核心机层面上的工程验证，燃烧室的最高油气比达到0.034—0.037，有效验证了燃烧室工程设计和应用能力，技术成熟度有效提升。同时完善了先进燃烧室设计体系，自主开发了针对特定燃烧设计需求的数值仿真软件，实现了光学测试技术在高温升燃烧室方案设计和试验中应用，并获得有效数据，为燃烧室的设计提供了数据支撑，提升了燃烧室的设计、试验和测试能力。针对航空发动机点熄火问题，在高空、高原、高寒等极端条件下开展了单头部、五头部到全环模型燃烧室的气动雾化、点火和联焰机理研究，发展了火焰传播路径图像处理方法和点火边界预测方法，发现了分区分级燃烧室的新型联焰模式，构建了联焰机理和联焰模式图谱，获得了极端条件下环境参数和燃油温度等点火性能的影响规律，所形成的燃烧基础数据有效支撑了发动机燃烧室工程研制，实现发动机在5km和-40℃高原极寒条件下顺利起动。数值仿真方面，先后开展了直角坐标系和基于贴体坐标系的燃烧室三维数值仿真软件研究，并基于三维数值燃烧仿真软件，开展了燃烧室分层验证工作，从零件到组件再到部件对燃烧室相关仿真模型进行验证，燃烧室主要性能指标的仿真计算精度达到国外发动机公司同等水平。

对于民用航空发动机，主要的技术需求来自国际民航组织（ICAO）发布的适航标准。近年来ICAO对氮氧化物（NO_x）的排放限制越来越严格，并且增加了对非挥发性颗粒物（nvPM）质量、数量及粒径分布的限制[48]。低污染物排放已成为民用航空发动机最为关键的性能之一。我国也相应开展了低排放燃烧组织方式的研究，提出了具有自主知识产权的搅拌旋流低排放燃烧技术（TeLESS），发展了"一导一充"技术要点和弱耦合旋流燃烧理论。中国航发商发公司联合北京航空航天大学等科研单位，提出了具有自主知识产权的低排放燃烧方案，对中心分级低排放燃烧的流动、喷雾与火焰开展了大量基础研究，采用PIV、米氏散射（Mie）、燃料PLIF、OH-PLIF等测试技术研究了分级分区旋流燃烧的流场、油雾场、反应场和释热场，为国产发动机低排放燃烧室的研制提供了重要支撑。

（四）燃气轮机的先进燃烧组织及调控

燃气轮机对稳定性、经济性和环保指标要求很高，因此需要发展高效稳定低排放的燃烧组织方式和调控手段。燃气轮机单机循环效率和污染物排放水平是燃气轮机燃烧室的两项关键指标。单机效率主要由压气机压比和涡轮前温度决定，污染物排放水平取决于燃烧室内部燃烧温度和温度分布的均匀性。当前，燃气轮机参数不断提升（压气机压比、涡轮前温度）、低污染排放限制更加严格、燃料适应性要求不断提高、燃机结构尺寸更加紧凑，给燃烧室结构和燃烧模式的优化和设计提出了更高要求，需要在燃烧组织、流动控制、火焰稳定、热声抑制以及污染物减排等方面取得进一步创新和突破。对于发电用重型燃气轮机，一般以甲烷为燃料，采用贫燃预混或部分预混分级旋流燃烧方式降低燃烧区温度以实现低 NO_x 排放和高燃烧效率双重目标。当前，在我国"碳中和""碳达峰"战略目标指引下，低碳甚至零碳燃气轮机燃烧室的燃烧组织形式和调控方法研究越来越受到重视。然而，此类低碳燃料在物理化学性质上和常规天然气燃料相比具有显著差异，进而表现出不同的燃烧特性，不能很好地适应现有天然气燃气轮机体系。因此，需要针对低碳燃料发展相应的燃烧组织方式。为此，我国学者在甲烷掺混氢气、纯氢气及氨气掺混燃料相关的燃烧特性、火焰结构、流场特征以及热声耦合机制与控制方法等方面开展了大量研究工作，为优化低碳低 NO_x 燃烧室和喷嘴的设计优化提供了重要支撑。

燃气轮机低污染燃烧室的燃烧组织形式主要包括分级燃烧、贫燃预混（LPM）、富燃–淬熄–贫燃（RQL）等燃烧方式。在基础研究方面，我国研究人员利用先进激光测量技术[41, 49, 50]、数值模拟[51]等方法，分别针对单级和中心分级[52]的预混火焰，详细研究了不同操作工况下的火焰稳态结构以及在声学扰动下的非定常放热特征，揭示了火焰结构、非稳态燃烧特性与声场、流场、温度场以及组分场之间的相互作用关系，增强了对旋流火焰稳定机制、火焰结构和放热扰动机制的认识和理解。针对旋流预混火焰，我国研究人员还基于被动控制手段[53]和优化燃烧器结构的方式[54]研究了燃烧不稳定性的抑制方法，为实际燃烧室的优化设计提供了理论依据。在零碳燃料燃烧研究方面，我国学者也开展了大量工作，研究了氢气[55]、合成气[56-58]、氨气[59]燃烧特性，并发展了中低热值合成气燃气轮机燃烧室[60]的设计方法和关键技术，为先进低碳燃烧室的进一步发展奠定了基础。在实际应用方面，我国首套具有自主知识产权的 F 级 50MW 重型燃气轮机研制近期已经取得突破[61]。该燃机燃烧器采用双级旋流、轴向分级的燃烧技术，值班和两级主燃料参与调节控制，在保证燃烧稳定的前提下实现了低 NO_x 排放。

三、国内外发展比较

国外长期开展燃烧室燃烧机理及数值模拟、实验研究，积累了丰富的经验，已发展了综合的研究和设计体系，研制的燃烧室在多款先进发动机上得到广泛的工程应用。例如，在先进低污染燃烧组织技术方面，美国通用电气（GE）公司的第三代 TAPS 技术已经在 GE 9X 上实现商用，污染排放水平进一步大幅降低。当前，我国航空发动机及燃气轮机研发已取得一定进展，但先进大推重比军用航空发动机和大型民航客机国产发动机距离真正配装尚需时日。在燃气轮机领域，我国重型燃气轮机（功率 50MW 以上）仍基本依赖引进。由于长期以"引进吸收、测绘仿制"为主，基础研究工作起步较晚[3]，我国在航空发动机和燃气轮机燃烧室相关的基础理论研究方面的技术积累相对薄弱，自主研发设计体系尚未建立起来。

目前，我国在以大分子碳氢燃料为主要代表的复杂燃料反应动力学研究方面已基本达到国际领先水平，在复杂气动热力条件下湍流燃烧耦合建模方法和理论研究方面基本与国外同步，在航空发动机和燃气轮机先进燃烧组织、燃烧不稳定性研究方面取得了一定的进展，但差距较大。因此，我国将长期处于总体追赶位置，在部分领域实现跟跑及并跑位置。需要清醒地认识到，由于长期以来对两机燃烧基础研究的重视不足，系统科学问题尚未完全解决，与国外先进水平相比存在明显差距。

（一）我国航空发动机和燃气轮机燃烧室设计能力与国外相比有较大差距

1. 航空发动机燃烧室设计能力与国外对比分析

从 20 世纪七八十年代开始，美欧等主要发动机强国对航空高温升和低排放燃烧室技术开始了研究布局，发展至今已有成熟的产品在役。无论在燃烧室性能还是旋流燃烧基础研究方面都有很好的积累。例如对分级旋流燃烧的内部流动、喷雾、化学反应进程、火焰释热分布等积累了大量的基础研究成果。而国内对分级旋流燃烧组织只有零星的流动、喷雾、火焰释热等基础研究。总的来看，国内技术发展滞后于国外，对高温升/低排放分级旋流燃烧的气动热力机理涉足较少，缺少达到更高技术成熟度所需要的知识储备，尤其是缺乏对分级旋流燃烧流动与火焰的复杂液雾湍流燃烧过程的高时空分辨率测试和分析，无法全面掌握并理解其中复杂的相互作用机制。

这些技术发展的滞后，也导致我国航空发动机燃烧室设计能力与美欧等主要发动机强国之间存在现实的差距，主要体现在以下几个方面：①燃烧室的研发方面，仍缺乏完善的设计体系，通常采用经验理论结合商用软件数值仿真的方法开展设计工作，而国外已建立了贯穿设计全流程的设计和仿真体系，自主开发了针对专项问题的设计软件，有效支撑了燃烧室的设计和方案优化；②在结构设计和材料应用上，国内基于耐高温材料的结构设计与国外有较大的差距，尤其是陶瓷基复合材料等新材料的结构设计仍未达到工程应用的水平；③燃烧试验方面，无论是试验设备、试验方法还是测试技术均与国外仍有较大的差距。试验器的压力、温度范围大多处在中、高压模拟试验的水平，测试的手段仍采用传统的接触式测试方法，获取的数据大多反映燃烧室宏观特性。而国外大部分的试验平台具备高压，甚至具备模拟真实燃烧室工作条件能力，近年来多种光学测试方法在试验中的应用，有效获得了燃烧室内部详细燃烧过程数据，并提升了测试的精度。

2. 燃气轮机燃烧室设计能力与国外对比分析

燃气轮机燃烧室主要指舰船燃气轮机燃烧室和重型燃气轮机燃烧室。对于舰船燃气轮机燃烧室，其在海军装备建设中具有特殊的地位，是海军大中型水面舰船和高性能潜艇的心脏。英、美、俄等海军大国在 20 世纪 60 年代明确提出了大中型水面舰船主动力全部采用燃气轮机的"全燃化"海军动力政策，从国外舰船燃气轮机的发展趋势看，高可靠性、高容积热负荷、低排放的燃烧室是各海军强国不懈追求的目标。我国与美、英、俄等领先国家相比仍存在差距。我国的两型舰船燃气轮机或引进、或仿制，没有完全自主设计。燃烧室作为燃气轮机的关键核心部件，其设计理论、模型、方法等还很不成熟、不完善，应用基础数据严重不足，无法满足高性能舰船燃气轮机自主保障和自主创新发展的急迫需要。主要差距体现在：①设计方法、流程不完整；②污染物排放未能满足环保法规要求；③工作稳定性、可靠性和寿命还有待大幅提高；④先进性技术有待突破；⑤设计体系未进行整机深化验证。

对于重型燃气轮机，国外已具有经充分验证的、成熟的设计体系、设计工具和经过大量试验验证与标定的准则，可支撑不同等级多种机型燃烧室产品研发。为突破"碳中和"需求下的燃烧问题，如高氢燃料火焰特性、氢燃气轮机火焰结构研究、氢燃烧稳定性、新燃烧概念等，实施了多项国家研究计划，例如美国的"先进透平"计划、高效氢燃气轮机前沿研究计划、欧洲的"地平线"计划等。国内方面，近年在国家相关计划的支持下，300MW 级 F 级燃烧室通过全温全压考核，NO_x 为 15ppm，达到国际主流 F 级燃气轮机水平；东方电气自主燃气轮机燃烧室应用于整机，支撑整机完成带负荷试验；多个高校、研究机构开展燃气轮机燃烧基础问题研究，发布了系列研究成果。

虽然国内研究取得了一系列显著成果，但是不可否认的是，我国的重型燃机与欧美国家的差距仍然很大。目前仅仅初步建立了自主设计体系，正在开展单元级、零部件级以及燃烧室及系列试验验证，通过逐步迭代积累自主设计能力、提升设计体系精度。仍需通过与基础研究、关键技术开发的结合，逐步夯实自主燃烧室设计能力，积累经验并培养自主设计队伍，满足自主创新需求。设计体系尚不健全，设计数据库与设计准则不完备问题仍然突出。

（二）国际上持续重视航空发动机与燃气轮机燃烧技术的发展

1. 复杂气动热力条件下燃烧场多参数原位在线诊断

国外的主要航空发动机及燃气轮机制造商以及研究单位已开展了大量的基于模型燃烧室的光学诊断实验，用于支撑燃烧室的设计优化、性能排故以及数值计算等相关工作。例如美国普渡大学、密歇根大学、辛辛那提大学等学术机构与通用电气、西门子等企业的联合团队就复杂气动热力条件下燃烧场测量搭建了多个模型燃烧室，并形成以粒子图像测速（PIV），平面诱导荧光光谱（PLIF）测量燃烧中间体，反斯托克斯拉曼光谱（CARS）以及吸收光谱（LAS）测温，主要燃烧组分浓度的多参数实时原位测量体系。此外，日本宇航局（JAXA）、德国宇航局（DLR）、法国宇航局（ONERA）等机构均建立了较为完备的燃烧测量实验平台，并各自发展了相应的燃烧诊断测量方法。

在测量方法的发展方面，目前国际主流方向是发展高频、高精度和高空间分辨的测量技术。例如，美国 Sandia 国家实验室将 CARS 测温技术从单点测量扩展到了一维甚至二维测量；美国的 Spectral Energy 公司也借由飞秒激光器、高频脉冲串激光器等设备将传统的 PIV、PLIF 等测量方法的测量帧频提高到了 100kHz 的量级，时间分辨率提升到数十飞秒至数个皮秒的量级。此外，建立健全激光光谱数据库也为宽温压范围的燃烧诊断研究提供了数据参考，例如欧美的多个研究团队也建立并正持续完善诸如 HITRAN、HITEMP、CARSFIT 等光谱数据库，为高温高压条件下的燃烧诊断研究提供了有效支撑。

相比之下，我国在这方面的工作尚处于起步阶段，针对复杂气动热力条件下燃烧场多参数原位在线诊断的相关研究并不充分，尤其在高频测量、高精度测量方面目前与国际领先研究差距较大。尚不能有效地、系统地支撑体系设计相关工作，开展模型燃烧室的光学诊断研究迫在眉睫。

2. 湍流燃烧物理过程建模和高保真高效数值模拟

早在 20 世纪 70 年代后期，航空工业发达的西方国家就相继制定并实施了针对航空发动机湍流燃烧的数值仿真计划。例如，美国先后实施了燃烧室模拟评估（CME）、国家燃烧计算模块（NCC）、先进模拟和计算（ASC）、燃烧室设计模拟评估（CDME）、推进系统数值仿真（NPSS）等一系列数值模拟领域的重大研究计划。各航空发动机制造商，如美国通用电气公司、普惠公司和英国罗罗公司等，也针对各自的工程研究需要，开发了专门的燃烧室性能仿真软件或物理仿真模型，并结合商用计算流体力学（CFD）程序（如 ANSYS Fluent）用于生产型和研究型燃烧室的性能预估，并指导燃烧室设计与研制。目前，燃烧室的工程数值模拟主要依靠传统的雷诺平均法（RANS），虽然在一定程度上可满足工程应用要求，但还达不到实际燃烧室设计及研究需要的精度。

美国国家航空航天局（NASA）在 2014 年发布了 CFD2030 年数值仿真发展愿景报告[62]，将发动机燃烧流场高保真、高效数值模拟列为四个 CFD 应用重大挑战性和亟待解决的问题之一。美国通用电气公司燃烧室设计（CCD）软件对下一代燃烧综合性能模拟计算工具的预测精度提出了更高要求，应用大涡模拟方法模拟发动机燃烧过程已逐渐成为发展趋势。国外目前在大力发展基于高精度数值模拟的燃烧室高保真数值模拟理论及技术，针对燃烧室内强旋流、三维特性、非定常、两相流等多物理耦合过程建模及多物理耦合的数值求解方法开展了大量的基础研究工作。国际上先进的航空发动机与燃气轮机公司，都纷纷开始进行燃烧室高保真数值仿真体系建设，如西门子公司的 STAR-CCM+ 和 OpenFOAM，

Safran 公司支持的 AVBP 和 YALES2，罗罗公司的 PRECISE-UNS，通用电气和普惠参与的 Cascade Charles。值得一提的是，欧洲科学计算研究中心 CERFACS 在最近十几年内完善并促进了燃烧大涡模拟在发动机研究中的应用，采用 AVBP 程序在 2008 年实现了对全环燃烧室的高精度大涡模拟研究[63]，2020 年发布了第一个 360 度全环真实发动机 DGEN380（包含从风扇到燃烧室的所有部件，应用大约 20 亿计算网格）的高保真数值模拟[64]。美国通用电气公司在 2015 年基于有限速率燃烧模型、应用 Fluent 商业软件实现了对航空发动机燃烧室的高精度大涡模拟，对发动机燃烧室的点火/熄火、雾化燃烧过程和出口温度分布、燃烧不稳定性、污染物生成等重要的工程实际问题进行了模拟。

3. 航空发动机先进燃烧组织

针对先进航空发动机燃烧室高温升与低排放燃烧组织技术，国外开展了大量研究工作。从 20 世纪 80 年代以来，美国组织了综合高性能涡轮发动机技术（IHPTET）计划和通用经济可承受先进涡轮发动机（VAATE）计划，以及后续的支持经济可承受任务的先进涡轮发动机（ATTAM）计划，对高温升燃烧室开展了相关基础研究，提出了如多级旋流燃烧、驻涡燃烧和超紧凑燃烧等高油气比燃烧技术方案，发展了相关的燃烧室设计方法，开展了新型耐高温材料（尤其是复合材料）的燃烧室结构设计和工程应用研究。着重在高温升/高油气比燃烧空气流动、高温燃油喷射和燃烧主动控制等理论研究方面开展大量基础研究工作，以及相应的子系统发展及验证，如换热器、高温燃油喷嘴和主动控制燃烧室模块等。这些基础研究成果和验证成果的应用，使高温升/高油气比燃烧室达到更高出口燃气温度和更高的燃气温度分布均匀度，有效支撑了高推重比发动机的研制。

欧洲也先后组织了先进核心军用发动机（ACME）和军用发动机技术（AMET）计划，包括正在实施的下一代欧洲战斗机发动机（NEFE）计划。这些大型研究计划的巨额投入，将使军用航空发动机的推重比提升到 15—20 一级，有效提升涡轮前温度并降低发动机的油耗和制造成本。

美欧等国的上述研究计划均针对新一代军用飞机追求高机动、超声速巡航和短距起飞/垂直降落等性能需求，提出高油气比燃烧组织方式，发展了适用于先进燃烧室设计的气动、结构设计方法，完善了燃烧室设计体系，验证了相关设计方法的工程适用性，推动了燃烧室设计技术的快速发展。

在发展军用航空发动机技术的同时，美欧等主要发动机强国对民用航空发动机低排放燃烧技术也开展了广泛、持续的研究。在美国先进亚声速运输（AST）和超高效率能源技术（UEFT）计划支持下，通用电气公司双旋预混旋流燃烧（TAPS）低排放燃烧组织从概念提出发展到型号应用，技术成熟度达到 9 级，其 LTO 的 NO_x 排放较 CAEP/6 标准降低 50%—60%，成为当前最先进的低污染燃烧室[65]。普惠公司的 TALON X 属于 RQL 燃烧组织方式，达到较 CAEP/6 标准降低 50% 的水平。

欧盟组织的清洁天空项目（Clean Sky）[66]、可持续运输的燃油喷嘴研究项目

（FIRST）和燃烧室涡轮气热耦合作用项目（FACTOR）等在低排放燃烧组织技术、燃油喷嘴雾化诊断方法、数值仿真方法、雾化机理和发动机部件耦合作用方面开展了大量研究工作。罗罗公司发展了 LDI 燃烧组织方式，达到较 CAEP/6 标准降低 50% 的水平；TM 公司发展了基于 LPP 燃烧组织的回流低污染燃烧室，NO_x 排放较 CAEP/6 标准降低 40%，均有效支撑了新型燃烧技术的开发和未来更低排放燃烧室的设计。

4. 燃气轮机高效低碳燃烧组织

针对燃气轮机高效低污染燃烧室燃烧组织技术，国外已经开展大量研究工作，对于低碳燃料的燃烧组织问题，则在近期更加受到重视。目前，国际上出现了针对中低热值燃料低排放燃烧的新型燃烧组织方式，包括柔和燃烧、微混燃烧等。美国能源部在 2005 年同时启动为期 6 年的"先进 $IGCC/H_2$ 燃气轮机"项目[67]和"先进燃氢透平的发展"项目[68]。欧盟 2007 年启动了"高效低排放燃气轮机和联合循环"重大项目，以氢燃料燃气轮机为主要研究对象，预期为未来的近零碳排放和二氧化碳捕获利用能源系统打下理论基础[69]。在 2008 年又把"发展高效富氢燃料燃气轮机"作为一项重大项目，旨在加强针对富氢燃料燃气轮机的研究，为 2015 年实现其近零排放煤基 IGCC 系统奠定基础[70]。日本将高效富氢燃料 IGCC 系统的研究作为未来基于氢的清洁能源系统的一部分列入其为期 28 年的"新日光计划"中，以效率大于 60% 的低污染煤基 IGCC 系统为目标展开研究[71]。

此外，由于燃气轮机特别是重型燃气轮机发电是能源动力领域重要的碳排放来源，围绕碳中和的紧迫需求，替代化石燃料的低碳/零碳排放燃料燃气轮机燃烧技术已经成为全球主要燃气轮机 OEM 重点布局的发展方向。GE 7HA 燃机采用最新升级的 DLN 2.6e 燃烧系统已经实现 50% 氢气掺混比例的可靠燃烧。2020 年 5 月，日本 KHI 公司已经开始测试其干式低污染纯氢燃机，其燃烧室采用微混合燃烧组织技术，可实现满负荷工况下 $NO_x \leqslant 17ppm$。近年来，日本东北大学在日本政府"跨部门战略创新促进计划：能源载体"等科技计划的支持下，对氨气掺烧甲烷的旋流火焰开展了一系列研究，获得了利用甲烷调控下氨气的燃烧性能，并在微型燃气轮机上进行了验证[72]。英国卡迪夫大学研究了氨气掺氢及水蒸气条件下的燃烧特性[73]，发展了含氮自由基组分的光学测量方法[74]。另外，沙特 KAUST 学者拓展研究了高压条件下氨气的燃烧特性[75]。针对低热值生物质气体火焰稳定性差的问题，国际上主要采用了多孔介质燃烧技术[76]及无焰燃烧技术[77]对燃烧进行了强化，有效地拓展了稳定燃烧边界。

（三）我国在燃烧反应动力学和湍流燃烧基础研究方面取得了重要的创新成果

我国学者针对基元反应动力学参数计算精度和耗时匹配难题，提出了 ONIOM 和能量分块高效速率常数计算理论方法，突破了大分子碳氢燃料高精度速率常数计算瓶颈，开发了全量子力学反应力场计算平台，与国际通用方法相比，相同精度下计算时长降低 1 个数量级。发展了高灵敏度光电离质谱测量方法结合超声分子束取样技术，提出了活性物种介入方法，实现了燃烧活泼中间产物浓度和低温点火延迟期的定量测量，突破了短寿命燃烧中间物种测量难题，为燃烧低温氧化理论发展提供实验证据。针对我国航空煤油基础燃烧数据库的不完善问题，集成国内优势基础燃烧平台，建立了多物理场（300—2000K，0.04—40atm）、宽时域航油燃烧性能宏观/微观基础表征参数数据库（1343 个数据集、>30000 数据点），提出了灵敏性熵和替代模型相似性燃烧模型优化方法，集成燃烧反应数据库、机理自动生成程序（ReaxGen）和机理简化程序，建成了我国第一个燃烧数据共享及在线建模平台，实现了实验资源的高效利用和燃烧反应机理的在线建模，建立了我国航油高保真动力学模型，对燃烧参数预测性能均优于国外模型。

在燃烧测量方面，我国学者揭示了激光与燃烧场介质相互作用机理，构建了宽压强范围燃烧场参数反演物理模型，发展了湍流燃烧多场多参数高时空分辨测量新方法，建立了独立自主的湍流燃烧实验测量平台；突破了极端条件下湍流燃烧场参数高精度定量测量技术瓶颈，成功应用于宽工况运行发动机模型燃烧室关键燃烧参数的定量测量，在发动机燃烧组织研究和燃烧数值仿真实验验证中发挥了重要作用。发展了第三代定压双腔球形火焰实验台，首次观测到了引起球形火焰锋面不稳定性的火焰传播速度多级加速现象，揭示了火焰胞状结构的生长/分裂和湍流对火焰传播速度的增强机制，建立了均匀各向同性湍流和近壁面下湍流火焰传播速度标度律。

在湍流燃烧理论及模拟方面，我国学者针对湍流燃烧场定量表征的难点，研究将涡面场方法拓展至湍流燃烧，获得了火焰对湍流的影响规律，首次在燃烧中定量表征了连续演化涡面结构，发现已燃区中涡面融合为大尺度涡结构，而在未燃侧涡面则卷并为拉伸扭曲的小尺度涡管。针对高保真湍流燃烧建模，研究揭示了不同燃烧模态下的反应标量小尺度混合机制，发展了基于湍流–化学反应协同控制的标量混合模型，同时发展了概率密度函数等方法中非线性化学反应源项高效计算方法，改进了动态二阶矩、火焰面等模型，显著改善了湍流燃烧数值模拟预测结果。同时提出了湍流燃烧数值模拟的敏感性分析方法，量化了关键化学反应途径随湍流强度的演变规律，建立了分析稳燃、点熄火等关键发动机燃烧问题的控制物理过程方法体系。

四、我国发展趋势与对策

瞄准国际燃烧研究前沿，面向两机技术需求，以航空发动机和燃气轮机燃烧的共性科学问题为核心，以燃烧反应动力学、湍流燃烧学和发动机燃烧研究为基础，在理论和方法的源头创新上寻求突破；揭示燃烧反应和湍流燃烧本质规律，发展湍流燃烧新模型和在线测量新手段，为我国航空发动机和燃气轮机燃烧室自主研发体系的建立和发展提供支撑。通过相对稳定和较高强度的支持，吸引和培育一支具有国际先进水平的研究队伍；开展学科交叉的创新研究，促进我国发动机燃烧研究水平的整体提升。

（一）继续开展重大需求导向的燃烧学基础研究

面向航空发动机和燃气轮机实际燃烧问题，重视开展湍流燃烧与多物理场耦合理论研究，发展系列标准燃烧室模型平台，发展高精度测量及模拟方法；聚焦湍流小尺度各向异性特征与湍流燃烧速率的耦合，揭示多尺度湍流燃烧的物理和化学机制，发展湍流燃烧理论模型。具体目标包括：在燃烧反应微观机制和动力学计算方法、大分子碳氢燃料宽范围燃烧反应机理、湍流和化学反应相互作用机理、极端条件燃烧稳定机理、湍流燃烧数值模拟新算法等方面取得创新性研究成果；构建燃烧反应机理和热动力学参数的数据共享平台，推动高保真燃烧数值模拟软件和高分辨率多场（流场、温度场和组分浓度场）同步测量平台发展，支撑两机燃烧室自主研发体系建立，推动我国航空发动机和燃气轮机燃烧专业发展。

发展航空煤油及航空替代燃料反应动力学建模、简化和关键化学反应途径调控方法，研究极端条件下结焦积碳、氮氧化物和碳烟等生成机制和抑制途径。发展低热值及低碳气体燃料反应动力学建模、简化和关键化学反应途径调控方法，研究化学活性强化、氮氧化物生成机制和耦合调控途径。

在结焦积碳、氮氧化物和碳烟等生成机制和抑制途径方面，重点开展航空煤油及其替代燃料高温宽压力范围热解及富燃燃料燃烧过程中碳质颗粒生成的颗粒动力学模型，包括成核、颗粒表面生长和氧化、颗粒凝并与聚并等过程的理论、实验及模型研究。为抑制喷嘴内外表面航空煤油燃料结焦沉积，重点开展氧化结焦生成规律和影响机制研究、高温热裂解结焦机理研究、表面结焦积碳沉积建模研究和超临界压力下多相流动/结焦/沉积耦合作用研究，从而获得结焦生成的规律以及超临界流动/反应/沉积相互耦合作用机制，获得抑制结焦的最优参数和有效措施。

发展适用于近真实工况下（高温、高压、高速等）的多维度/多参数原位在线诊断方法和技术。革新现有激光吸收谱测量技术，从原位测量稳定性、极端条件下的可行性、准确性和多参数协同性等方面实现突破，实现目标包括多点（进气口、燃烧室、排气口等）、多维度（单点、一维、二维和三维）、多参数（温度、多组分浓度、速度、质量流量等）的高速、原位、协同测量，为动力系统的性能测试、计算模型验证以及实时反馈控制等相关应用发展提供重要支撑。同时大力发展适用于发动机燃烧室恶劣环境的测量技术和数据处理方法，探索快速、低成本的燃烧不稳定性过程诊断方法，针对部分关键问题发展基于物理过程低维建模的在线控制、诊断和优化的理论和方法。

开展复杂气动条件下航空燃料的湍流燃烧物理过程建模和高保真、高效数值模拟研究。重点研究大涡模拟方法/联合雷诺平均－大涡模拟结合方法；针对航空发动机实际工况下所涉多种燃烧模态，发展自适应分区通用燃烧模型；研究燃烧室内强旋流条件下两相湍流燃烧和化学反应的耦合机制，发展考虑初次雾化过程的气液耦合模型；发展高压、高温条件下气体辐射特性模型，结合碳烟生成辐射模型和固壁耦合传热模型，形成大涡模拟框架下的湍流–燃烧–辐射相互作用的耦合物理求解模型；研究自适应燃烧模型、气液两相模型、辐射模型相耦合的高精度大涡模拟求解方法；发展针对不同物理过程（如雾化/蒸发、化学反应、辐射）的在线自适应并行算法，实现针对火焰区域空间分布复杂、强瞬态特性的最佳分配效果；发展针对各类仿真误差的评价方法（如不确定性分析方法），评估反应机理和物理模型对关键燃烧参数预测结果的影响，并依据 CFD 可信度的相关概念建立软件验证与确认的方法、流程和规范。

（二）牢牢把握宽速域航空发动机以及低碳/零碳燃气轮机发展的重大机遇

未来航空发动机面临宽速域和强瞬变条件下的高效稳定燃烧问题，需要发展新的燃烧系统架构，提出下一代燃烧系统设计体系，寻求先进的非定常燃烧控制方法和技术来保持或拓展燃烧稳定边界，进而对发动机的瞬态响应或调节赋予更高级别的能力，同时优化燃烧室污染排放和出口温度分布，这是未来发动机燃烧领域国内外前沿基础研究和工程技术研究的热点。先进军、民用航空发动机的燃烧室特点分别是高温升和低排放，燃烧组织以分级旋流燃烧为主，涉及的基本物理现象包括预燃级燃油喷射后的输运、主燃级燃油喷射后分布均匀性、主/预燃级火焰耦合等，需要在基础研究方面投入资源，发展若干基础理论，丰富和发展燃烧学、空气动力学、传热传质学等基础理论，建立航空发动机非定常液雾湍流燃烧知识体系，支撑下一代航空发动机燃烧室设计体系的发展。

揭示复杂气动、苛刻环境和过渡态工况等条件下的高效稳定燃烧组织的物理机制，重点研究不同来流工况下（不同温度、旋流条件等）燃油喷嘴交叉射流中非定常强湍流两相流动、雾化/蒸发等多物理过程相互作用机制；揭示喷嘴在不同气热环境下的燃油雾化特性及演化机制，研究稳态及变工况冷态及燃烧条件下燃油雾化与掺混特性；揭示旋流火焰稳定的物理机制以及旋涡演化特性，研究扩展火焰稳定边界的方法及物理机制；研究 NO_x 和碳烟等污染物产生、排放及抑制机理，揭示污染物与气动热力的相互影响机制；研究分级燃烧的火焰稳定模式及主要影响机制，为航空发动机低排放燃烧组织和火焰稳定增强机制奠定基础。

针对燃烧室宽速域和极端条件诱发的燃烧不稳定性问题，分解燃烧室中的各类非定常扰动源及其传播机制，研究燃烧室流动、声波、湍流燃烧相互作用规律以及非定常释热机制，揭示热声振荡随空间几何结构、火焰组织、燃料组分等变化的规律。重点对旋流火焰、多火焰相互作用及钝体尾迹火焰等开展相关数值模拟、理论分析以及先进实验测量工作，建立燃烧和声波耦合的多物理场模型，并结合被动控制和主动控制技术的特点，探索热声不稳定性的有效抑制方法。

针对航空发动机可靠点火及火焰稳定和传播等关键问题，重点开展极端气动热力条件、强湍流下液态航空燃料点火及火焰传播机理研究，揭示湍流与化学耦合作用机理，发展物理模型,预测点火、自燃、回火及贫燃熄火边界,为燃烧室设计提供依据和有效工具;建设高压高温实验台,探索压力与温度对点火、自燃、回火与贫燃熄火特性的影响,形成工程可用的基础数据库和准则;针对加力燃烧室和高温升燃烧室中传统电火花点火困难的问题,开展等离子体点火以及催化点火等新型点火方式机理研究,提供技术储备。

针对先进高温升 / 低排放燃烧室对出口温度分布要求更加均匀的技术挑战,开展机理探索、规律认识、理论构建、敏感性分析、预估模型、调控方法等研究,通过建立并发展相关的理论、模型和方法,发展燃烧室出口温度分布调控新方法。通过调控火焰动态结构和释热场空间分布,实现高温升燃烧室出口温度分布控制。同时建立并丰富以数据、规律、机理和模型等为载体的基础知识体系,构建不同层次的分级旋流燃烧预测模型,进而支撑航空发动机高温升 / 低排放燃烧室设计体系的发展。

未来燃气轮机的发展将进一步强调清洁低碳、安全高效和燃料灵活等需求,特别是基于低碳 / 零碳灵活燃料的高效安全燃烧组织技术。灵活燃料组分多样、燃烧特性迥异,为克服燃气轮机宽工况下灵活燃料的点火、自燃、回火、热声振荡等问题,需重点突破燃料喷射与掺混、富氢燃料微混燃烧、稳定燃烧组织模式等问题,形成高效、安全的燃烧组织,发展可以提高联合循环效率的燃烧技术,发展高效、稳定、可靠的氢氧燃烧新燃烧室构型。为满足燃机在更高循环热效率下的污染物排放要求,需探明高温高压下的燃料燃烧基础特性和污染物排放特性,进而发展新型燃烧污染物排放抑制技术,以具备近零排放清洁燃烧能力。针对未来低碳 / 零碳燃机宽功率范围运行以及间歇性可再生能源灵活并网需求,需进一步发展快空间分布式多模态燃烧调整技术,以提升燃机整体瞬态响应能力。此外,针对未来燃烧室数字化设计技术发展需求,需要开展复杂流固热耦合机理研究,构建高精度燃烧模型,发展流固热耦合计算方法,并形成能够考虑复杂流固热耦合的燃烧室数字化设计技术。

（三）高度重视燃烧学科和相关学科的交叉融合发展

当前,学科交叉已呈现蓬勃态势,燃烧作为涉及复杂流动、化学反应、传热传质过程的重要问题,与其他相关学科的交叉融合发展是产生新的学科前沿增长点的重要途径。未来航空发动机和燃气轮机燃烧研究人员可在如下交叉领域里开展交叉研究。

在燃烧学科和化工学科的交叉方面,可再生合成燃料的制备与应用是未来能源动力领域实现碳达峰和碳中和目标的重要途径。利用太阳能、风能、生物质能等可再生能源,转化利用二氧化碳并设计出适合高效清洁燃烧的合成燃料,实现 $CO_2+H_2O=C_xH_yO_z$ 的分子转换,生产合成甲烷、醇醚燃料、烷烃柴油、航空燃油等可再生合成燃料。主要研究方向包括光热转化二氧化碳合成燃料、电催化还原二氧化碳合成燃料、生物转化二氧化碳合成燃料、可再生合成燃料等在航空发动机和燃气轮机中的高效清洁燃烧。

在燃烧学科和物理、化学学科的交叉方面,需要关注涉及复杂物理和化学过程的新型燃烧技术的发展。以等离子体点火及强化燃烧技术为例，极端条件或大幅度机动时航空发动机、超燃冲压发动机等易发生点火困难、空中熄火、燃烧强度低等问题，高效点火和燃烧强化方法至关重要。等离子体装置消耗的工质流量低，可以产生高温电离气体和活性离子，这些自由基能够在集中的空间内提供高温和高化学反应活性的自由基，从而缩短了燃料的点火延迟时间、提高了燃烧反应速度。等离子体点火及强化燃烧的物理和化学机制及该技术在发动机点火及稳燃领域的应用需要进一步探索。

在燃烧学科与信息学的交叉方面，探究 CFD 模型与机器学习算法的耦合机制，基于CFD 和机器学习相融合的方法，在确保模拟精度的前提下大幅提升 CFD 数值模拟速度。在宽运行工况下，进行燃烧室动态参数智能调节研究，结合飞行工况、燃烧室入口条件，实时调节各项喷注、点火等参数，或者结合深度学习，完成自适应参数调节。建立一套完整的燃烧室性能实时监测体系，并基于此实现宽运行工况下燃烧室输入参数的动态调节，实现燃烧室性能最优。

在燃烧学科与仪器学的交叉方面，建设极端条件航空发动机和燃气轮机燃烧研究装置，研制先进的高频、高能激光光源系统以及适用于发动机极端燃烧工况的先进激光光学和光谱测量系统，开发近真实工况雾化蒸发实验台、点熄火实验台和燃烧实验台，为进一步认识和揭示燃烧室内的复杂湍流燃烧机理提供实验技术支撑。开发新型质谱技术，对燃烧过程中活泼自由基和中间产物进行高质量分辨在线探测。

在燃烧学科与工业软件的交叉方面，开发具有完全自主知识产权的国产工业软件，包括 CFD 软件、化学反应流计算软件、燃烧室数字化设计软件、燃烧室动态运行参数监控软件等，打破欧美发达国家在工业软件上的垄断，实现我国在航空发动机和燃气轮机燃烧室设计研发过程中工业软件的自主可控。

参考文献

［1］ 中华人民共和国中央人民政府. 中华人民共和国国民经济和社会发展第十四个五年规划和 2035 年远景目标纲要［EB/OL］.［2021.04.27］. http://www.gov.cn/xinwen/2021–03/13/content_5592681.htm.

［2］ 尚守堂，程明，李锋，等. 低排放长寿命燃烧室关键技术分析［J］. 航空制造技术，2009，（2）：32–36.

［3］ 吴大观. 发人深省的航空喷气发动机发祥史——兼谈预先研究的基础作用［J］. 中国工程科学，2000，2（1）：77–80.

［4］ National Academies of Sciences E, and Medicine. Advanced Technologies for Gas Turbines［M］. Washington, DC：The National Academies Press，2020.

［5］ 周建华，刘英. 中国航发燃气轮机发展现状［J］. 航空动力，2019，7（2）：62–65.

［6］ Wang GQ, Li YY, Yuan WH, et al. Investigation on Laminar Burning Velocities of Benzene, Toluene and Ethylbenzene Up to 20 Atm［J］. Combustion and Flame，2017，184：312–323.

［7］ Zhang XY，Ye LL，Li YY，et al. Acetaldehyde Oxidation at Low and Intermediate Temperatures：An Experimental and Kinetic Modeling Investigation［J］. Combustion and Flame, 2018, 191：431–441.

［8］ Cao C，Zhang X，Zhang Y，et al. Probing the Fuel–specific Intermediates in the Low–temperature Oxidation of 1–heptene and Modeling Interpretation［J］. Proceedings of the Combustion Institute, 2021, 38（1）：385–394.

［9］ Zeng MR，Yuan WH，Wang YZ，et al. Experimental and Kinetic Modeling Study of Pyrolysis and Oxidation of N–decane ［J］. Combustion and Flame, 2014, 161（7）：1701–1715.

［10］ Zou JB，Zhang XY，Li YY，et al. Experimental and Kinetic Modeling Investigation on Ethylcyclohexane Low–Temperature Oxidation in a Jet–stirred Reactor［J］. Combustion and Flame, 2020, 214：211–223.

［11］ Yuan WH，Li YY，Dagaut P，et al. Investigation on the Pyrolysis and Oxidation of Toluene Over a Wide Range Conditions. I. Flow Reactor Pyrolysis and Jet Stirred Reactor Oxidation［J］. Combustion and Flame, 2015, 162（1）：3–21.

［12］ Yuan WH，Li YY，Dagaut P，et al. A Comprehensive Experimental and Kinetic Modeling Study of N–propylbenzene Combustion［J］. Combustion and Flame, 2017, 186：178–192.

［13］ Zheng D，Yu WM，Zhong BJ. RP–3 Aviation Kerosene Surrogate Fuel and the Chemical Reaction Kinetic Model［J］. Acta Physico–Chimica Sinica, 2015, 31（4）：636–642.

［14］ Mao YB，Yu L，Wu ZY，et al. Experimental and Kinetic Modeling Study of Ignition Characteristics of Rp–3 Kerosene Over Low–to–high Temperature Ranges in a Heated Rapid Compression Machine and a Heated Shock Tube ［J］. Combustion And Flame, 2019, 203：157–169.

［15］ Zhang XY，Li YY，Cao CC，et al. New Insights into Propanal Oxidation at Low Temperatures：An Experimental and Kinetic Modeling Study［J］. Proceedings of the Combustion Institute, 2019, 37（1）：565–573.

［16］ Zhang XY，Wang GQ，Zou JB，et al. Investigation on the Oxidation Chemistry of Methanol in Laminar Premixed Flames［J］. Combustion and Flame, 2017, 180：20–31.

［17］ Zhang XY，Lailliau M，Cao CC，et al. Pyrolysis of Butane–2，3–dione from Low to High Pressures：Implications for Methyl–related Growth Chemistry［J］. Combustion and Flame, 2019, 200：69–81.

［18］ Tian ZY，Li YY，Zhang LD，et al. An Experimental and Kinetic Modeling Study of Premixed Nh3/Ch4/O–2/Ar Flames at Low Pressure［J］. Combustion and Flame, 2009, 156（7）：1413–1426.

［19］ Mei BW，Zhang XY，Ma SY，et al. Experimental and Kinetic Modeling Investigation on the Laminar Flame Propagation of Ammonia Under Oxygen Enrichment and Elevated Pressure Conditions［J］. Combustion and Flame, 2019, 210：236–246.

［20］ Han XL，Wang ZH，He Y，et al. Experimental and Kinetic Modeling Study of Laminar Burning Velocities of Nh3/Syngas/Air Premixed Flames［J］. Combustion And Flame, 2020, 213：1–13.

［21］ Mei BW，Ma SY，Zhang Y，et al. Exploration on Laminar Flame Propagation of Ammonia and Syngas Mixtures Up to 10 atm［J］. Combustion and Flame, 2020, 220：368–377.

［22］ Tang C，Zhang Y，Huang Z. Progress in Combustion Investigations of Hydrogen Enriched Hydrocarbons［J］. Renewable & Sustainable Energy Reviews, 2014, 30（Complete）：195–216.

［23］ 徐纲，俞镔，雷宇，等. 合成气燃气轮机燃烧室的试验研究［J］. 中国电机工程学报，2006，26（17）：100–105.

［24］ 于宗明，吴鑫楠，邱朋华，等. 燃气轮机富氢燃料预混燃烧实验研究［J］. 中国电机工程学报，2017，37（5）：168–176.

［25］ 周永浩，张宗岭，胡思彪. NH₃/H₂ 预混旋流火焰稳定性及燃烧极限实验研究［J］. 工程热物理学报，2021，42（1）：246–250.

［26］ 余超. 中低热值气体燃料锥形稳燃装置数值和实验研究［D］. 中国科学院研究生院（工程热物理研究所），2014.

[27] 胡宏斌，徐纲，房爱兵，等. 非平衡等离子体助燃低热值气体燃料 [J]. 工程热物理学报，2010，（9）：1603-1606.

[28] 王于蓝，范雄杰，高伟，等. 航空发动机燃烧室光学可视模型试验件及其流场测量研究进展 [J]. 实验流体力学，2021，35（1）：18-33.

[29] 胡志云，张振荣，王晟，等. 用于湍流燃烧温度测量的激光诊断技术 [J]. 气体物理，2018，3（1）：1-11.

[30] 邱聪聪，曹亮，陈晓龙，等. 冲压发动机羽流温度 TDLAS 在线测量系统 [J]. 仪器仪表学报，2021，42（3）：70-77.

[31] 黄安，许振宇，夏晖晖，等. 波长调制吸收光谱技术的燃气轮机燃烧室温度组分二维分布测量方法 [J]. 光谱学与光谱分析，2021，41（4）：1144-1150.

[32] 杨文斌，齐新华，王林森，等. 基于 CARS 技术的超燃冲压发动机点火过程温度测量 [J]. 气体物理，2020，5（2）：8-13.

[33] Sun Y, Sun M, Zhu J, et al. PLIF Measurements of Instantaneous Flame Structures and Curvature of an Acoustically Excited Turbulent Premixed Flame [J]. Aerospace Science and Technology，2020，104：105950.

[34] 吴戈，李韵，万明罡，等. 平面激光诱导荧光技术在超声速燃烧火焰结构可视化中的应用 [J]. 实验流体力学，2020，34（3）：70-77.

[35] 苏铁，陈爽，杨富荣，等. 双色平面激光诱导荧光瞬态燃烧场测温实验 [J]. 红外与激光工程，2014，43（6）：1750-1754.

[36] 闫博，李猛，陈力，等. 基于滤波瑞利散射技术的带压燃烧场温度测量实验研究 [J]. 实验流体力学，2019，33（4）：27-32.

[37] Yu T, Liu H, Zhang J, et al. Toward Real-time Volumetric Tomography for Combustion Diagnostics via Dimension Reduction [J]. Optics Letters，2018，43（5）：1107-1110.

[38] Yang Z, Wang S, Zheng J, et al. 20 kHz Dual-plane Stereo-PIV Measurements on a Swirling Flame Using a Two-Legged Burst-mode Laser [J]. Optics Letters，2020，45（20）：5756-5759.

[39] 张亮，刘建国，阚瑞峰，等. 基于可调谐半导体激光吸收光谱技术的高速气流流速测量方法研究 [J]. 物理学报，2012，61（3）：226-232.

[40] 张大源，李博，高强，等. 飞秒激光光谱技术在燃烧领域的应用 [J]. 实验流体力学，2018，32（1）：1-10.

[41] Wang S, Liu X, Wang G, et al. High-repetition-rate Burst-mode-laser Diagnostics of an Unconfined Lean Premixed Swirling Flame Under External Acoustic Excitation [J]. Applied Optics，2019，58（10）：C68-C78.

[42] 杨金虎，刘存喜，刘富强，等. 分级燃烧室预燃级旋流组织对点熄火性能影响的试验研究 [J]. 推进技术，2019，40（9）：2050-2059.

[43] 吴浩玮，陈浩，刘存喜，等. 预燃级内级旋流对燃烧室点/熄火性能的影响 [J]. 燃烧科学与技术，2017，23（6）：560-566.

[44] You J, Yang Y. Modelling of the Turbulent Burning Velocity Based on Lagrangian Statistics of Propagating Surfaces [J]. Journal of Fluid Mechanics，2020，887.

[45] Xia Z, Han X, Mao J. Assessment and Validation of Very-Large-Eddy Simulation Turbulence Modeling for Strongly Swirling Turbulent Flow [J]. AIAA Journal，2020，58（1）：148-163.

[46] Yang T, Xie Q, Zhou H, et al. On the Modeling of Scalar Mixing Timescale in Filtered Density Function Simulation of Turbulent Premixed Flames [J]. Physics of Fluids，2020，32（11）.

[47] Bahr D W. Technology for the Design of High Temperature Rise Combustors [J]. Journal of Propulsion and Power，1987，3（2）：179-186.

[48] ICAO. Annex 16 to the Convention on International Civil Aviation – Environmental Protection – Volume II：Aircraft Engine Emissions [J]，2008.

［49］ Wang G，Liu X，Li L，et al. Investigation on the Flame Front and Flow Field in Acoustically Excited Swirling Flames with and without Confinement［J］. Combustion Science and Technology，2019：doi：10.1080/00102202.2019.1678388.

［50］ Gao Y，Yang X，Fu C，et al. 10 kHz Simultaneous PIV/PLIF Study of the Diffusion Flame Response to Periodic Acoustic Forcing［J］. Applied Optics，2019，58（10）：C112-C120.

［51］ Han X，Laera D，Yang D，et al. Flame Interactions in a Stratified Swirl Burner：Flame Stabilization，Combustion Instabilities and Beating Oscillations［J］. Combustion and Flame，2020，212：500-509.

［52］ 王思睿，刘训臣，李磊，等. 分层比对分层旋流火焰稳定模式及流动结构的影响［J］. 空气动力学学报，2020，38（3）：619-628.

［53］ Xu L，Zheng J，Wang G，et al. Investigation on the Intrinsic Thermoacoustic Instability of a Lean-premixed Swirl Combustor with an Acoustic Liner［J］. Proceedings of the Combustion Institute，2021，38（4）：6095-6103.

［54］ Song H，Han X，Su T，et al. Parametric Study of the Slope Confinement for Passive Control in a Centrally-staged Swirl Burner［J］. Combustion and Flame，2021，33：121188.

［55］ 葛冰，田寅申，臧述升. 氢燃料双旋流燃烧火焰结构特性的可视化实验研究［C］. 中国工程热物理学会燃烧学学术年会，2014.

［56］ 张海龙. 合成气微混合燃烧流动特性分析［D］. 华北电力大学（北京），2016.

［57］ 李少帅. 合成气混合与燃烧特性的数值与实验研究［D］. 清华大学，2017.

［58］ 姜延欢. 合成气预混火焰稳定性及传播特性研究［D］. 北京交通大学，2019.

［59］ 陈铮. 氨气预混火焰 NO 生成特性实验与模拟［D］. 哈尔滨工业大学，2020.

［60］ 葛冰，田寅申，柳伟杰，等. 燃气轮机合成气双旋流非预混燃烧室的设计及实验测试［J］. 工程热物理学报，2014，35（11）：2317-2321.

［61］ 张彧希，余如波. 我国首台 F 级 50MW 重型燃气轮机实现满负荷稳定运行［N］，四川日报，2020-11-29.

［62］ Slotnick J，Khodadoust A，Alonso J，et al. CFD Vision 2030 Study：A Path to Revolutionary Computational Aerosciences［R］. Mchenry County Natural Hazards Mitigation Plan，2014.

［63］ Gicquel LYM，Staffelbach G，Poinsot T. Large Eddy Simulations of Gaseous Flames in Gas Turbine Combustion Chambers［J］. Progress in Energy and Combustion Science，2012，38（6）：782-817.

［64］ Arroyo CP，Dombard J，Duchaine F，et al. Large-Eddy Simulation of an Integrated High-Pressure Compressor and Combustion Chamber of a Typical Turbine Engine Architecture［C］. Proceedings of the ASME Turbo Expo 2020：Turbomachinery Technical Conference and Exposition，2020：V02CT35A058.

［65］ Mongia H. TAPS：A Fourth Generation Propulsion Combustor Technology for Low Emissions［C］. AIAA International Air and Space Symposium and Exposition：The Next 100 Years，2003.

［66］ Penanhoat O. Low Emissions Combustor Technology Developments in the European Programmes LOPOCOTEP and TLC［C］. 25th Congress of the International Council of the Aeronautical Sciences，2006.

［67］ York W，Hughes M，Berry J，et al. Advanced IGCC/Hydrogen Gas Turbine Development［R］. Department of Energy，USA，2015：1261809.

［68］ Bancalari E，Chan P，Diakunchak IS. Advanced Hydrogen Gas Turbine Development Program［C］. ASME Turbo Expo：Power for Land，Sea，& Air，2007.

［69］ EU Technology Platform. Recommendations for RTD，Support Actions and International Collaboration Priorities within the next FP7 Energy Work Program in Support of Deployment of CCS in European［R］. European Commission：The EU Technology Platform for Zero Emission Fossil Fuel Power Plants，2008.

［70］ Bemtgen J. FP7 Energy-Call 2008 Information and Brokerage Day，FP7 Innovation and Energy Technology［R］. European Commission：Framework Programmes for Research and Technological Development，2008.

［71］ Mitsugi C，Harumi A，Kenzo F. WE-NET：Japanese Hydrogen Program［J］. International Journal of Hydrogen

Energy，1998，23（3）：159-165.

［72］ Iki N，Kurata O，Matsunuma T，et al. NO$_x$ Reduction in a Swirl Combustor Firing Ammonia for a Micro Gas Turbine［C］．ASME Turbo Expo 2018：Turbomachinery Technical Conference and Exposition，2018.

［73］ Pugh D，Bowen P，Valera-Medina A，et al. Influence of Steam Addition and Elevated Ambient Conditions on No$_x$ Reduction in a Staged Premixed Swirling Nh$_3$/H$_2$ Flame［J］．Proceedings of the Combustion Institute，2019，37（4）：5401-5409.

［74］ Pugh D，Runyon J，Bowen P，et al. An Investigation of Ammonia Primary Flame Combustor Concepts for Emissions Reduction with OH*，NH$_2$* and NH* Chemiluminescence at Elevated Conditions［J］．Proceedings of the Combustion Institute，2021，38（4）：6451-6459.

［75］ Khateeb AA，Guiberti TF，Wang G，et al. Stability Limits and NO Emissions of Premixed Swirl Ammonia-air Flames Enriched with Hydrogen or Methane at Elevated Pressures［J］．International Journal of Hydrogen Energy，2021，46（21）：11969-11981.

［76］ Al-Hamamre Z，Diezinger S，Talukdar P，et al. Combustion of Low Calorific Gases from Landfills and Waste Pyrolysis Using Porous Medium Burner Technology［J］．Process Safety & Environmental Protection，2006，84（4）：297-308.

［77］ Hosseini S E，Wahid M A. Biogas utilization：Experimental Investigation on Biogas Flameless Combustion in Lab-Scale Furnace［J］．Energy Conversion & Management，2013，74（10）：426-432.

撰稿人：齐　飞　李玉阳　任祝寅　等

煤炭高效清洁低碳燃烧和利用发展研究

一、研究内涵与战略地位

（一）研究内涵

煤炭燃烧和利用是指煤炭作为燃料或原料与氧化剂或气化剂发生强烈化学反应、实现煤炭化学能释放或转化的过程，是化学反应、多相流动、传热传质等物理化学过程相互耦合的复杂过程。煤炭的燃烧和利用涉及均相和非均相燃烧、化学反应工程、催化化学、热力学、传热传质、多相流动等诸多领域和多门学科，研究内涵通常包括反应动力学、多相流体力学、传热传质、化学反应过程强化、热力循环、污染物生成机理和控制技术、碳捕集利用和封存等。

煤炭燃烧和利用的关键核心所在是提高煤的燃烧效率或利用过程的转化率和产品选择性、减少碳的排放、控制污染物的生成和排放。然而，煤中包含元素周期表中几乎所有元素，煤种变化万般、物化性能各异，煤炭燃烧和利用的高温过程具有其特殊的复杂性。与气体燃料或液体燃料的燃烧相比，煤燃烧涉及气固两相甚至多相化学反应，其燃烧过程所经历的物理化学变化更加复杂。煤燃烧领域的主要发展方向是"高效、清洁、低碳、智能"，包括：煤炭智能及灵活深度调峰发电技术、煤与可再生能源高效耦合发电、新型高效循环发电技术、低成本多污染物协同控制及资源化利用、碳捕集利用与封存。煤转化包括煤热解、煤气化和煤液化三种热转化技术，以及由上述三种技术结合、衍生出的煤炭分级转化的多联产系统技术。煤转化领域的主要发展方向是：煤制清洁低碳燃料，煤基大宗化学品、化工产品单体和材料中间体，煤转化过程污染物生成和控制，碳捕集利用与封存。

（二）煤炭高效清洁低碳燃烧和利用是生态发展和双碳目标的关键

我国能源结构呈现出"富煤贫油少气"的资源禀赋，煤炭占化石能源储量的96%。根据《世界能源统计年鉴》和中国煤炭工业协会的统计结果[1]，我国已探明的煤炭资源储量约占全球煤炭储量的13.4%，是世界上最大的煤炭生产与消费国。因此，以煤为主的能源结构是我国的基本国情。随着我国经济的不断增长，对煤炭等自然资源的需求量逐年上升。煤炭的开采与消耗同时带来了巨大的环境问题，如全球气候变暖、雾霾和酸雨等。如何用好丰储廉价的煤炭资源是新时期、新形势下必须解决的问题。《中国共产党第十九届中央委员会第五次全体会议公报》提出：未来我国"……能源资源配置更加合理、利用效率大幅提高，主要污染物排放总量持续减少，生态环境持续改善"。国家主席习近平代表中国政府在第75届联合国大会上提出："中国将提高国家自主贡献力度，采取更加有力的政策和措施，二氧化碳排放力争于2030年前达到峰值，努力争取2060年前实现碳中和。"可以预见，煤炭作为传统的高碳化石能源，在一次能源中的份额将逐步下降，但仍将发挥其能源基石的重要作用，对于深度调峰和灵活发电、能源安全等至关重要。因此，以煤炭的高效清洁低碳燃烧和利用为科技发展方向，坚持创新引领、绿色低碳、美丽生态发展理念，推进煤炭资源生产和消费革命，是我国能源发展的必经之路。

燃煤电站锅炉提供了我国70%以上的电力，实现煤炭的清洁、高效、低碳、智能发电是我国可持续发展战略的重大需求。提高煤的燃烧效率、开发先进热力循环方式、减少碳的排放、控制污染物的生成是解决煤燃烧问题的关键所在。另外，煤炭也是化工、钢铁、建材等基础工业重要的燃料和原料，煤制油、煤制气、煤制化学品等核心技术的突破对于我国降低油气能源对外依存度、提高能源安全度和稳健度、破解国民经济发展可能的桎梏等，具有重要的实际价值和战略意义。适应多煤种和低能耗的新型煤气化、液化和热解分质利用，以及煤基原料的前沿合成技术是当前煤转化领域的主要研究热点。

针对现存制约煤科学发展的重点问题，应深入贯彻落实党的十九大精神，以习近平新时代中国特色社会主义思想为指引，认真落实党中央、国务院决策部署，坚持"五位一体"总体布局和"四个全面"战略布局，加大投入推进煤炭由主导能源向基础能源的战略转变，形成煤炭清洁高效低碳利用技术体系，实现我国经济与能源的可持续发展战略。

二、我国的发展现状

在我国以煤为主的能源结构背景之下，"十五"以来，对高效燃煤发电、煤的清洁转化利用、污染物控制和碳捕集利用与封存技术等方面进行了持续支持，搭建了一批创新科技平台，培养和聚集了一批高水平科技创新人才和团队，取得了一系列重大突破与成果，有力推进了我国煤炭利用技术向高效清洁低碳的方向发展。目前，我国在燃煤发电技术领域已与国外同步，超超临界高效燃煤发电、主要污染物超低排放控制、煤炭转化技术等方面处于国际领先地位，煤炭超临界水气化制氢耦合发电技术、超临界 CO_2 布雷顿循环发电技术等取得初步进展，这些工作为煤炭高效清洁低碳燃烧和利用发展打下了坚实的基础。然而，部分核心技术、产业化及规模化生产方面与国际先进水平仍有一定差距，尤其是高效灵活智能发电、低成本多污染物联合脱除技术及碳捕集利用与封存技术还有距离，尚不能满足我国作为煤炭生产和消费大国的需要。

（一）煤炭高效灵活发电

自 20 世纪 80 年代以来，我国就已注意到煤炭的大量消耗将带来巨大的环境问题，以及提高煤燃烧效率和发电效率对于节能减排的巨大作用，开始推进煤炭高效发电的相关研究。近年来，为适应可再生能源的快速增长，高灵活性和智能化成为燃煤发电的重要发展目标，我国也逐渐开展高灵活性、智能燃煤发电技术的研发。在我国科技发展重点方向持续支持下，煤炭高效灵活发电技术有了显著的发展与进步，取得了重大突破与工程技术成果，主要体现在以下五个方面。

（1）煤电装机容量飞速增长。中电联行业统计数据显示，在 20 世纪 80 年代初，我国发电总装机容量为 6587 万 kW，总发电量为 3006.2 亿 kWh，其中煤电占比约 81%。而到了 2011 年，我国发电量已超过美国，居世界首位。截至 2020 年年底，全国全口径煤电装机容量达 10.8 亿 kW，占总装机容量的比重为 49.1%。

（2）高参数大容量高效燃煤机组得到广泛应用，技术指标达到国际先进水平。随着机组参数提升、容量增大，净发电效率也随之提升。我国超超临界高效燃煤发电技术相比发达国家起步较晚，但目前我国是全球范围内 1000MW 超超临界机组发展最快、数量最多、容量最大和运行性能最先进的国家，最先进的 1000MW 等级超超临界二次再热机组，供电效率已达 46.4%。另外，全球首台 600MW 超临界 CFB 燃煤锅炉机组投入示范运行，参数为 25.4MPa/571℃，净效率 40%。

（3）新型高效发电技术取得可喜成绩。在超临界 CO_2 布雷顿循环发电技术方面，核心部件、国内首台 MW 级超临界二氧化碳压缩机交付使用，标志着我国超临界 CO_2 布雷顿循环发电的重大突破，目前正在开展 50—300MW 超临界二氧化碳发电机组的可行性研究。天津 IGCC（整体煤气化联合循环）整套装置连续运行 3918 小时，打破由日本勿来电站连续运行 3917 小时的世界纪录，标志着我国在该技术上已达到世界领先水平。在煤炭超临界水气化制氢发电多联产技术方面，解决了在超临界水热环境下煤的热解气化制氢、氢的氧化放热机理和化学反应动力学及过程中组分与能量传输转化互耦合过程规律问题，阐明了煤炭超临界水气化制氢和 H_2O/CO_2 混合工质热力发电多联产系统原理。

（4）灵活智能燃煤发电技术有一定基础，还有较大发展空间。现役燃煤发电机组一般按照基本负荷设计，最低出力通常在 40%—50% 额定负荷，变负荷速率一般在 1.5%/min 左右。经过煤电行业的技术攻关，目前部分机组经过改造最低负荷可降至额定负荷的30%，个别机组可降至20%，但仍然存在长期低负荷运行的安全性问题和能耗大幅度增加的问题。需进一步借助大数据、云计算、人工智能等信息技术的突破，在建设智慧电厂方面取得突破。

（5）煤与生物质耦合发电技术成绩可喜，而煤与风光等可再生能源耦合发电技术尚需突破。我国已经有投运纯燃生物质的30—50MWe超高压再热CFB发电机组，煤与生物质耦合发电的小型CFB热电机组也得到成功应用，但煤粉燃烧发电机组中尚未广泛实现生物质的掺烧，还需在效率、污染物减排、经济性方面进一步提高。煤与风光等可再生能源耦合发电技术方面，我国起步较晚，目前开展了1.5MW$_{th}$光热与燃煤电厂热力系统的耦合试验，但关键技术需要突破。

（二）煤炭清洁高值转化

近些年，我国在煤炭清洁转化技术方面发展较为迅速，涌现一大批重要成果，尤其在煤制清洁燃料和煤制化学品领域，一大批工艺流程全线打通，实现工业化生产。主要进展和发展状况总结如下。

（1）在煤制油方面，国内开发了众多自主创新技术。国家能源集团通过自主技术创新建成了世界上首个百万吨级煤直接液化（煤制油）商用装置并实现长周期稳定运行。与使用原油生产出的柴油相比，煤液化制油具有高稳定性、比重大、低凝固点的特点，且几乎不含硫。神华宁夏煤业集团400万 t/a煤炭间接液化项目油品A线打通全流程[2]，产出合格油品，实现煤炭"由黑变白"、资源由重变轻的转变。

（2）在煤气化方面，整体处于国际先进水平。水煤浆气化技术从用煤22 t/d级的中试装置（兖矿集团），发展到用煤2000 t/d、3000 t/d的工业示范（兖矿集团）。中国科学院山西煤炭化学研究所进行了流化床氧气/蒸汽鼓风制合成气的工业示范装置开发，常压烟煤处理能力为100 t/d。华能自主研发的2000 t/d干煤粉加压气化已实现示范。中国航天科技集团HTL气化炉是集成Shell粉煤输送、GSP气化和GE合成气激冷技术的单喷嘴粉煤加压气化技术，2010年首套示范装置建成运行。华东理工大学和中国石化联合开发了SE粉煤加压气化技术，已建成日处理煤1000吨级SE气化示范装置。兰石金化千吨级循环流化床加压煤气化示范项目实现大规模商业化运行，煤处理量达1000 t/d，转化后的有效气体，可用于石化行业制氢和代替天然气。

（3）在煤制化学品方面，国内取得了众多自主技术突破。中国科学院大连化学物理研究所的第三代甲醇制烯烃（DMTO-Ⅲ）技术具有完全自主知识产权，处于国际领先地位。目前，DMTO系列技术已累计技术许可31套工业装置（投产14套），对应烯烃产能达2025万 t/a；大连化学物理研究所在2018年建成世界首套煤基合成气经二甲醚羰基化制乙醇的工业示范项目，大力推进了煤基乙醇的工业化进程。目前，乙醇10万 t/a的装置已投入生产运行；煤经气化产生合成气后，由草酸二甲酯加氢合成乙二醇工艺反应条件温和，对环境污染小。我国成功研制煤基合成气制乙二醇装置，并推广多套年产 20 万吨装置，各步反应的转化率和选择性高，乙二醇产品质量指标达到优级品标准；煤制聚甲氧基二甲醚（DMMn）万吨级中试成功，50 万吨级项目已建成，目前正处于工业化放大时期；而煤基合成气制备含氧碳氢化合物（如乙醇、丙醇等）工艺仍处于初级阶段，技术不够成熟，需进一步研究开发。

（4）煤清洁高值化转化方面仍然有诸多技术瓶颈问题需要解决。尽管我国在煤制清洁燃料、煤制化学品中的部分技术处于国际先进水平，但生产工艺流程仍存在许多细节技术问题，如进一步降低生产过程中的水耗与能耗，提高技术经济效益，实现生产的灵活调控；在煤制含氧化合物方面，需要突破技术瓶颈问题，打通整体工艺生产流程，推进工业化示范进程；在煤转化和大规模可再生能源制氢耦合技术领域所做研究工作较少，需要努力缩小与国外差距。

（三）煤炭污染控制

煤炭清洁燃烧和转化方面，各个领域水平不一，煤电超低排放处于国际领先水平，而工业锅炉、工业窑炉等领域煤燃烧污染物控制技术良莠不齐，煤转化过程多种污染物联合控制技术尚需进一步攻关。主要进展如下：

（1）在燃煤热力电站污染物排放控制方面，自主创新的超低排放技术实现国际领先。《中国电力行业年度发展报告 2020》数据显示[3]，截至 2019 年年底，我国实现超低排放的煤电机组约 8.9 亿 kW，占全国煤电总装机容量 86%，各项污染物排放峰值大幅度下降，目前大型燃煤电站污染物排放标准达到"SO_2 排放 ≤ 35mg/Nm^3，NO_x 排放 ≤ 50mg/Nm^3，颗粒物排放 ≤ 10mg/Nm^3"，甚至低于某些发达国家燃气电站污染物排放标准，超低排放水平处于国际领先水平。

（2）燃煤工业锅炉、工业窑炉等污染物排放水平相对较高，污染物控制成本相对较高。目前我国在用的工业锅炉约 62 万台，其中燃煤工业锅炉近 50 万台，年煤耗量达 7 亿吨，但燃煤工业锅炉单体容量小、炉型多样以及分布面广，污染物控制任务更为艰巨。国家污染物排放标准对 CO、NH_3、SO_3、VOCs、臭氧、痕量重金属和废水排放的控制趋向严格，我国正分区域分阶段进行污染物排放控制工艺改造和工业锅炉 / 工业窑炉升级换代，争取实现所有机组达到超低排放限制。目前，我国引进一批小型工业锅炉和工业窑炉燃烧技术，同时自主研发了一批新型燃烧技术，主要包括高炉喷煤技术、富氧 / 全氧冶金技术、水泥窑炉分级燃烧技术、新型流化床煤制工业燃气等技术，已逐渐推广用于冶金、建材等行业生产环节。整体而言，针对燃煤工业锅炉和工业窑炉降低燃煤污染物控制成本，以及降低二次污染，将是未来经济社会发展对燃煤污染物控制的主要需求。

（3）民用散煤污染物排放水平很高，污染物控制技术相对较为落后。我国民用散煤在煤炭消费结构中约占 7%，我国也在持续通过电代煤、气代煤等手段削减民用散煤的消耗量，可以预计散煤消费将呈逐年削减趋势。通过将煤炭消耗集中，可望实现高效低碳利用。

（4）煤转化过程污染物控制技术离煤电超低排放技术水平还有一定差距。煤焦化过程中挥发性有机化合物（VOCs）排放控制尚处于探索阶段，还未形成系统性 VOCs 处理工艺流程。煤转化烟气尾部脱硫除尘装置在国内已经大规模推广应用，但对煤转化过程中产生的多种污染物进行联合控制技术还需要进一步深入研究。我国已尝试开展煤化工废水回收利用并达到近零排放，实现了工程化应用，但目前废水处理工艺成本过高，限制其商业化生产，涉及煤化工中高浓度有机含盐废水处理的关键技术问题需要突破。

（四）碳捕集利用与封存

碳捕集利用与封存技术是全球各国应对气候变化，实现大规模 CO_2 减排和化石能源低碳化利用的重要技术手段之一。我国 CCUS 技术相比于国际社会起步较晚，但在相关政策的推动下，CCUS 技术领域取得了长足的发展，地质利用封存等核心技术实现突破，主要进展如下。

（1）部分 CCUS 技术已初步具备大规模产业示范条件和产业发展基础。截至 2018 年年底，我国开展了 9 个碳捕集示范项目、12 个地质利用和封存项目，已有 10 个项目实现全流程打通示范，累计碳封存量约 200 万吨。我国约有 100 亿吨石油适用于 CO_2 驱油，CO_2 驱油封存示范项目建成，防腐技术进一步革新，原油增产率 10%。全国枯竭油气田、无商业价值煤层和深部咸水层的碳封存潜力超 2300 亿吨，尤其是深部咸水层封存潜力巨大[4]。

（2）我国 CCUS 技术链各环节已具备一定的研发基础。目前，我国自主研发出多种碳捕集技术，已具备大规模碳捕集、管道输送和利用封存整套体系的设计能力，但各个环节核心技术发展不均衡，仍无法实现大规模商业化示范应用[5]。我国已建成世界首套资源化利用 CO_2 合成二甲基甲酰胺（DMF）千吨级中试项目，设备运行稳定，产品纯度高于 99.5%；燃烧后捕集技术的再生热耗为 2.8GJ/t CO_2，捕集装置规模最大为 12 万 t/a。燃烧前碳捕集再生热耗为 2.2GJ/t CO_2，捕集后 CO_2 干基浓度 98.1%，CO_2 回收率 91.6%，最大装置规模为 9.6 万 t/a。吸附法碳捕集处于千吨级中试示范阶段，碳捕集率 80%、浓度 90%；膜法捕集 CO_2 技术尚处于初步开发阶段[6]；富氧燃烧技术已与国际先进水平同步，$35MW_{th}$ 级工业示范项目已建成并完成考核指标，200MWe 级商业化示范富氧燃烧电站可行性研究已完成[7]。

（3）CCUS 成本和能耗仍然很高，难以直接商业化应用和推广。CCUS 示范项目投资额均超亿元，碳捕集成本约 200—300 元/t，低浓度碳捕集成本更高达约 900 元/t。由于技术经济性等限制，我国仅建成 10 万 t/a 燃烧前和燃烧后碳捕集示范工程，缺乏百万吨级大规模碳捕集工程系统建造改造经验；我国已建成 10 万吨级咸水层碳封存项目，但封存选址和深井监测等方面仍需加强研究。

三、国内外发展比较

开发化石能源利用高新技术,实现煤炭高效清洁低碳燃烧和利用一直是国际社会各工业先进国家间经济和科技合作的重点区域。截至目前,我国常规燃煤发电技术水平整体上与国外技术发展持平,但部分核心技术领域和装置尚存在差距,集中体现在如煤气化燃料电池联合循环(IGFC)、闭式超临界 CO_2 循环发电、超临界 CO_2-Allam 循环发电等新型发电技术方面。我国煤炭污染控制技术在各行业发展不平衡不充分,燃煤发电污染物控制方面处于世界领先水平,绝大多数电站已实现超低排放,但仍面临降低成本和进一步提高经济效益的问题;重金属污染物控制技术需进一步示范验证;燃煤工业锅炉方面需要污染物控制改造和锅炉升级换代、达标排放;燃煤工业炉窑和民用散煤污染控制方面,需进一步提高清洁利用水平。我国碳捕集利用与封存技术已具备一定的研发与示范基础,开发出多种具有自主知识产权的碳捕集技术,并具备了大规模捕集、管道输送和利用封存系统的设计能力,但各环节技术发展不平衡,技术水平尚不足以支撑大规模商业化示范,与国际先进水平总体差距较大。

(一)煤炭高效灵活发电与国际先进水平尚有一定差距

全球范围内,煤炭利用主要用于集中发电。随着气候变化问题日趋严重,为实现工业发展与生态环境相协调,近几年,燃煤发电国家都在努力将净发电效率提高至 50% 以上。目前,热力电站的发展趋势是开发更高参数发电技术和新型动力系统、高灵活性和多能互补式发电技术、开展智慧化燃煤发电技术,实现煤炭利用的清洁、高效、低碳、安全和灵活。

1. 超高参数超超临界燃煤发电

在超高参数超超临界燃煤发电领域,美国在 2001 年已开展先进超超临界发电技术开发,蒸汽参数达 38.5MPa/760℃/760℃,整机效率超 50%,正进行新一代超超临界锅炉材料研究,以研发蒸汽温度和压力参数更高的燃煤发电机组。欧洲于 1998 年开始对超超临界燃煤发电进行系统全面的研究,目前已突破限制 700℃超超临界发电技术的瓶颈材料研究,即将进行工程示范。日本所采取的路线为引进、仿制、创新,发展迅速,其研发的超超临界机组技术经济性高,在耐高温材料研发方面取得突破性进展。我国超超临界燃煤发电整体技术水平与国外持平,虽起步较晚,但通过不断引进、吸收、创新,目前机组发展速度、装机容量已达世界首位,大幅度提高了燃煤净发电效率。

2. 新型高效燃煤发电系统

美国、欧洲和日本在完成 CO_2 分离回收型煤气化联合循环发电(IGCC)设备研发之后,进一步开始燃料电池组合使用的 CO_2 分离回收型煤气化燃料电池联合循环发电

（IGFC）[8]、超临界 CO_2 循环发电以及超临界 CO_2–Allam 循环等新型高效低碳燃煤发电技术的研发。美国在 2016 年完成了基于超临界 CO_2–Allam 循环的 $50MW_{th}$ 天然气示范电厂，捕获天然气发电过程中产生的 CO_2，并合成超临界 CO_2 驱动特制涡轮机，实现 CO_2 再利用，减少碳排放。但目前全球各国相关研究均处于技术开发初级阶段，距离大规模工业化示范有较大差距。

3. 灵活智能发电

在可再生能源发电稳定性差的背景之下，大型燃煤机组灵活性和深度调峰能力显得尤其重要。丹麦和德国在近 20 年来不断推进火电机组灵活运行能力，实现了机组的快速启停、深度调峰、热点解耦、燃料灵活多变。美国通用电气公司开发的智能电厂系统，让电厂以最佳状态运行，在提高性能、效率和可靠性的同时，降低对环境的影响。西门子通过燃煤电厂灵活性解决方案，能够灵活快速响应电力需求波动，在确保排放达标的前提下，降低发电成本。艾默生通过优化燃煤锅炉和蒸汽输配系统，能够提升系统稳定性，改善响应能力，降低成本。我国在灵活智能的燃煤发电机组方面与国际水平还有一定差距，需进一步加大研发力度。

（二）煤炭清洁高值转化整体处于国际先进水平

随着气候环境问题日益突出，碳减排形势严峻，各国均对煤炭清洁转化技术有不同程度支持。相关研究主要集中在煤炭转化制取清洁燃料和煤转化制取大宗和特殊化学品两个方向。

1. 煤转化制清洁燃料

煤转化制清洁燃料主要是煤直接 / 间接液化制油和煤制天然气。截至 2017 年 6 月，我国已投产的煤制油项目共 6 个，包括神华鄂尔多斯 108 万 t/d 直接液化先期工程、内蒙古伊泰间接液化鄂尔多斯 16 t/d 间接液化示范工程、山西潞安长治 16 万 t/d 间接液化示范工程、神华鄂尔多斯 18 万 t/d 间接液化示范工程、兖矿榆林 100 万 t/d 间接液化示范工程和神华宁煤 400 万 t/d 间接液化示范工程。费托合成技术的突破是煤间接液化的关键，目前全球范围内率先掌握费托合成技术的主要是南非萨索尔和荷兰壳牌两家公司。美国大平原煤制天然气项目虽取得一定程度突破，但技术经济性限制较大，发电成本为常规燃煤发电 3 倍，因而难以进一步推广[9]。我国煤制天然气也未突破这一瓶颈，仅处于构想设计阶段。

2. 煤转化制大宗化学品

相比于直接燃烧，以煤炭为原料制取大宗化学品的技术路径更多、更复杂，对工艺流程和设备的要求也相对较高。但煤制大宗化学品实现煤炭由能源变为能源和原料，有利于煤炭清洁高效利用，符合国际倡导发展方向。我国神华集团与美国 UOP 公司合作启动 MTO 项目，以煤为原料制取甲醇后，进一步合成乙烯，成功实现商业化生产；宁煤和大唐多伦采用德国鲁奇的 MTP 工艺，成功实现煤经甲醇制丙烯商业化运行；日本宇部在煤制乙二醇工艺技术领域进行了超 40 年的研究，始终处于国际领先地位。新疆天业利用日本高化学 SEG 技术转让，成功实现商业化非石油法合成乙二醇，产量达 875 万 t/a，突破了我国数年来仅能经石油制乙二醇的限制。国际上对于煤制乙醇、低碳链混合醇等技术领域与我国相似，仍处于实验室研发阶段，距工业化应用差距很大。

3. 煤转化与可再生能源制氢耦合技术

近几年，国际上对环境问题逐渐重视，但传统可再生能源在短时间内无法代替煤炭等化石能源，部分国家将研究方向转向可再生能源化学能和热能转化方面与煤转化相耦合。德国首次采取风电、光伏发电等可再生能源制氢。西方国家也都提出未来可再生能源占比提高至 80% 以上的目标。通过煤转化与可再生能源制氢耦合技术，实现煤炭的清洁利用，将会是未来的发展方向之一。

（三）煤炭污染控制整体处于国际领跑地位，但局部有差距

煤炭作为一种非清洁能源，燃煤发电、煤转化、工业和民用煤燃烧和利用过程的污染物控制一直是国内外的研究重点。整体而言，在各个领域污染物控制技术和控制水平有较大差别。

1. 电力燃煤污染控制

燃煤发电作为全球电力主要来源之一，各国对电力燃煤污染物的排放控制出台了一系列政策法规，国际上对热力电站污染物控制技术开展了大量的研究，包括日本、欧美等发达国家以及我国均处于世界先进水平。目前对单一污染物脱除控制技术十分成熟，且技术种类多样、灵活性高。我国燃煤烟气污染物排放标准要求较高，常规污染物已高于欧美等国家的排放标准。美国开发的新型煤粉炉低氮燃烧技术，使得部分电厂在锅炉尾部烟道即使不设置 SCR 床层也可以满足排放标准。在硫氧化物处理方面，湿法烟气脱硫技术效果较好，且副产物石膏具有经济效益，但其回收利用较为困难。部分国家采用活性焦吸附 SO_x 实现产物的资源化回收。而对于电厂含硫废水处理，一系列蒸发技术（如 MVR、热烟气蒸发等）已实现高效处理。日本在 20 世纪已开展联合脱硫脱硝技术开发，实现了无需工业水、无污水处理环节、无需添加 SCR 催化剂，直接同时脱除烟气中的硫氧化物和氮氧化物。国际上对燃煤烟气污染物处理控制的发展趋势是联合脱除，降低烟气处理成本。各国对污染物联合控制技术均有不同方向、不同程度的研究推进，但仍存在许多问题，尤其是吸附剂的消耗与再生方面，极大影响设备的长周期运行，降低技术经济性。

2. 煤转化污染控制

目前，国内外现行商业化应用的大气污染物控制技术大致相同，湿法 / 干法脱硫、SCR/SNCR 脱硝以及还未大规模工业化的联合控制技术[10]。VOCs 因其成分复杂、生产环节泄漏难以避免，一直未能实现高效彻底的处理控制。美国作为世界上第一个出现光化学

烟雾事件的国家，对 VOCs 的管控政策自 1943 年开始逐渐加强，但先进的处理技术（膜分离法、等离子体法等）仍处于实验室阶段。对煤转化过程中的其他污染物处理已形成成熟技术，包括含酚废水预处理、好氧生物处理、废水蒸发、常温结晶等，实现了煤转化污染物排放控制。

3. 燃煤工业炉窑和民用散煤污染控制

国外对工业窑炉的高效清洁燃烧、低氮燃烧技术进行了深入细致的研究，通过富氧 / 纯氧燃烧技术实现低碳高效。新型炉膛结构、煤粉喷吹技术等提高了燃烧效率、有效降低了焦煤比，实现了中小规模燃煤工业炉低碳高效利用。我国在燃煤工业炉窑和民用散煤污染控制技术方面尚有一定差距，除了需要在控制技术方面进行攻关突破之外，还需在国家政策引导甚至强制下开展电或气替代煤、取消小型燃煤炉窑、严控民用散煤等措施，达到煤炭以大型燃煤锅炉发电方式实现集中高效、清洁利用。

（四）碳捕集利用与封存技术与国际先进水平部分并跑、部分跟跑

近年来，全球变暖、冰川融化、温室气体、碳排放量、碳达峰、碳中和等词汇频繁出现在公众视野，各国对 CO_2 的大量排放带来的环境问题日渐重视，碳捕集利用与封存在近年来得到长足进步。

1. 碳捕集利用与封存被视为应对碳达峰和碳中和的战略支撑技术

美国于 2020 年进一步提出零碳排放行动计划（ZCAP），主要针对电力、交通运输、建筑、工业生产、土地利用和材料六个领域，希望在走出新冠病毒（COVID-19）大流行与经济崩溃之后，实现经济创新和环境协调发展。国际能源署（IEA）最新报告中提出[11]，如果无法实现 CCUS 技术的突破以及广泛应用，各国所制定的净零排放目标均无法实现，只有全球范围内同时大规模部署碳捕集设备，才能达到深度碳减排目标，缓解气候变化带来的影响。各国研究以及试点项目显示，碳捕集利用与封存技术在实现重工业和化石燃料燃烧领域的碳减排潜力巨大，同时可以通过多种利用途径实现煤炭向清洁能源的转型，促进煤炭高效清洁低碳利用。

2. 碳捕集利用与封存示范项目取得蓬勃进展

在全球气候变化的大背景下，各国在 CCUS 领域合作意愿有所增强，实验室研究与示范工程不断涌现：全球首座捕集自身 CO_2 的商用热力发电厂 2014 于加拿大正式投产，"边界大坝"（SaskPower）工程能够实现每年捕捉 100 万吨 CO_2 气体（占其改装后的动力设备 CO_2 排放量的 90%）[12]，Cenovus 能源石油公司将这些压缩气体通过管道打入地下深处进而获得地下原油。《自然》杂志报道了这一项目，称其成本并不便宜，但该工程为工程师们提供了如何提高 CCUS 技术经济性的宝贵工程经验，具有里程碑意义。2014 年，美国 NRG 能源公司和新日本石油和天然气勘探开发公司合资开展佩特拉诺瓦项目（Petra Nova），成为全球现有最大规模应用燃烧后碳捕集技术的燃煤电站。为证明碳捕集技术确

实有经济效益，佩特拉诺瓦项目捕集的 CO_2 将经管道输送至附近油田，然后泵入地下。除分离 CO_2 之外，该工艺能增加老化油田的压力，显著提升石油产量。2017 年项目正式运行，每年可由电站向附近油田泵送 140 万吨 CO_2。富氧燃烧碳捕集技术也已进入中试研究，国际上目前已完成 30—40MV$_{th}$ 试验，为更大规模商业化示范奠定了工程基础。自 1973 年德国建设全球首个 IGCC 示范电站（Kellerman）以来，西班牙、荷兰、美国、日本等国紧随其后，相继开展煤基纯发电 IGCC 示范工程。其中，美国 CCT 计划、西班牙 Puertollano、荷兰 NuonBuggenum 以及日本的 Nakoso 受到广泛关注。碳利用与封存方面，目前最为成熟的为 CO_2 驱油（EOR）与封存技术[13]，大规模商业化运行项目不断涌现。加拿大维本油田 CO_2 驱油项目达 400 万 t/a。大平原合成燃料厂利用煤气化制取甲烷，其废气 96% 为 CO_2。维本的 CO_2 便来自此处，实现了来自地下的 CO_2 再次封存地下；CO_2 的运输主要依赖管道输送，北美的 CO_2 管道输送系统已达六千多公里。

3. 新型碳捕集利用与封存技术取得可喜进展

目前处于工业示范的碳捕集技术大都是第一代技术，尤以燃烧后碳捕集技术为主，面临碳捕集成本高、能耗高的限制。新一代碳捕集技术在近年来取得了可喜进展。处于中试规模的新型碳捕集技术有重大突破，如膜分离技术、化学链燃烧技术、吸附法、增压富氧燃烧等。其中具有碳源头捕集功能的化学链燃烧和增压富氧燃烧技术可望将碳捕集成本和能耗大幅度降低，我国研发水平与国际基本同步，处于并跑阶段，并逐步有领跑趋势，比如国内华中科技大学、清华大学、东南大学等在化学链燃烧和富氧燃烧方面均实现了中试装置成功运行，性能指标达到国际先进水平[14]。新型碳利用技术方面，CO_2 矿化固定、化工转化、生物利用、与可再生能源耦合的 CO_2 还原转化等方面有了长足进步，但目前大都处于较小规模[15]，我国在这些领域研发水平与国际先进水平基本相当。碳封存方面，除了 CO_2 驱油之外，CO_2 驱煤层气、页岩气、强化采热等技术也有了初步探索。

四、我国发展趋势与对策

（一）发展思路

坚持科技创新发展是引导煤炭清洁高效低碳利用的第一动力，推进我国煤炭清洁化、低碳化发展进程。控制煤炭年消费量，以科技创新引领产业升级，提高煤炭净利用效率和效益，构建绿色高效低碳可持续煤炭能源体系。与此同时，加强生态保护，正视全球气候变化问题，大力推进煤炭高效灵活发电、煤炭清洁高值转化、煤炭污染控制和碳捕集利用与封存技术创新与进步，突破技术经济性瓶颈问题，缩短各项煤炭低碳利用技术商业化进程，形成世界先进煤炭清洁高效低碳利用体系。以技术革新提升我国煤炭产业核心竞争力，以能源推动经济社会发展，以国家发展重大战略需求为导向，充分发挥企业技术创新主体作用，将煤炭的资源禀赋优势转化为能源安全保障优势。

（二）发展战略目标与对策

1. 总体目标

时刻紧跟国家战略发展规划与需求，针对我国煤炭高效清洁低碳利用中核心技术瓶颈问题，通过自主创新与引进吸收相结合，重点解决各工程示范项目中的技术经济性问题，实现科技创新推动经济社会发展，显著提高我国煤炭资源利用技术自主开发创新水平。坚持科技创新是引领煤炭清洁高效利用发展的第一动力，为我国煤炭减量化、清洁化、低碳化转型提供技术支撑。推进煤炭由主导能源向基础能源战略转变，实现碳排放早日达峰和中和，实现煤炭生产和消费革命，煤炭规模集中高效利用比例由 50% 提高到 95%，燃煤发电及超低排放技术进入整体国际领先，掌握低能耗的百万吨级碳捕集利用与封存技术。

2. 具体内容与对策

（1）在煤炭高效灵活发电方面：推进超超临界发电技术研发与工程示范，掌握 700℃ 超高参数机组自主设计制造技术，进一步提高燃煤发电净效率，实现先进燃煤发电净效率超 50%；完成 650℃ 超超临界二次再热循环流化床锅炉研发并进行 600MW 工程示范。研发新型高效灵活的气化炉和煤气净化设备，完成 F 级燃气轮机 IGCC 技术商业化运行，新型动力循环系统发电净效率达到 55%；掌握灵活变负荷稳定发电技术，满足电网变负荷要求，实现燃煤机组灵活深度调峰（20%—100%）且负荷响应速率达 4%/min，为可再生能源并网发电提供支持；掌握可再生能源（光、生物质等）与燃煤机组耦合互补发电技术，推进光煤互补发电机组示范工程；研发碳捕集超 90% 且发电净效率不低于 45% 的先进高效低碳发电技术。研发超临界二氧化碳发电前沿技术，掌握 300MW 闭式 s-CO_2 循环耦合富氧燃烧系统运行，满足净效率超 43%；开发具有自主知识产权的 IGFC 发电技术，掌握 IGFC 主要单元设备与系统集成方法；开展小规模智能电站工程验证和虚拟电站平台开发，实现燃煤机组无人值守智能发电工程示范。

（2）在煤炭清洁高值转化方面：研发短流程煤制天然气工艺和催化剂，降低成本，推广至工程技术示范规模，搭建 40 亿立方级工业化平台，实现 500 亿立方煤制天然气产能；突破煤直接液化制油的经济性瓶颈，能源效率达 55%—58%，实现煤制航空煤油、军用特种油等商业化规模生产。开发高选择性催化合成技术，实现煤液化制高品质润滑油、费托蜡等高值化学品工业化应用。耦合煤直接 – 间接液化技术，完成 200 万吨工业示范，控制系统能耗在 50%—55%；突破新型煤经甲醇制取烯烃瓶颈问题，搭建 100 万 t/a 工业示范平台，控制生产过程中每吨烯烃甲醇消耗量小于 2.7 吨，烯烃选择性大于 86%，水耗小于 16 吨。掌握制取芳烃、对二甲苯、合成气直接制烯烃芳烃技术，保证煤转化过程中直接目标产物选择性超过 80%，工艺整体能源利用效率提升 15%；研发煤种适应窗口宽、大容量高效煤气化设备，掌握气化产物高效分离技术，降低煤制氢成本；掌握煤转化制大宗含氧化合物技术、煤转化与可再生能源制氢系统耦合技术，实现生物质制氢、光催化制氢等。

（3）在煤炭污染物控制方面：掌握高效低成本污染物联合脱除技术，降低污染物控制成本，避免污染物处理中二次污染现象，实现燃煤电站锅炉污染物排放量与天然气排放水平持平；掌握小型工业锅炉低氮燃烧技术、低成本污染物控制，实现冶金、建材、玻璃窑炉等小规模工业炉污染物达到超低排放标准，控制民用散煤的消耗；研发燃煤非常规污染物控制技术，彻底解决废水、废气、固体废弃物等生态环境问题，实现煤炭绿色协调可持续发展；针对煤制油工艺流程各环节 VOCs 泄漏排放问题，通过定点排放与降低粉尘和 VOCs 技术，实现 VOCs 与粉尘总排放量大幅度下降；研发高浓度有机废水高效处理技术，实现煤转化过程废水资源化利用，降低水耗和能耗。

（4）在碳捕集利用与封存方面：建设百万吨级碳捕集利用与封存工程示范项目，研发高效回收重复利用 CO_2 吸附剂，高性能、低能耗膜材料；突破富氧燃烧中大规模空分制氧、系统调节、压缩纯化等关键技术；研发大规模高效 CO_2 分离设备；突破化学链燃烧两反应器间热质传递调控和过程强化的基础理论，发展化学链燃烧反应器数值设计和操控优化的方法，实现廉价高性能长寿面氧载体的大规模批量制备；研发先进碳捕集控制系统，基于模拟、仿真、运行大数据优化碳捕集与电厂系统集成方案；研究新型低能耗碳捕集技术，推进煤基化学链气化技术开发、与生物质等碳中性燃料利用技术相耦合的负碳排放技术开发；研发 CO_2 大规模资源化利用新技术，完善 CO_2 驱煤层气和封存技术的安全保障；搭建安全高效 CO_2 管道输送体系，掌握 CCUS 关键技术、核心设备，构建低成本、高效率、安全绿色 CCUS 技术体系；为未来碳达峰与碳中和奠定技术和工程基础。

参考文献

［1］英国石油公司. 世界能源统计年鉴［R］. 2020.

［2］人民网. 神华宁煤集团 400 万吨 / 年煤炭间接液化项目建设纪实［EB/OL］.［2016-12-28］. http://politics. people.com.cn/n1/2016/1228/c1001-28984290.html.

［3］中国电力企业联合会. 中国电力行业年度发展报告 2020［R］. 2020.

［4］舒娇娇. 深部咸水层封存二氧化碳迁移规律研究［D］. 大连海事大学，2020.

［5］刘牧心，梁希，林千果. 碳中和背景下中国碳捕集、利用与封存项目经济效益和风险评估研究［J］. 热力发电，2021，doi：10.19666/j.rlfd.202101009.

［6］罗双江，白璐，单玲珑，等. 膜法二氧化碳分离技术研究进展及展望［J］. 中国电机工程学报，2021，41（4）：1209-1216+1527.

［7］郭军军，张泰，李鹏飞，等. 中国煤粉富氧燃烧的工业示范进展及展望［J］. 中国电机工程学报，2021，41（4）：1197-1208+1526.

［8］Seo DK, Lee JH, Chi JH, et al. Numerical Study on High Temperature CO-Shift Reactor in IGFC［J］. Transactions of the Korean hydrogen and new energy society，2018，29（4）：324-330.

［9］ 惠德健. 对美国大平原厂煤制天然气项目建设与运行情况的借鉴与思考［J］. 中国石油和化工，2014（10）：60-64.

［10］ 王永英. 我国燃煤大气污染物控制现状及对策研究［J］. 煤炭经济研究，2019，39（8）：66-70.

［11］ 国际能源署. 世界能源展望2020［R］. 2020.

［12］ 人民网. 加拿大启用全球首座清洁煤电厂［EB/OL］.［2014-10-08］.

［13］ Wang ZG，Wang ZQ，Huang W，et al. Progress in Mechanical Analysis of CO_2 Flooding Injection String［J］. IOP Conference Series：Earth and Environmental Science，2021，651：032103.

［14］ Zhao HB，Tian X，Ma JC，et al. Chemical Looping Combustion of Coal in China：Comprehensive Progress，Remaining Challenges，and Potential Opportunities［J］. Energy & Fuels，2020，34（6）：6696-6734.

［15］ 魏正英. 利用二氧化碳生产生物聚合物的技术［J］. 现代塑料加工应用，2019，31（2）：55.

撰稿人：姚　强　赵海波　赵永椿　等

信息功能器件及系统的热科学与技术发展研究

一、研究内涵与战略地位

（一）研究内涵

随着通信、信息、人工智能等信息技术的快速发展，高功率高性能半导体芯片、宽禁带半导体器件等现代信息功能器件是未来国家重要战略部署中的核心电子功能器件。受电子器件效率的限制，输入给电子器件的接近 80% 的电功率会转变成废热，如果不能有效解决信息功能器件产生的废热排散和温度控制问题，会导致电子器件温度升高引起器件工作性能下降，甚至超过其极限工作温度而烧毁失效。

随着 5G、大数据、人工智能、无人驾驶等新技术的发展和应用，对数据的计算、连接、传送、交换、存储等的要求越来越高，电子设备对热管理的要求已经从早期的可靠性保障，提升到决定芯片算力、处理能力的高度。历史上晶体管先进工艺的演进可以同时实现性能提升和能耗降低，而当芯片制程工艺演进到 10nm 时，已经无法实现在降低能耗的同时大幅度提升性能。芯片每代性能提升 1 倍，需要提升晶体管性能和增加晶体管数量，此时新芯片功耗至少需要提升 30%—40%。从应用角度，散热能力决定了芯片的性能能够发挥到多少；从竞争角度，高性能且高能效的电子设备热管理能力，可以部分弥补国产半导体制程和国外差 2 代的巨大差距。因此，热管理已成为保障电子设备工作性能与可靠性、研制新型电子设备的关键技术，是近十多年来国际热科学领域的研究热点之一，也逐渐成为制约产业发展的瓶颈问题。

目前信息功能设备呈现出两大发展特征：①电子器件的特征尺寸越来越小，集成度越来越高，功率不断增大，导致热流密度急剧升高，芯片局部热流密度已经超过 $100W/cm^2$。此外，由于芯片尺度的缩小，芯片自身的热容量下降，抗热冲击的能力迅速下降，需要快速及时排散芯片内部产生的焦耳热。近年来，电子器件正从传统的二维（2D）组装向三维（3D）集成方向发展，通过将射频前端、信号处理、存储、传感、致动甚至能量源等功能的电子元件垂直集成在一起，从而达到增强功能密度、进一步缩小尺寸的目的。与2D器件相比，3D集成电子器件的热流密度将急剧增大，达到 $1kW/cm^2$ 以上，局部热点将超过 $5kW/cm^2$。高热流密度、芯片微小型化、芯片集成化给信息功能器件的散热提出了更高要求。②信息功能器件集成化、大规模化特征显著，系统散热能耗巨大。2010 年起，随着大数据及云计算的普及，数据中心的需求逐渐扩大，发展到目前，国内出现了许多大型集中式数据中心以及海量分散式边缘数据中心。数据中心的能耗巨大，也已成为限制数据中心发展的核心问题。例如，我国最大的腾讯天津数据中心的服务器数量已超 10 万个，天河 2 号超级计算机有 32000 颗 Ivy Bridge 处理器和 48000 个 Xeon Phi，共有 312 万个计算核心。2020 年我国数据中心的总用电量占全国的 2.7%，超过了整个上海的用电量（1576亿 kWh）。根据中国数据中心冷却技术年度发展研究报告统计数据表明，目前我国数据中心用于热管理的能耗占到总能耗的 40% 以上，因此发展绿色、低能耗的数据中心热管理方法极为迫切。

（二）战略地位

开展信息功能器件及系统的热科学与技术发展研究，将对我国电子技术发展有着非常重要的战略作用，主要体现在以下几个方面。

（1）为我国电子行业自主创新发展提供关键技术支撑。在当今网络化、信息化和智能化的社会，电子技术已成为社会发展的重要基础，成为世界各国政府高度重视并作为优先的国家战略。最近，中兴通讯禁运事件冲击了我国通信产业，更敲响了我国电子行业的警钟。作为国内高科技公司榜样的中兴通讯，无论技术实力还是专利数量均位列国内外前茅，但面对美国的禁令却难有招架之力，这背后反映出的是我国电子行业仍面临关键技术缺乏自主知识产权的窘境。中国电子行业应如何发展？如何摆脱受制于人之痛？这是中兴通讯被制裁事件后备受国人关注的核心话题。显然，更大力度激励国内研发机构加强自主创新，更进一步加大对电子行业关键技术的研发投入，强化产学研用协同机制，实现电子行业的创新快速发展，是我国电子产业早日去除"空芯"之痛的关键。而电子设备热管理作为电子技术发展的关键支撑技术，开展热管理学科发展战略研究对于我国新型电子器件研制和电子技术的发展有着非常重要的意义。

（2）我国新型武器装备研制的迫切需求。电子设备热管理学科具有鲜明的军民融合特征，与民用电子设备相比，军用电子设备功率更高、散热热流密度更大，同时散热体积、重量严格受限以及高低温、高真空、高过载等恶劣环境都给热管理提出了比民用电子设备更为苛刻的挑战，探索电子设备热管理技术领域军民互动与结合的有效机制和途径，是实现我国军用电子行业自主创新发展的关键。

（3）电子设备节能降耗的必然选择。如前所述，热管理对于降低电子设备能耗有着十分重要的作用。以数据中心为例，高耗能成为数据中心产业发展的大问题，国际半导体技术联盟预计到 2020 年，全球数据中心的碳排放将达 15.4 亿吨，占全世界总碳排放的 5%。新型高效电子设备热管理方法和技术将可以显著降低数据中心最大能耗源头——空调制冷设备的能耗，而且可以提高电子设备的效率，减小设备废热的产生，为建设绿色、节能、高效的未来数据中心提供关键热管理技术支撑。

二、我国的发展现状

近 10 多年来，我国国家自然科学基金委、科技部等资助了一批电子设备热管理研究项目，比如单项冷却技术的前沿基础问题探索、大功率雷达热设计方法、数据中心冷却技术、超高热流密度微通道散热新原理及关键技术等，直接推动了热管理领域基础科学研究的深入发展。此外，我国电子、通信、航空航天等行业的高校、研究院所、企业也持续开展了电子设备热管理技术的研究，热管理技术产业得到了快速发展。我国的研究人员在信息功能器件产热、传热到散热等热输运全链条方面都开展了一系列的研究工作。

（一）微纳尺度产热 - 传热机理

随着器件特征尺寸不断减小，已经小于或接近声子平均自由程。纳米电子器件的持续小型化也导致了集成电路巨大的集成水平，数十亿个晶体管组装在不大于几平方厘米面积的芯片上。芯片的高度集成化导致芯片的功率密度大幅提升，使得芯片局部热流密度越来越高，芯片的热管理问题也越来越严峻。另外，晶体管的工艺节点尺寸越来越小，也导致芯片内产生纳米尺度局部热点，使得芯片的热管理问题更加复杂，宏观经典的传热理论已经无法适用纳米尺度产热和热输运过程研究。近年来，我国学者从微纳尺度开展了一系列芯片产热机理以及热输运基础理论相关研究，取得了较多先进成果。

1. 芯片产热机理

芯片热量的主要来源是电流流过电阻产生的焦耳热效应。从微观角度看，电阻的产生是由于电子（或空穴）的运动受到了各种散射源的阻碍作用，包括电子之间的相互散射以及电子与晶格振动（固体物理学用声子来描述晶体中规律的晶格振动）、界面、缺陷或杂质原子的散射（碰撞），需要考虑各种电声耦合的作用才能从微观角度准确完整地描述晶格产热的过程。南京理工大学[1]针对微 / 纳尺度场效应晶体管的工作过程，建立了描述其内部产热及传热特性的多尺度格子 - 玻尔兹曼介观模型，通过在模型中引入源项来描述器件内部电子和声子的相互作用，分析计算了不同工作状态下晶体管单元的温度分布特征。虽然国内相关研究揭示了芯片中焦耳热的基本物理过程，但是其使用仍然具有一定的局限性。首先，没有完整考虑到电子与声子之间的交互作用，比如材料温度升高后大量激发的声学声子反过来影响电子迁移率的效应。其次，也没有考虑晶体管器件内所存在的高度局域化电场的影响。除了不可逆的焦耳生热外，电流通过不同导体组成回路时还会在异质界面处随着电流方向的不同分别出现吸热或放热现象，也即是帕尔贴效应。由于芯片中存在大量的异质界面，电流穿过异质界面时的帕尔贴效应或许不容忽略，目前国内相关研究工作还相对较少。

2. 微纳尺度热输运理论

芯片中热量的输运主要依靠电子（或空穴）和声子，其中金属材料主要依靠电子输运；绝缘体和掺杂半导体材料主要依靠声子输运；而在金属／半导体或金属／电介质界面则发生金属侧电子到非金属侧声子的耦合输运。中国工程热物理研究所针对超高压应力固体热输运的微观机理进行了研究，通过微观载流子输运特性的仿真，揭示了超高压条件下热输运机理[2]。华中科技大学基于第一性原理计算了几种不同层状材料的层间耦合和热输运性质，建立了低晶格热导率与层间化学成键之间的联系，认为铋氧硫族层状材料具有较低晶格热导率是由于强的层间非谐耦合效应导致[3, 4]。目前，国内的研究工作中考虑电子对声子产生的散射，亦即电子 – 声子耦合效应所带来的热阻的内容相对较少，这是由于电子遵守费米 – 狄拉克分布，在一般的情况下（尤其是未经掺杂的半导体）能够散射声子的电子数量十分稀少，因此对热阻并没有显著的贡献。近数十年因为电子工业与芯片技术的迅猛发展，在各式各样的电子器件中，半导体必须通过掺杂，使得费米能阶附近电子的占有数增加，在外场或是温度的作用下，才能够跃过半导体能隙形成可供传导的自由电子。此时由于电子的态密度增加，其对于声子所造成的散射就不可以被轻易地忽略。这也直接说明了在电子器件中热输运方面的研究上，声子 – 电子耦合的效应必须被考虑。

（二）纳米尺度热物性测试方法

虽然微纳尺度产热 – 传热理论体系的发展使得预测微纳尺度的产热及传热特性得以实现，但仍然需要实验测量得以验证。准确研究材料的热物性是解决能量传递问题的先决条件，新型晶体管的沟道设计采用了超薄结构与纳米线结构，相较于传统体结构，材料的热物性会随着尺度变化而不同，需要测量表征纳米尺度材料的热物性。清华大学研发了基于接触式的表征纳米线材料热电性能综合 T 型法和基于非接触式的双波长闪光拉曼方法[5, 6]。热电综合 T 型法测试装置是根据样品 – 加热器 – 传感器一体化和交直流混合原理，应用 T 型法和综合 T 型法开发的测试装置，该装置可以测试并表征多壁碳纳米管、掺杂石墨烯纤维等材料的热、电、热电性能，研究不对称纳米结构石墨烯的热整流效应，以及单根硫化铋纳米线中金属 – 绝缘体 – 转变现象。

芯片内部散热问题是阻碍芯片发展的瓶颈，开发低发热、高热扩散率的纳米材料并辅之以结构调控是解决该问题的途径。原位表征纳米材料热扩散率、揭示界面影响规律对解决芯片内部散热问题具有重要意义。双波长闪光拉曼热测量装置就是在这一背景下应运而生，该装置是根据时间 – 空间 – 频域一体化原理，应用时空温度相位法开发出来的，它可以基于体材料验证测量原理，测量悬架和有基底支撑零维、一维、二维纳米结构的热传递物性；在未来，还能应用于探究界面对纳米材料能量传递的影响规律、各向异性材料热输运性质研究等领域。纳米尺度材料热物性表征方法的提出，为分析场效应晶体管产热和散热机制，以及评估自热效应对热载流子迁移速率的影响提供了重要的实验测量手段。

（三）多层次热控制技术

从电子设备的不同层面，热控制技术可分为元器件级热控制技术、封装级热控制技术和系统级热控制技术 3 个层次。针对单个芯片等器件的热控制技术，为器件级散热设计；封装级热控制技术包括对于电子模块、散热器、PCB 电路板级别的散热技术；系统级热控制技术包括对信息功能器件设备机箱、机柜等系统级别的散热技术。

1. 芯片级热管理

随着芯片朝高功率、高集成化方向发展，热流密度急剧升高，传统的冷板式散热难以满足要求，芯片散热技术逐渐从基于壳体外置冷板的远端散热方式向"嵌入式"微通道的近结点散热方式发展。近结点散热方法主要通过在芯片衬底上加工微通道的技术，可以将传热热阻降低为传统液冷散热技术的十分之一。近结点微通道的冷却能力与通道疏密程度紧密相关，往往采用加密通道、加大工质流量的方式维持对高热流密度的有效冷却[7]。但是随着通道加密，通道水力直径不断下降，流动阻力显著增大，严重影响系统运行的可靠性和经济性[8]。此外，由于芯片中各电子元件集成密度不同且分布不均，芯片中存在高热流密度热点，局部节点热流密度可到 5kW/cm² 以上，现有微通道多为均匀通道设计，难以实现芯片的均温。南京理工大学电子设备热控制工信部重点实验室团队设计了一种水凝胶微阀自适应调节微通道，基于水凝胶随温度升高体积收缩的特性，当芯片节点温度升高时，水凝胶微阀体积收缩，微通道打开降温，水凝胶微阀微通道在相同的散热能力下可以将流动功耗下降一个数量级[9]。

2. 封装级热管理

封装热管理的目的就是减少封装过程中的传热热阻，将芯片热量快速及时传递到热沉，其中芯片与散热器件之间的界面热阻是控制芯片温升的主要瓶颈问题。界面接触热阻抑制的关键是开发高性能的热界面材料，热界面材料是一种目前已经被广泛应用在电子封装热管理领域的材料之一，其主要是通过填补芯片与散热器接触时界面间的微空隙及凹凸不平的孔洞，以减少热传递的热阻，提高散热效率。热界面材料的性能对其散热传热效率影响极大。这些性能主要包括热界面材料本身的导热系数、黏结性能以及浸润性能等。目前，热界面材料发展的关键问题在于如何实现高导热和低模量之间的平衡[10]。对于高分子热界面材料，主要问题是其聚合物材料结构排列无序，晶格振动的协同性差，从而导致导热能力差，一般导热系数小于 10W/（m·K），难以继续提升。针对这一问题，目前主要途径是在高分子材料中填充高导热的粒子形成复合材料改善材料的热导率，其中用到的填料类型也非常多，例如：陶瓷、碳纳米管结构材料、金属、混合填料和定向排列填料。中国科学院深圳先进技术研究院研究人员研发了一种氮化硼纳米管和纤维素纳米纤维组成的纳米复合材料，25wt% 氮化硼纳米管的导热系数为 21.39W/（m·K），基于异质界面偶联能够降低填料 – 基体间的声子散射，增加复合材料有效导热系数[11]。中国科学院宁波材料技术与工程研究所使用低成本的商用聚氨酯泡沫为模板，在其表面包覆石墨烯纳米片并采用快速加热移除聚氨酯模板而得到结构完整的三维石墨烯泡沫。在石墨烯含量为 6.8wt% 时，环氧复合材料的导热系数达到了 8.04W/（m·K），较纯环氧树脂提高了 44 倍，环氧复合材料同时保持了良好的力学性能，其使用的连续型热通路能够显著降低填料 – 填料和填料 – 基体的界面热阻，本质上减少了声子输运界面[12]。对于一些高导热无机材料，虽然具备高导热系数，受限于其高模量，无法用作热界面材料。金属纳米线填料是一项具有潜力的突破性技术，其具有很高的热导率，但黏结线厚度过大导致了较高的界面热阻。连续金属基热界面材料的研究更注重机械性能而非热性能，目前其热性能方面没有突破性的进展。

3. 系统级热管理

在系统层面，从芯片中传出的热量最终需要通过系统热沉散热器带走，热沉散热器总体上分为风冷和液冷两种，其中液冷散热器按照工质是否发生相变分为单相和相变两类。随着电子器件热流密度越来越高，热沉散热器已逐渐从风冷向液冷转变，尤其是汽液相变散热器越来越多应用到电子设备系统中。

对于风冷散热器而言，其成本相对较低，散热能力有限，主要应用于一些热流密度较低的系统。风冷散热系统的主要问题是其在紧凑空间的散热效率低，流阻和风噪大。针对这方面问题，薄结构、低噪声的压电风扇开始更多应用于紧凑器件中，南京航空航天大学对于通道流中压电风扇激励的对流换热特性进行了研究，发现风扇振动诱导的涡冲击加热表面所形成的近壁流动呈现明显的平行于风扇的侧向流动，而在风扇两侧边则出现卷吸的特点，叶尖包络区对应的壁面局部对流换热有显著的强化作用[13]。同时，我国研究人员通过仿生设计制备了仿生翅片结构，例如华为设计了鲨鱼鳍翅片，对于入口温度的要求降低 10% 且散热更加均匀。

与风冷散热器相比，液冷散热器结构紧凑，散热能力强，但液冷散热器的主要问题是流阻损失较大，对系统的供液泵要求高，导致整个散热系统体积和尺寸难以小型化，同时散热热耗也相比风冷较高，最大难点在于如何实现热阻 – 流阻双目标协同优化设计。清华大学结合进出口歧管设计了一种新型能够激发二次流的微通道结构，当雷诺数为 295 时，可以使热阻降低 19.15%，压降降低 1.91%，该新型微通道结构有助于热边界层的再发展，提高了微通道流动和换热特性[14]。受自然界中生物传热传质现象的启发，南京理工大学基于拓扑优化方法设计了一种拓扑流道结构液冷热沉散热器，实现了换热与流动综合性能最优[15]。

相变散热器利用冷却剂的相变潜热，不仅具有较高的传热系数和温度均匀性，而且能够极大降低冷却剂的流量，因此可以降低泵功损耗，减小供冷泵的体积和质量。相变散热器最大的问题在于存在临界热流密度以及通道沸腾不稳定性，因此相变散热器的难题是如何高效提升临界热流密度以及抑制沸腾不稳定性。我国学者在此领域开展了较多研究，上海交通大学制备超亲水纳米线的微纳结构壁面，使流动沸腾的泡状流型向稳定的环状流型转变，形成了以薄液膜对流蒸发模式为主的换热机制，使临界热流密度提高约 4 倍[16]。北京工业大学提出了一种多孔壁通道散热器，利用多孔壁的连通效应，可以使核态沸腾提前发生，在不到 2ms 时间内触发整个通道的核态沸腾流动，抑制沸腾流动的不稳定性，延长两相流动的持续时间[17]。此外，我国学者还构建了一系列微纳复合结构来提升相变散热器微流道壁面临界热流密度，并提出了多种通道结构设计来抑制沸腾非稳定性发生，走在了国际研究的前列。

（四）大型数据中心热管理

数据中心耗能巨大，其中用于制冷设备的耗能与 IT 设备的耗能各占 40%，制冷设备的耗能也占据了整个数据中心能耗相当大的一部分。2020 年国家发改委《关于加快构建全国一体化大数据中心协同创新体系的指导意见》指出需要优化数据中心建设布局，推动算力、算法、数据、应用资源集约化和服务化创新，进一步促进新型基础设施高质量发展，深化大数据协同创新，要求 2025 年全国大型、超大型数据中心 PUE 降低到 1.3 以下。数据中心热管理技术包括芯片冷却、IT 设备散热、机房环境的冷却供给（包括制冷、空调与冷媒输送等）和外界环境放热等，目的是在保障各种电子元件及设备可靠运行的同时，结合冷媒传输与传热过程，实现包括设备和冷却系统在内数据中心总体能量利用效率的最大化。如何解决数据中心系统装置高效热转移 – 高热流冷却 – 精准化热管理问题、降低数据中心的能耗以实现碳中和已成为促进当前数据中心热管理技术发展的当务之急，也是能源与环境可持续发展所面临的最重要挑战之一。

实现数据中心的精准热控制首先要做到精准定位热源，目前国内的数据中心均采用传感器测温，以机柜进出口空气的温度作为评价指标。但机柜并不是真正产热的器件，只对机柜控温无法从真正产热的芯片源头散热，从而无法实现精准热控制。目前，精准定位热源的方法主要是对整个数据中心精准建模，根据实时的功率变化能精准计算出不同功率下芯片的具体产热与温升。但由于从整个数据中心到发热器件空间尺度达到了从几百几十米到几纳米的跨越，如果对整个数据中心精准建模会消耗大量的计算资源。西安交通大学陶文铨院士团队针对数据中心的精准模拟，提出了一种"上至下"的多尺度建模方法，初级系统采用粗网格简略计算热、流场，作为下一级边界条件；下一级系统特定位置加密网格并计算；重复第二步，直到追踪到最终发热层级[18]。通过多尺度模型保证了发热器件计算精度，也降低了大型计算域的计算资源需求，实现对源头温度的精准建模与感知。

目前，我国对于风冷数据中心采用一些风道设计，将冷热路径分隔开来，实现了冷量的精确输送。同时，对于高集成化的数据中心，采用液冷技术代替风冷技术满足高热流的需求。2016 年阿里巴巴建立了浸没式液冷数据中心，同时机柜服务器等进一步模块化发展。2019 年中科曙光设计了名为硅立方的数据中心，将服务器与浸没式液冷技术集成，可承载单机柜功率提升到 160kW。浸没式液冷具有高能效、高密度、高可用和高可靠等特性，可以使单机柜功率密度提升 3 倍以上，电子部件故障率大幅降低，有效提升云服务品牌。浸没式液冷可以为社会节省大量能源，预计 2030 年浸没式液冷可节约用电 1637.77 亿 kWh，将数据中心的总用电量降低至 2477.23 亿 kWh。

根据 2019 年工信部《关于加强绿色数据中心建设的指导性意见》等一系列国家政策，数据中心绿色化成为一个新型的政策导向，需要对数据中心产生的废热进行高效利用。废热中心产生的废热形式主要为 70℃左右的废水，作为热能来说品位相对较低，国内的利用方式主要用作供水供暖使用。目前，我国在数据中心的余热回收利用方面也开展了较多探索性研究，以腾讯天津数据中心为例，目前其产生的废热十分之一用于其办公楼供暖，其余的废热用于吸附式制冷，产生的冷量用于送冷系统送冷。整个天津数据中心产生的废热若全部回收可达 22000kW，可满足 5100 户家庭供暖，减少二氧化碳排放 16 万吨，相当于种植 880 万棵树。

三、国内外发展比较

电子设备热控制问题是一个涉及面广泛的基础理论问题，也是制约高热流密度电子设备性能、研制成本、研制周期的核心技术问题之一。美国、英国等西方国家对电子设备热管理技术非常重视，在国家战略层面有着清晰的技术发展路线和项目支持。由美国国防部高级项目规划署（Defense Advanced Research Projects Agency，DARPA）资助的 HERETIC（Heat Removal by Thermo – Integrated Circuits）项目计划就旨在发展针对高密度高性能的电子和光学器件的散热冷却技术。有关课题分布在几十所大学和国家研究机构，经费资助总额高达 2500 万美元。其资助内容集中在四个方向：①核心技术（包括异质结构热电离子致冷、热电致冷、相变、合成微喷、微流道等研究）；②集成与封装；③建模与模拟；④实证演示。美国联邦政府的其他机构包括海军研究办公室（ONR）、能源部（DOE）以及 NSF、NASA、NSA 等也对这一类研究进行了大范围资助，同时电子产品工业界在该方向的研究应用上也投入了大量财力，内容包括：设计"冷"的电子器件（降低功耗、平均分布热量、减少热点等）、对冷却方案的自主研究开发以及对相关冷却技术的风险投资。美国诺斯洛普 – 格鲁门（Northrop Grumman）公司和美国雷神（Raytheon）公司分别对高功率固体激光器先进热管理技术进行了研究，提出了针对连续波 100kW 量级的激光器热控理论与热分析方法，有望将其研制的基于 Yb: YAG 晶体平板波导放大器的 16kW 连续波激光器的输出功率升级到 100kW。除此之外，进行电子设备热控制理论与分析方法研究的国际机构还包括美国 NASA、JPL、德国并行与分布式系统研究所（IPDS）、西班牙工程数值计算中心以及波兰热工业研究所（ITT）等。

美国国防部（DOD）在 2007 年委托美国空军科学咨询委员会（AF SAB）还专门成立了热管理技术研究中心，美国国防部高级研究计划局（DARPA）针对电子设备热量传递过程中的共性技术，以项目群的形式进行长期、系统的热管理前沿探索性研究，2008—2015 年期间先后支持了 HERETIC、THREADS、MCC、TMT、ICECool 五个项目群，分别围绕热扩展技术、高性能热界面材料、高效风冷散热器、单相/相变冷却器、主动式制冷技术等开展基础研究和工程验证，近期正在实施的 ICECool 计划则主要围绕高集成度芯片散热，开展与芯片集成封装的一体化热设计与冷却技术研究。以上五个研究计划吸引了耶鲁大学、斯坦福大学、普渡大学、佐治亚理工学院、IBM 公司、雷神公司、洛克希德马丁公司等一些美国著名高校和企业参与，极大地促进了美国电子设备热管理技术的研究进展，引领了美国电子设备热管理技术领域的发展。例如，2008 年，美国雷神公司联合加州大学洛杉矶分校等从美国国防部获得 710 万美元的经费资助，以研究下一代高功率电子器件的散热技术（包括了低接触热阻技术、高导热技术、高热流密度相变散热技术等）。研究计划耗时 4 年时间，分 3 个阶段。计划从芯片与设备两个层次研究下一代大功率、高热流密度军用芯片的高效散热技术，以降低高功率电子设备冷却系统的重量与尺寸，满足未来高性能军用电子设备的研制需求。在该计划的资助下，美国佐治亚理工学院与雷神公司合作，研制针对高热流密度军用电子设备散热需求和新型高效散热材料，以满足下一代军用电子设备热管理需要。此外，美国 NASA 的航空航天热管理系统路线图、电气和电子工程师协会（IEEE）牵头组织出版的国际半导体技术路线图（ITRS）和国际电子制造商联盟（iNEMI）的热管理路线图，也都对相关领域的热管理技术研究与发展提出了未来 10—20 年的战略规划。

与欧美发达国家相比，我国早期电子设备热控制技术的重视程度不够，投入开发的新技术并不多，在电子行业一直被普遍当作一类保障技术，在热管理基础方法创新、核心技术掌握等方面与国际先进水平存在较大差距。近 10 多年来，我国电子设备热管理的研究发展较快，尤其是随着我国电子设备产业的迅猛发展，通信、5G、大数据等信息产业的快速发展，我国电子、通信、航空航天等行业相关高校、研究院所、企业也持续开展了电子设备热管理技术的研究，热管理技术产业得到了快速发展，在一些关键技术上也不断取得突破，部分领域取得了国际领先的成果。但整体而言，我国在热管理基础方法创新、核心技术掌握等方面与国际先进水平相比，仍然存在一定差距，主要有如下特征。

（1）关键共性技术和前沿引领技术的研究仍有待加强，缺乏颠覆性引领性技术创新。我国在一些关键共性技术和前沿引领技术方面与美国、日本等国家还存在一定差距，主要体现在耐高温宽禁带半导体技术、高导热低维材料自组装技术、纳米尺度传热机理与调控、功能性高导热复合材料、热界面材料、先进电子封装热管理材料以及基于人工智能的热管理技术等方面。目前我国在这些领域还处于跟跑甚至刚刚起步阶段，尤其在高导热界面材料、芯片封装热管理材料等方面还有被"卡脖子"风险，其中许多技术是需要不断积累才能有所突破。此外，我国在信息功能器件及系统热管理方面缺乏颠覆性引领性技术创新，尤其是随着器件功耗和热流密度越来越高，美国在相关领域的研究投入只会越来越多，我们国家只能通过不断创新才能不受制于人。

（2）科学研究对相关领域产业发展的瓶颈问题聚焦仍显不足。随着我国近年来信息产业的快速发展，尤其5G产业已处于世界领先水平，高功率电子设备产品应用和普及，推动我国电子热管理相关产业迅猛发展。目前仅围绕5G散热相关的热管、高导热材料等散热器件和材料供应企业在我国就高达数百家，产值达到千亿级别，但是我国在高附加值热管理产业方面依然落后，一些高端热管理器件和材料依然需要从国外进口，比如超薄蒸汽腔热管、高导热界面材料、高性能电磁屏蔽型导热功能材料等，也尚未形成自主品牌效应。其主要原因之一就是我国目前科学研究对相关领域产业发展的瓶颈问题聚焦仍显不足，高校和研究所的科学研究与实际电子设备热管理产业的需求尚有较大差距，而且科研成果转化方面还存在较多障碍。不过需要指出的是，产业的竞争格局也倒逼企业增加研发投入、加强与高校和研究所的合作，我们国家在5G通信等电子设备热管理产业方面已经迈入快速发展车道，相信未来十年在高新热管理器件和材料产业方面应能部分赶超美国、日本等发达国家。

（3）科技管理体制与人才发展体制仍不能完全适应创新性发展的需求。目前我国还未单独设立电子热管理学科，也未见专门针对电子设备热管理学科的系统发展规划，电子散热还主要依托在工程热物理学科，这不仅限制了电子设备热管理理论与方法的进一步发展，也导致相关人才培养难以跟上产业界需求，如针对芯片级散热，不仅需要掌握传热学知识，更需要懂得电子器件封装技术和材料等微电子学科知识，这两个学科在目前学科规划系统中分属不同大类学科，交叉机会较少，不利于热管理领域人才的培养，当前我国的科技管理体制与人才发展体制仍不能完全适应创新性发展的需求。

四、我国发展趋势与对策

（一）信息功能器件及系统的热科学与技术发展趋势

1. 建立微纳尺度器件产热 – 传热理论体系

传统的宏观热输运理论体系受到挑战，器件及系统的热管理从宏观领域逐渐拓展到微纳尺度的新兴领域，需要探索微观能量载子产生、传递和相互作用规律，发展新的产热 – 传热基础理论体系。目前，微纳尺度产热 – 传热理论体系初步建立，能够实现对芯片内部热量的初步表征，但其忽略了一些实际复杂条件影响下的研究，例如电子－声子耦合对热输运影响等，需要深入研究完善微观尺度下产热－传热理论体系，实现对芯片内部热量的精准预测。同时，发展热力学与其他交叉学科的交互融合，结合现代信息、物理、材料、化学等学科的新概念和新方法，充分考虑热与电、力、材料领域的相互作用，建立新的热控制方法与技术。

2. 发展高热流密度电子设备热管理新方法

高热流密度、尺寸受限、均温性要求高以及高低温、微重力、高过载等极端环境条件给电子设备热管理提出了特殊要求，传统的散热技术无法满足电子器件的散热需求，需要研究一系列极端环境条件下的新型冷却技术。微通道相变冷却、浸没式相变冷却、喷雾和喷淋冷却、芯片"嵌入式"集成封装冷却等新型散热技术将会越来越多地应用于电子设备热管理领域，尺度微小化、物理场复杂化以及工作环境的极端化，对经典热管理方法提出了挑战，需要围绕微小尺度沸腾核化受限机理、高热流密度过冷沸腾与界面性能调控、多场多因素耦合驱动、相间强非线性和非平衡作用传热机理等基本科学问题，探索高热流密度电子设备热管理方法与技术。

3. 发展高密度异质键合封装技术

为了减少芯片的封装热阻，需要发展高密度异质键合与封装技术，阐明材料属性和键合方式对界面应力的影响规律，发展高强度异质界面键合技术。发展面向 3D 堆叠芯片跨尺度、高密度集成的多层级一体化封装技术。降低基底导热热阻是近结点冷却首要解决的关键问题，因此采用以金刚石为代表的高导热基底，降低异质界面热阻是未来的一个重要发展方向。

4. 发展芯片电－热－力协同设计方法

对于芯片的近结点冷却，明确电、热、力等因素作用下的芯片产热机理，探索降低芯片热耗散量的途径；建立芯片产热－传热的跨尺度－多场耦合模型。探索芯片电－热－力协同设计方法。针对近结区微通道散热技术，需要发展基于多目标协同优化的多热点微通道设计方法；对于相变换热特性，需要深入揭示表面结构与相变换热特性的作用机理，发展新型高效微结构壁面设计与制备技术。

5. 发展多目标优化散热系统设计方法

对于风冷散热系统，研究采用多目标优化或者其他优化手段耦合设计热阻和流阻。另外，在紧凑散热空间中，翅片的设计和优化应当结合气体流动方式（平行流和冲击流）。目前，旁通流对各种结构形状翅片散热器的影响还不够清楚。旁通流动对散热器热性能和压降的影响还有待进一步研究。对于液冷散热系统，研究单相微通道液冷系统的多目标优化设计，综合改善压降、传热系数、努塞尔数和温度均匀性等关键参数。对于相变冷却系统，由于相变的发生，压降也会迅速增加。高质量流量和高入口过冷度容易导致整个通道处于过冷沸腾换热状态，而低流量和低入口过冷度会使微通道大部分区域处于环状流状态，需要进一步调控通道结构降低相变过程中的沸腾不稳定性。

6. 发展面向大型计算机和数据中心的低排放和高效余热回收技术

针对数据中心，结合可再生能源（太阳能、风能、地热能、水能等）的有效利用，合理设计并充分利用数据中心内热冷媒传输和热交换过程中的能量转换，实现不需要机械式制冷的环境自然冷却，通过鼓励创新等方法实现可再生能源供能、"零排放"数据中心。对于余热回收利用问题，根据实际情况分级利用废热，综合利用吸附式制冷、低温朗肯循环、压电发电、热电发电等新型废热回收技术，实现废热高效回收利用。

（二）信息功能器件及系统的热科学与技术发展对策

1. 加强基础研究和跨学科交叉领域研究

由于近年来电子器件的快速发展以及功耗的快速提升，电子散热已从传统的系统级散热，逐步向封装级、芯片级深入，电子散热也不再局限于传热学科。要解决面向下一代高性能、高集成度、大规模电子设备散热瓶颈，需要从新型半导体材料和制备技术、高导热封装热管理材料和先进三维封装技术、高效相变换热技术和元件、系统热管理优化设计等多维度多层次协同攻关。这必然要涉及传热学、微电子学、材料、力学、机械、控制等多个学科交叉，针对大型数据中心的散热还将会结合人工智能、大数据等信息技术，因此电子设备热管理是一个典型的多学科交叉领域，需要结合现代信息、物理、材料、化学等学科的新概念和新方法，充分考虑热与电、力、材料领域的相互作用，建立新的热管理方法与技术。

2. 建设国家级电子设备热管理研究平台

未来十年将成为我国电子信息技术和产业赶超发达国家的窗口期，也是我国在高功率、高集成、高热流密度芯片热管理，以及超大型电子设备、大规模数据中心热管理等核心关键热管理技术领域突破瓶颈和封锁的关键时期。目前，我国在电子设备热管理学科领域，仅有南京理工大学"电子设备热管理工信部重点实验室"省部级实验室，以及航天五院"空间热控技术北京市重点实验室"市级实验室等少数省部级、市级实验室，亟待建设具有较强实力的国家级电子设备热管理技术科研平台，突破高热流密度条件下电子设备热控制的技术壁垒，建立具有国际知名度的电子设备热控制学术研究平台，打破国外对该领域先进技术的封锁，改善我国电子信息行业长期缺乏核心技术、自主创新能力弱、发展受制于人的现状，加速推进我国电子信息行业的转型升级，为我国工业建设和国防安全中的先进电子设备和关键器件的研制提供战略性基础技术。

3. 加大学科投入、重视学科规划和加强人才培养

由于电子设备热管理在集成电路产业中的重要性日益提升，热管理已从电子器件设计的末端上升到电子器件设计的始端。20年前，电子散热还是一个小众的细分领域，产品的机械部分（包括散热解决方案）与电子部分是独立进行设计的。但今天，热设计作为一

个学科领域可能由负责某个产品设计的跨学科团队中由一个或多个成员来完成，散热问题需要在产品设计之初就要协同考虑，甚至优先考虑。从集成电路产业界需求反馈来看，未来既懂得电路设计、又懂得热设计的复合型人才将是亟须型人才。从目前我国的学科规划和人才培养规划来看，亟须从基础研究、关键技术攻关、产业发展和人才队伍培养四个方面进行提前规划，推动我国电子热管理学科和产业的发展。

参考文献

［1］ 王博，宣益民，李强. 微 / 纳尺度高功率电子器件产热与传热特性［J］. 科学通报，2012（33）：3195-3204.

［2］ Xue X，Ming Y，Liu C，et al. Thermal Conductivity of Cross-linked Polyethylene from Molecular Dynamics Simulation［J］. Journal of Applied Physics，2017，122（3）：035104.

［3］ Song HY，Lv JT. Density Functional Theory Study of Inter-layer Coupling in Bulk Tin Selenide［J］. Chemical Physics Letters，2018，695：200-204.

［4］ Song HY，Ge XJ，Shang MY，et al. Intrinsically Low Thermal Conductivity of Bismuth Oxychalcogenides Originating from Interlayer Coupling［J］. Physical Chemistry Chemical Physics，2019，21：18259-18264.

［5］ 王建立，熊国平，顾明，等. 多壁碳纳米管 / 聚丙烯复合材料热导率研究［J］. 物理学报，2009（7）：4536-4541.

［6］ 朱建军，李震，张兴. 热电器件综合性能表征系统及实验研究［J］. 工程热物理学报，2013，34（1）：133-136.

［7］ Shuai F，Yan YF，Li HJ，et al. Heat Transfer Characteristics Investigations on Liquid-cooled Integrated Micro Pin-fin Chip with Gradient Distribution Arrays and Double Heating Input for Intra-chip Micro-fluidic Cooling［J］. International Journal of Heat and Mass Transfer，2020，159：120118.

［8］ Lee H，Agonafer DD，Won Y，et al. Thermal Modeling of Extreme Heat Flux Microchannel Coolers for GaN-on-SiC Semiconductor Devices［J］. Journal of Electronic Packaging，2016，138（1）：010907.

［9］ Li X，Xuan Y，Li Q. Self-adaptive Chip Cooling with Template-fabricated Nanocomposite P（MEO2MA-co-OEGMA）Hydrogel［J］. International Journal of Heat and Mass Transfer，2021，166：120790.

［10］ Yegin C，Nagabandi N，Feng XH，et al. Metal-Organic-Inorganic Nanocomposite Thermal Interface Materials with Ultralow Thermal Resistances［J］. ACS Applied Materials & Interfaces，2017，9：10120-10127.

［11］ Zeng X，Sun J，Yao Y，et al. A Combination of Boron Nitride Nanotubes and Cellulose Nanofibers for the Preparation of A Nanocomposite with High Thermal Conductivity［J］. ACS Nano，2017，11（5）：5167-5178.

［12］ Liu Z，Chen Y，Li Y，et al. Graphene Foam-embedded Epoxy Composites with Significant Thermal Conductivity Enhancement［J］. Nanoscale，2019，11（38）：17600-17606.

［13］ 李鑫郡，张靖周，谭晓茗. 存在横流时双压电风扇激励传热特性［J］. 航空学报，2018，39（1）：121424.

［14］ Yang M，Cao BY. Numerical Study on Flow and Heat Transfer of a Hybrid Microchannel Cooling Scheme Using Manifold Arrangement and Secondary Channels. Applied Thermal Engineering，2019，159：113896.

［15］ Hu DH，Zhang ZW，Li Q. Numerical Study on Flow and Heat Transfer Characteristics of Microchannel Designed

Using Topological Optimizations Method［J］. Science China, 2020, 63（1）: 105-115.

［16］ Fang H, Yang, Xian M, et al. Can Multiple Flow Boiling Regimes be Reduced Into a Single One in Microchannels?［J］. Applied Physics Letters, 2013, 103（4）: 043122.

［17］ Zong LX, Xia GD, Jia YT, et al. Flow Boiling Instability Characteristics in Microchannels with Porous-wall［J］. International Journal of Heat and Mass Transfer, 146（2020）118863.

［18］ He YL, Tao WQ. Multiscale Simulation of Energy Transfer in Concentrating Solar Collectors of Solar Power System［C］. Cht-15 International Symposium on Advances in Computational Heat Transfer. 2015.

撰稿人: 张　兴　李　强　马维刚　等

生命健康中的热物理科学与技术发展研究

一、研究内涵与战略地位

生命健康中热物理科学与技术的研究核心，在于探索和研究各种时空尺度及温度范围内的生命最基本特征之一——物质与能量在生命体中及与环境之间的定量传输规律，并据此发展基于热物理调控的个性化、智能化和精准化疾病诊疗方法和技术。其在生物医学前沿技术研究中占有重要的一席之地，是国际学术界和产业界关注的热点，对提高人民生命健康水平具有重大的科学研究意义和战略价值。

生物体是结构复杂的有机体，具有高度的各向异性和非均匀性，在分子、细胞、组织、器官及个体不同层面进行着多样化动态生命过程。与非生物系统不同，其具有独特的血液和体液的循环系统、温度感觉和控制系统；对各种外界刺激呈现多样化的主动热响应，并随个体、性别、年龄和环境而动态变化。这些都使得生物体内及生物体 – 环境间传热传质的定量研究复杂而充满挑战。面向人类生命健康领域疾病诊断与治疗的需求，利用各种物理场（热、光、磁、声、电、力等）作用下能量与物质在生物组织中转化及传输而产生的热效应、生物效应和机械效应等，发展疗效显著、精准的临床热物理诊疗技术，具有重要的现实意义和广阔的临床应用前景。

从细胞、组织、器官到生物体系统不同层面研究人体热生理反应规律，深入揭示生物体内液体流动与能质传输机制，探索热物理调控对生物系统产生的作用与效应，发展生物热物理特性的先进实验观测方法，能够为热物理诊疗技术和医疗仪器的开发奠定重要的基础。通过与临床医学、生物学、材料学和信息科学等领域的深度融合与交叉合作，开发热物理精准诊疗方法和技术，可为药物靶向高效输送、肿瘤 / 动脉斑块治疗、低温生物保存以及热物理康复等迫切的医疗需求提供创新的诊疗手段。此外，开展生命健康中热物理科学与技术的基础科学研究，发展相关的生物医学应用技术，能够拓展和丰富工程热物理学科的基础理论、知识体系和学科内涵，促进多学科交叉融通并在此基础上取得科学突破，从而产生生物传热传质理论与热物理治疗的新原理和新方法，具有重要的理论研究意义和学术价值。在此基础上，立足于中国人疾病的特点，通过研发具有自主知识产权的个体化精准治疗技术，促进生物医药产品、医学监测与诊断仪器以及热物理治疗仪器的创新开发，提升我国在热物理治疗医学领域的原始创新能力，为促进人民健康发挥重要作用。

二、我国的发展现状

自 20 世纪 70 年代起，我国研究者先后在生物组织的低温冷冻存储、肿瘤的冷冻与热消融治疗、激光皮肤治疗以及化疗大分子药物输送等领域，开展了生物传热传质建模、热物性参数测量、诊疗技术开发的理论分析与动物实验研究等，取得了一系列富有成效的结果。近年来，融合纳米科学、智能材料、分子生物、免疫医学等新兴领域中的先进技术，拓宽了从宏观生物组织到微观细胞及蛋白分子的多尺度理论与实验研究，发展了新的测量方法、诊疗技术和医疗仪器，展现令人鼓舞的研究价值与应用前景。本领域涉及生物体内流动与传热传质机制与理论、生物热物理特性表征与参数测量以及热物理诊断与治疗方法与技术等研究。

（一）生物体内流动与传热传质理论

生物体的流动与传热传质是多种机制共同作用下的复杂过程。对于局部生物组织的传热研究，我国学者早期基于 Pennes 生物传热方程，分析了组织骨架导热、血流作用以及新陈代谢等内热源的影响，将生物组织视为均匀连续介质并考虑血液灌流热效应，发展了生物多孔介质传热模型[1]；考虑相对较大血管的传热效应进行了局部生物组织的传热建模，并对多种生物传热模型进行了解析求解与分析对比研究[2]。自 20 世纪 90 年代起，随着血管铸型、CT、MRI 等图像重构技术的发展，研究人员致力于采用计算机程序生成血管树结构模型，逐步完善基于离散管段或局部血管网络的传热模型研究。在人体体温调节方面，考虑人体温度动态响应和调节功能，将整个人体划分为多个节段建立了人体热调节控制数学模型并计算了人体同环境之间的热交换[3]；此后，相继提出了更多节段和空间节点的模型。针对生物活体组织特有的受热后发生温度振荡的现象，将热波理论引入 Pennes 生物传热方程建立了能揭示生命热现象物理本质的传热模型[4]。近几十年来，我国研究人员围绕临床疾病热物理治疗中的传热传质问题开展了大量理论基础研究。建立了针对肿瘤组织的多孔介质冻融相变传热数学模型，模拟冷热交替治疗过程中肿瘤组织温度场分布及冰晶增长与融化过程[5]。对激光治疗中各向异性、形状复杂生物组织内的辐射能传输问题，构建了选择性光热效应作用下的局部非热平衡多温度多孔介质传热模型[6]。

在生物传质理论研究方面，国内学者广泛研究了注入药物、功能材料、O_2和NO等物质在体内传输的数理建模。围绕药物在肿瘤内的毛细血管－跨毛细血管壁－组织间内的流动和迁移传输问题，建立了多种肿瘤组织内流体动力学模型和化学药物透过毛细血管壁进入肿瘤间质的扩散模型[7]；根据靶区血管形态对药物靶区多孔肿瘤间质中的迁移过程进行建模，并获得了药物在肿瘤组织内时空分布的演化特性[8]；采用介观方法建立了生物体内纳米药物、O_2和NO等物质在微细血管内的附着与传输模型，掌握了载药颗粒、血细胞及温度等关键因素的影响规律[9, 10]。在微观的细胞层面，构建了描述载药纳米粒子与细胞之间相互作用及热质传输的理论模型[11]。在低温保存方面，建立了可以预测保护剂溶液中受扩散控制的细胞脱水、胞内冰晶成核与生长的新模型[12]。

这些研究成果丰富并拓展了生物传热传质的基本理论，为热物理治疗技术在临床医学中的应用奠定了坚实的基础。目前已有的理论研究大多着眼于局部单一温度场或质量场演变规律，存在着简化组织结构、生物活性及生命体特征等局限。虽然在多场作用下的非平衡多尺度研究方面取得了一定进展，但针对生物体结构复杂性、热生理波动特性以及生命活动中机体主动调节作用等问题，仍然缺乏准确的传热传质定量刻画方法。

（二）生物组织热物理特性与参数测量

生物组织内及其与环境间物质与能量传输特性的表征与测量，在生物热物理的科学研究和应用中占有十分重要的地位。准确测量生物组织热导率、血液灌注率、扩散系数、电导率以及代谢率等物性参数，能够为深入研究生物传热传质机制、重构生物组织温度场和浓度场、精确控制治疗过程中的能量／药物剂量等提供极其关键的基础信息和数据。生物组织不同于一般工程材料，具有高度各向异性和非均匀性，其物性参数随生物个体、年龄及生理状态等发生时间与空间上的变化，特有的体温调节和血液循环系统也使得相关传热传质机制十分复杂，不规则边界、初始条件多样性以及活体测量时所受的多种限制，都使得其相关物性参数的表征与测量成为极具困难和富有挑战的课题之一。

我国学者早期建立了基于一维热流偏微分方程的非稳态测量方法，采用研制的微型热针测量了动物离体组织的热导率[13]；运用热脉冲技术，通过建立热敏电阻和介质的非稳态耦合数学模型，对动物活体组织的热导率和血流灌注率进行介入式测量，获得了具有较好稳定性和准确性的结果[14]；研制了基于等温加热法的局部组织热物性参数实时在位测量系统[15]；根据表面温度与简谐加热热流间的相位移动获取血液灌注率以减弱接触热阻影响[16]；并在多热特性参数的无损活体测量方法方面进行了探索[17]。相对于能量传输性能参数，表征物质在生物组织内扩散性能的参数测量研究较少。目前，国内大部分研究侧重于采用实验方法进行药物在溶液或凝胶中扩散系数的测量，如采用动态光散射法测量溶菌酶在聚丙烯酰胺凝胶中的扩散系数、采用金属膜池法测定脂肪族氨基酸在水溶液中扩散系数并外推了半经验模型、利用扩散排序核磁共振技术构建混合物溶液中各组分的扩散系数表达式[18]。理论研究方面，根据 Fick 定律和 Stokes Einstein 方程，推导得到了纳米磁流体在不同孔隙结构生物组织内传输的有效扩散系数表达式，提出了基于 Monte Carlo 方法的有效扩散系数计算方法[19]。与无机多孔介质不同，生物组织的高度异质性、结构复杂性和生物活性等都为准确测量扩散系数带来了难题，现有的理论分析和测量原理模型中均使用了较多简化处理。

环境中半挥发性有机化合物（如邻苯二甲酸酯等）很容易被皮肤吸收后进入人体，但传输过程、规律及物性参数并不清晰。由于伦理道德限制，目前难以对人体进行活体皮肤暴露实验。我国学者采用免疫荧光法，以动物为研究对象观测污染物在皮肤中的浓度分布，并利用母体化合物和代谢产物的单克隆抗体同时显示母体化合物和代谢产物在皮肤中的浓度分布，但目前其精度尚只能做定性分析，无法满足定量分析要求。物质在皮肤内的暴露分析需借助于皮肤暴露模型和实验测定联合进行，我国学者率先建立了气相皮肤吸收瞬态模型[20]，并以儿童为研究对象，测试了不同物质在手表面的浓度及其对应的代谢产物在尿液中的浓度，获得了皮肤暴露与总暴露的关联性，以及总皮肤暴露对总暴露的贡献率[21]。但模型中皮肤层中的生化反应强度以及多个物性参数尚难以准确测定，这是今后亟待深入开展的研究。

（三）热物理诊断与治疗技术

热物理诊疗技术是具有疗效明确、微创、毒副作用小及靶向性好等独特优势的"绿色疗法"，在临床医学多个领域得到了很好的应用。随着工程热物理、生物医学及材料学等领域科技力量的日益进步以及学科间交叉合作的全面深入，面向临床医疗需求的热物理诊断与治疗技术的创新发展充满了机遇，成为国内外研究热点。近年来我国在肿瘤与心血管疾病的冷热治疗、激光治疗、纳米药物输送以及低温存储等领域的热物理基础科学研究、诊疗方法与技术开发、诊疗仪器研制方面取得了阶段性研究成果，有望使热物理诊疗技术在提升人民健康水平方面发挥重要的作用。

1. 肿瘤与心血管疾病的冷热治疗

肿瘤和血管斑块等靶病灶的高低温能量治疗一直是国际上生物热物理诊疗领域的重大课题和研究热点。我国学者围绕微波、射频、高聚焦超声、磁感应等热消融方法对肝、肺、肾上腺等部位的肿瘤开展了大量研究[22, 23]。在外场作用下的生物热效应、精确控制热剂量的产生及传输等方面，进行了传热传质机理分析与数值模拟、体模与动物实验以及临床治疗探索，结果表明热物理治疗可有效提高肿瘤控制率及病人生存率。传统冷冻消融方法由于冷冻后细胞复苏能力较强导致复发率较高，其临床应用远没有微波、射频等热消融方法普及。

近年来，研究人员提出了突破单一治疗瓶颈的冷热疗联合、热物理－化学联合、纳米材料－冷／热疗联合等多模态肿瘤微创治疗方法[24, 25]。对结直肠癌肝转移患者进行低温冷冻与射频热消融联合治疗的结果证明了多模态治疗模式的显著疗效，并发现冷热联合治疗能够诱导机体产生比单独热疗更持久的 T 细胞抗肿瘤免疫响应，从而引起肿瘤细胞最大程度免疫原性坏死[26]。提出了用高温杀伤增生平滑肌细胞、低温保护内皮细胞的心血管疾病热物理治疗新方法，初步开发了靶向适形的诊疗一体化射频治疗系统[27]。多模态治疗方法的联合不是简单的叠加，而是通过协同来强化各自优势并弥补缺点，从而显著提高疗效。这不仅需要深入研究治疗机理，同时在治疗技术方面也需要较大革新。

2. 激光手术治疗

激光临床疗法具有靶向性强、出血少、功率密度高等优点，在心脑血管、肝脏、膀胱、皮肤、眼科、妇科以及牙科等疾病诊疗中发挥着越来越重要的作用。激光手术是极为复杂的多尺度过程，涉及辐射场、温度场、力学场等多物理场作用下的能质输运特性。目前激光热疗存在光热转化效率低、缺乏高效精准冷却技术等问题，导致难以突破低治愈率的瓶颈，急需从生物组织中的光子传输与能量沉积以及损伤动力学等角度，对激光治疗机理、激光操作参数、精准诊疗技术与仪器研发一系列问题开展深入研究。

我国学者针对复杂生物组织，先后构建了新型辐射传输模型以及多尺度非平衡光热转化模型，揭示了瞬态激光照射下生物组织内的选择性光热效应作用机理；提出了血管壁压力损伤与阿伦尼马斯（Arrhenius）热损伤的"二元"竞争热损伤新模型，明确了血管性皮肤病激光治疗过程中病变血管破裂和完全消失在机理上的重大区别；丰富了激光生物医学传热传质基本理论[28, 29]。并且，提出了采用具有光热选择性增强功能、可负载药物的纳米金和大分子复合材料，提高生物组织内光热转化效率的新方法，通过血液和活体血管实验进行了验证，对激光波长、纳米颗粒结构及浓度等参数进行了优化[30]，为提高深层肿瘤光热治疗的疗效提供了新的思路。此外，开发了适用于黄种人高色素含量特点的高时间／空间选择性制冷剂瞬态闪蒸喷雾表面冷却新技术，通过优化激光手术操作参数实现了治疗过程的可视化控制[31]。采用激光散斑对比度增强等一系列技术，对厚度为 1—2mm 的皮肤组织实现了分辨率不低于 $10\mu m$ 的显微成像以及对皮肤组织内血管形态和血流动力学在线监测。提出的基于光声温度精准调控的光热治疗方法，可实现靶区温度在 10s 内误差小于 0.7℃的非接触式精准测量与控制[32]，为激光皮肤手术的精准化与智能化治疗奠定了坚实基础。

3. 纳米药物输送

提高诊疗药物的靶向输送效率一直是临床医疗中面临的瓶颈问题。药物在进入体内后会经历在血管／淋巴管内流动及沉积、跨壁后在靶区组织扩散、跨膜及胞内释放等一系列复杂的多尺度传输过程。传统药物动力学研究主要考虑药物浓度和释放时间等与治疗效果的关系，难以明确关键因素的定量影响规律。因此，开展载药粒子在血管内输运及组织中迁移特性的研究，对实现高效药物靶向输送具有重要科学研究价值和临床应用价值。

国内学者从 20 世纪 80 年代起对药物在肿瘤内毛细血管 – 跨毛细血管壁 – 组织间质内的传输，进行了大量研究并取得了一系列成果，提出了肿瘤组织流体动力学模型和药物传输等模型。近年来针对纳米药物输送问题，建立了肿瘤细动脉中血液的宏观非定常脉动模型，对磁场引导下的纳米药物传输进行了多物理场耦合作用下的动力学模拟[33]。在介观尺度研究了红细胞影响下毛细血管内纳米药物和 NO 等的输运及壁面附着。针对药物在靶区多孔间质组织中扩散迁移问题，根据血管结构定量刻画了药物从微血管渗出及在靶区组织中的扩散过程，并进行了相应的体模和小动物实验研究[34, 35]。

近年来，纳米技术的优越性使得纳米载药成为国际研究前沿热点。纳米载体可携带药物分子穿透普通药物难以跨越的生物屏障，有望实现高效靶向给药和基因转染、准确定位单细胞病变和早期肿瘤等，具有巨大发展潜力和广阔应用前景。纳米药物与细胞膜相互作用、跨膜及在胞内释放的复杂机制，是靶区药物高效富集研究中的关键科学问题。国内学者从微观细胞角度，采用分子动力学模拟方法、体外细胞和小动物实验方法等，研究了金、脂质体、铁磁材料及多肽等纳米药物载体的结构与表面特性对膜结构及跨膜行为的影响[36]，对磷脂膜面积、诱导孔及自由能的改变[37]；并对温度和电磁场作用下的纳米药物跨膜行为进行了研究，发现通过调控外激励场的温度效应和机械效应，能够有效促进纳米药物的跨膜输运[38]。

4. 低温存储技术

低温存储技术对于细胞、组织乃至器官以及珍稀动植物等资源的长期保存、样本库的建立、发展人体器官移植等具有重要的研究意义和应用价值。低温保存包括保护剂导入、程序化降温、深低温下长期保存、复温和保护剂洗脱等环节。每个环节中细胞内外温度与压力、蛋白质活性与新陈代谢率等的变化，都会引起不同层面的组织发生复杂的物理、化学和生物反应。当前对细胞、组织、器官乃至活体生命在深低温作用下损伤、冷冻液保护以及复苏机制的认识仍存在严重不足，使得复杂生物体（如器官和活体生物体）的低温保存面临重大挑战。

国内研究者自 20 世纪 70 年代起致力于生物低温保存机理的研究，以实现高质量长时间的生物材料低温保存。对多种动物和人体细胞等进行了低温冻存实验研究，发现细胞和简单组织可以在 –196℃下保存十年，待复温后检测无任何功能变异。温度在 0℃到 –60℃细胞内形成冰晶，造成细胞不可逆损伤。细胞内水分在温度低于 –60℃时进入玻璃化状态，能减少冷冻损伤[39]。在低温保护剂方面，就渗透性与非渗透性抗冻剂能否进入细胞、胞内 / 外的作用、毒性与浓度关系以及糖类添加作用等进行了研究[40]；探索传热与传质过程中合理的降温和复温程序，以找到既能防止"胞内冰损伤"又能避免"溶液损伤"的途径[41, 42]。国内对于复杂生物组织和器官低温保存的研究起步较晚，目前已成功实现了简单生物组织的保存。生物组织、器官与简单细胞相的组织结构非常复杂，其长期保存还需要跨越尺度增加、器官的隔室化以及器官中细胞异质性等障碍。

三、国内外发展比较

（一）生物体内流动与传热传质理论的国内外研究对比

1948 年，Pennes 提出了著名的生物传热方程，其中引入血液灌流项反映出入生物组织单元的血流所传输的平均热量[43]。在此基础上，许多学者更为细致地考虑动静脉血管不同形态和流动特性，分别基于血管网络的真实解剖结构与统计结构，发展出多种改进的生物传热模型[44, 45]。在体温调节方面，比较系统和全面地分析了人体独特的热生理特性，建立了受出汗、血管舒张及寒颤等下丘脑神经控制的多段传热模型[46]，并在许多相关领域得以应用。围绕血液流动和生物传质问题，国外学者采取了更为多样化的研究方法，针对人体多种组织开展了大量研究。如通过拉格朗日跟踪法等方法模拟物质在血管内的输运特性；采用多孔介质模型、Maxwell-Garnett 方程、多孔弹性理论、Starling 定律以及布朗动力学等方法，建立了具有不同渗透特性靶区组织的单元体模型；研究了各向异性肿瘤介质内肿瘤药物的扩散特性、含水率对 O_2 和 CO_2 等小分子在肿瘤间质扩散的影响[46, 47]等。在美国、德国等国家，相关基础理论在临床实践指导、医学诊疗仪器开发方面的应用更为广泛。

近几十年来，国内外各种血液流动与生物传热传质模型及其数值分析方法的建立，极大地丰富了生物传热传质理论。但 Pennes 连续型方程仍是至今为止应用最为广泛和最成功的生物传热方程，尽管其在物理上和生理上的解释存在疑问，但与非连续型模型相比，具有计算简单、实际应用性强等优点。非连续型模型可以描述局部血管与周围组织间的传热，更接近实际情况，理论上精度更高且适用范围更广。然而由于引入了更多难以准确测定的结构和参数，其对大范围和深部组织的适用性相对较差，很难在临床诊断及治疗过程中发挥指导作用。此外，受体内循环网络形态、血液和血细胞与血管相互作用、传输物质与各层面组织相互作用等复杂因素的影响，国内外学者主要是针对局部动脉血流、单个毛细血管或局部毛细血管网等血液流动及相关传热传质问题进行研究，大多没有考虑介质不连续性、低雷诺数流动、流动边界特殊性等情况，缺少对整个复杂循环系统的认识。总体而言，国内外生物流动与传热传质理论的研究，存在着研究模型简化、物性参数不确定、对不同时空尺度下能质传输耦合关系考虑不足等问题，难以准确地定量刻画生物体能量和质量输运过程。深入和系统地研究生物体内循环系统流动与传热传质机理、建立合理适用的生物传热传质模型，仍是本领域中亟待解决的关键问题。当前，国内外研究均是从早期单方程连续模型向接近人体真实结构的精准化模拟迈进，并呈现出从器官级宏观尺度向生物整体级宏观尺度及细胞/蛋白分子级微观尺度两极化发展的趋势。

（二）生物组织热物理特性与参数测量技术的发展对比

自 20 世纪 80 年代起，美国和一些欧洲国家兴起了针对离体 / 活体生物组织物性参数测量的研究热潮，在开发稳态和非稳态微创测量方法方面取得了大量研究成果，并系统地发表了多种生物离体组织的物性数据。采用稳态测量方法测量离体组织的热导率，与一般工程材料的测量没有区别，忽略了生物组织的各向异性及受生理状态等众多因素影响的问题。一些瞬态微创测量技术的应用更为成功，如采用嵌入热敏电阻、热脉冲衰减等技术测量离体或活体组织的热特性参数。许多学者在测量探针的几何形状改进、探针温度梯度及过程的控制方面开展了大量研究，研制了热电堆和铜板夹层结构、薄电阻、热敏电阻等多功能探针，提出多种以较高精确度同时测量导热系数、热扩散系数和血液灌注率的方法[48]。我国同时期相关方面的研究相对有限，也缺乏相应的物性数据积累。在无创测量方法方面，国内外的研究均较少，开发了适用于测量骨头类的硬组织热导率的简化测量方法，以及将微热探针置于大脑表面、采用聚焦超声波热源和热成像测温连续监测大脑血流量等方法。

在生物体内及其与环境间的物质传输特性表征与参数测量方面，国外较早地开展了大量理论和实验研究工作。通过研究正常组织以及恶性肿瘤组织内对流与扩散情况的不同，考察肿瘤间质、皮肤组织、脑白质等不同生物组织内的细胞排列形式，构建了多种形式的组织单元体模型，采用计算推导、蒙特卡罗等理论方法，得到了组织内大分子药物、空气污染物以及单克隆抗体等物质的有效扩散系数的表达式，建立了其与肿瘤含水率、单元体内各组分、间隙体积分数及曲率等的关系式[49]。实验研究中应用最为广泛的是采用荧光漂白后恢复（FRAP）技术得到活细胞的动力学参数，以及采用扩散腔、电感耦合等离子质谱法、放射性同位素法和光散射法等测量离体组织内的扩散系数。近年来学者们采用微流控技术构建体外模型研究纳米颗粒的渗透性和扩散系数。在原位测量方面，多采用共聚焦激光扫描显微技术、CT 和磁共振扩散加权成像技术评估不同生物组织内的表观扩散系数[50]。

迄今为止，国内外学者均在瞬态有损测量离体组织热物性方面取得了有价值的研究成果。由于有损测量方法会引起组织局部生理状态及热特性发生变化，且离体组织的生化过程停止，其测量结果不能真实反映活体组织的热特性。因此，无损伤活体测量是最具应用价值和开发潜力的技术，但目前的研究还相对较少，仍存在着测量受温度噪声影响大、无法真实反映距测量点较远处的血流、难以确定进入组织的实际热流及热探针与皮肤间的热接触电阻、温差控制精度低等局限性，其中大部分工作仍处于探索阶段，尚未开发出一种能够准确地同时测量深部组织多个重要待测热特性参数的成熟技术。国内外在扩散系数测量的理论研究方面均存在模型简化、不能反映实际组织复杂形态和结构的显著影响等问题。通过实验测得的分子表观扩散系数表征的是由布朗运动引起的水分子受限扩散，不能精确表征特定物质在不同生物组织中的传输特性。因此，亟待发展不同物质在不同多孔活性生物组织中有效扩散系数的原位测量方法。

综上所述，在理论基础的积累、实验方法的多样性以及研究的规模方面，我国与国外都存在一定的差距，但我国在无损热物性测量、传质瞬态模型研究、污染物皮肤暴露贡献率和衣服对人体皮肤暴露影响等方面的研究后来居上，相关论文已被国内外同行广泛引用。目前国内外的研究多停留在唯象层面，还有待机理层面的突破。开发宏观和微观尺度下的原位与动态测量方法，用以表征治疗过程中真实的物质和能量传输特性及与生物组织界面的相互作用，是目前面临的主要问题，也需借助交叉学科从传统有创/微创接触测量向无创测量技术、从定性观测到定量测量技术发展。

（三）热物理诊断与治疗技术的发展对比

国外的热物理诊断与治疗技术研究起步早于国内较长时间，针对射频、微波、超声、激光、磁热疗以及冷冻等多种治疗方法，开展了大量的热物理治疗机理、理论分析、数值模拟、离体与在体动物实验以及临床转化及应用研究，积累了丰富的基础理论、动物和临床实验数据，已研制出一系列热物理治疗商用医学仪器，成熟的技术在临床得到广泛应用。相比而言，国内前期的理论基础研究和临床实验数据积累相对薄弱，研究广度与研究规模、医用仪器开发与成熟技术在临床广泛应用等均与国外存在一定的差距。

近年来，我国在机理认识和理论研究方法方面取得了长足进步，与国际相比具有并不落后的基础和研究条件。提出了一批原创性的先进治疗方法，如纳米材料－冷/热疗－化学联合多模态肿瘤微创治疗、适形射频消融及仿生纳米材料靶向药物的动脉粥样硬化治疗、适用于黄种人的激光冷却技术等；建立了新的生物传热传质模型以及治疗效果评估模型，在一些环节上作出了有重要意义和影响的创新性贡献。然而，目前这些研究与医疗实际需求之间尚存在较大距离，迫切需要建立高效的医工合作机制，开展关键基础科学问题与医疗技术瓶颈的研究，在开发面向临床转化和应用的医疗仪器方面取得突破。

1. 肿瘤与心血管疾病的冷热治疗

欧美国家针对射频消融、磁感应热疗以及冷冻治疗技术已经开发出了成熟的医用仪器，取得了有效的临床治疗成果。1985 年肿瘤热疗就被美国食品药品监督管理局 FDA 认证为继手术、放疗、化疗和生物治疗之后的第五大肿瘤治疗手段。射频消融等在肝、肺和骨肿瘤治疗等多个医疗领域得到广泛应用，美国 RITA 公司开发出针对不同大小肿瘤的系列临床治疗射频针；美国的 FeR 公司、德国洪堡医学院等的磁感应热疗已进入临床应用阶段。我国针对微波热疗的研究较多，但总体在热物理消融治疗仪器研发与应用方面与国际尚存在差距。在冷冻治疗方面，国内高端肿瘤冷冻治疗设备市场长期被美国和以色列垄断，受进口配额限制、运输环节及手术安全隐患等限制，难以推广和普及应用。有鉴于此，我国学者提出了在同一探针尖端施加高强度冷热剂量的技术，研发了通过国家食品药品监督管理局审批的低温冷冻手术系统，打破了进口设备的垄断。

目前国内外在解决复杂形状肿瘤的精准热消融和冷冻治疗上仍面临技术瓶颈[51]。能量在靶区组织的适形分布、敏感组织治疗温度的精准控制等极具挑战的难题均有待解决。国内研究人员在肿瘤多模式治疗、纳米药物治疗和动脉粥样斑块精准射频治疗方面进行了一系列原创性的研究，有望获得较传统方法更好的预后效果。这些研究尚处于发展阶段，需要对治疗中多场耦合作用下的多尺度传热传质特性、纳米材料靶向输送及其与生物组织相互作用等进行深入研究，攻克仪器研发的瓶颈，推进热物理诊疗技术的临床转化与应用进程。

2. 激光手术治疗

国际上，研究者们率先采用高速摄像的方法捕捉到了纳秒级激光脉冲照射下肝脏与皮肤组织气化、撕裂及等离子体产生等过程；采用 Taylor-Sedov 模型对超快激光照射下生物组织内的压力波进行了数学描述；提出了新颖的光声测温方法，测定了连续激光照射时视网膜温度的升高。该方法能够同时进行每帧3秒细胞成像和温度测量（温度分辨率0.2℃），实现了视网膜激光治疗的精准控制[52]。在这些方面国内研究均起步较晚。

目前，国内外研究均未考虑组织相变、等离子生成等因素对激光传播的反作用。随着激光技术的飞速发展，高能量、窄脉宽、高频率的新型激光器越来越多地应用于临床治疗。纳秒、皮秒激光作用下的生物组织热凝结、气化、等离子体生成等复杂机制作用下的生物组织传热传质规律亟待研究。体内温度、流速和形态等关键物理量的测量在激光手术的方案制定、可视化在线监测中具有重要作用，需要通过热物理与光学的交叉从有创接触测量向无创测量技术发展。

3. 纳米药物输送

国外对多种肿瘤组织中的药物扩散开展了大量理论和实验研究。先后建立了经典的非均匀溶解扩散模型、多孔介质模型、中尺度热力学模型和分子动力学模型，研究了关键因素对药物、有机和无机载药颗粒等在肿瘤间质扩散的影响及与膜的相互作用。近期有学者在考虑红细胞碰撞、血管渗透性、磁场和配-受体作用力等因素影响下研究了纳米颗粒在血管壁的黏附行为。最新研究探讨了水凝胶纳米颗粒和红细胞的柔性对输运及附着的影响。在实验研究方面，利用微扫描探针、荧光及激光共聚焦显微镜等检测方法，发现外加电场和磁场等能显著影响药物跨膜输运[53]。

目前，在纳米药物输送的研究方面国内外齐头并进，各有侧重。但大多仅对细胞、器官或系统进行单一组织层面的研究，忽略了生物活性的影响以及血管弹性形变引起的血细胞及血流运动变化等，存在组织结构与细胞膜成分简化、多场耦合作用下传输机制模糊、实验缺乏理论依据等不足，迫切需要针对这些问题开展深入研究，探索外激励场和智能载体材料协同作用的有效调控方法，发展精准靶向输送纳米药物的热物理调控技术。

4. 低温存储技术

国际上，现代低温生物学的发展开端于 1940 年，在过去的半个多世纪里，国外学者在冷冻过程中胞内冰形成预测模型、细胞膜表面和胞内结晶形成等方面进行了大量热力学理论分析、低温显微镜实验及探究分子作用机理等的研究[54]；甘油等低温保护剂的发现揭开了低温生物学发展新的里程碑[55]。美国橡树岭国家实验室提出了第一个预测冷冻过程中细胞脱水量的热力学模型。此后，许多研究者发展了一些改进模型或扩展模型，定量预测了溶液中冷冻人肝细胞时所发生的细胞脱水、胞内冰成核和冰的形成概率生长情况，对复温和玻璃化冷冻保存过程中的传热传质情况进行研究。

国内学者自 20 世纪 70 年代起开展该领域的研究，宏观上不断改进现有热力学模型，更准确地预测细胞和组织在低温保存中的生物物理变化。在微观上探究了生物材料的低温应激反应和低温保护剂作用机理。虽然在一些方面赶上了当代世界水平，但对于肝、心、肺、肾等复杂器官组织的低温保存，缺乏能精确预测流场和温度场的模型，需要探究保护剂的微尺度跨膜输运机制、寻求合适低温保护剂及优化低温保存方法，以攻克大型组织器官冰冻保存技术难关。

四、我国发展趋势与对策

当前，临床精准医学的发展对热物理科学与技术研究提出了新的要求和挑战，而生物医学、先进材料、电子信息等领域中高新技术的涌现，也使得热物理科学与技术的创新发展充满了机遇。我国围绕在临床医疗中的重大需求，通过医工深度融合与协同创新，下一阶段主要可在以下方面展开研究。

（一）深化对生物体热物理响应机理的认知

从细胞、组织、器官及个体不同层面出发，基于人体真实的复杂结构与生理特性，全面探究和解析在冷热刺激、功能性材料介入以及光 / 热 / 电 / 磁 / 声等能量场作用下，人体的宏观与微观生化响应机制、热物理响应机制及其相互耦合影响机制，这是发展生物热物理科学理论与应用技术的基础核心问题。

（二）发展理论研究体系与仿真方法

研究微观、介观和宏观尺度上能量场－功能材料－生物活性协同作用下的生物体内流动与传热传质机制，根据人体正常 / 异常组织解剖结构，发展多物理场耦合效应作用下的细胞、组织、器官和生命个体各尺度及跨尺度能量与物质传输的基础理论研究体系和仿真方法。

（三）发展原位动态的生物体生理与热物理特性测量技术

探究生物体各层面组织内、组织界面之间以及组织与环境之间的能质传递特性；发展在静息条件与外界干扰作用下，生物体生理特性参数（如温度、血压、血流等）、组织内传热传质物性参数以及环境–生物体间能质传递特性在体原位及实时动态的测量方法，发展相关的可穿戴测量技术。

（四）现有热物理治疗中能量与物质传输的精准化调控

基于肿瘤和心血管等疾病的能量热消融/冷冻消融、激光手术、纳米药物和冷冻存储等方面的研究，发展多物理场、热物理–化学、热物理–生物联合等多模式精准治疗方法和技术，突破现有技术瓶颈，实现对能量适形靶向分布的精准控制以及对药物与功能材料的高效靶向输送与可控释放。

（五）开拓热物理治疗新方法

积极应用相关领域的先进研究成果，充分发挥医工融合的优势和我国大体量诊疗数据的优势，结合大数据分析、智慧医疗、先进材料、机器人、可穿戴和虚拟技术等最新科技研究进展，针对我国在人民健康领域重点关注的问题，开拓和发展具有原创性的、国际领先的热物理诊疗新技术。

（六）实现热物理技术在临床诊疗中的转化和应用

面向生命健康领域的实际应用需求，着力于疾病热物理治疗、热物理特性测量及健康监控等领域医疗仪器的创新研发，构建生物体物性信息的知识图谱，为临床实践提供关键的信息与数据，推进创新型热物理治疗技术和治疗仪器在临床实际应用方面取得突破。

参考文献

[1] Wang BX, Wang YM. Study on the Equations of Biomedical Heat Transfer [J]. Journal of Engineering Thermophysics, 1993, 14（2）：166-170.
[2] 蔡睿贤，张娜. 生物导热基本方程的一维不定常解析解 [J]. 自然科学进展，1998，8（3）：77-82.
[3] 沙斌，袁修干. 数值求解人体生物热方程时边界条件的处理方法 [J]. 北京航空航天大学学报，1992，（2）：46-50.
[4] 刘静，王存诚，任泽霈，等. 生物活体组织温度振荡效应的理论与实验 [J]. 清华大学学报（自然科学版），1997，37（2）：93-97.

［5］ 施娟，陈振乾，施明恒，等. 肿瘤冻融相变传热过程的数值模拟［J］. 工程热物理学报，2008（6）：1017-1020.

［6］ Jia H，Chen B，Li D. Criteria of Pressure and Thermal Damage During Laser Irradiation of Port Wine Stains：Which is Dominant to Vascular Lesions？［J］. International Journal of Heat and Mass Transfer，2019，132：848-860.

［7］ 雷晓晓，吴望一，温功碧. 恶性肿瘤的传质问题（I）. 应用数学和力学，1988，19（11）：947-953.

［8］ 吴洁，许世雄，赵改平，等. 实体肿瘤内毛细血管 - 跨毛细血管壁 - 组织间质相耦合的不定常流动及对药物传递的影响［J］. 医用生物力学，2005，20（4）：204-211.

［9］ Yue K，You Y，Yang C，et al. Numerical Simulation of Transport and Adhesion of Thermogenic Nano-Carriers in Microvessels［J］. Soft Matter，2020，16（11）：10345-10357.

［10］ Wei YJ，Mu LZ，Tang YL，et al. Computational Analysis of Nitric Oxide Biotransport in a Microveseel Influenced by Red Blood Cells［J］. Microvascular Research，2019，125：103878.

［11］ Zhang AL，Guan Y，Xu LX，Theoretical Study on Temperature Dependence of Cellular Uptake of QDs Nanoparticles［J］. ASME Journal of Biomechanical Engineering，2011，133（12）：124502-124507.

［12］ Zhao G，Luo DW，Gao D Y. Universal Model for Intracellular Ice Formation and Its Growth［J］. AIChE Journal，2006，52（7）：2596-2606.

［13］ 梁新刚，葛新石，张寅平，等. 测定生物软组织导热系数的微型热针［J］. 科学通报，1991，36（24）：1903.

［14］ 杨昆，刘伟，朱光明，等. 用阶跃温升法测量生物组织的热物理参数［J］. 工程热物理学报，2001，22（6）：733-736.

［15］ 夏全龙，夏雅琴，南群，等. 深部组织热物理参数的测量及其结果分析［J］. 北京生物医学工程，2003，22（1）：37-39，44.

［16］ Liu J，Xu LX. Estimation of Blood Perfusion Using Phase Shift in Temperature Response to Sinusoidal Heating at The Skin Surface［J］. IEEE Transaction on Biomedical Engineering，1993，46（9）：1037-1043.

［17］ Yue K，Zhang XX，Zuo YY. Noninvasive Method for Simultaneously Measuring Thermophysical Properties and Blood Perfusion in Cylindrically Shaped Living Tissues［J］. Cell Biochemistry and Biophysics，2008，5（1）：41-51.

［18］ 何明霞，徐建宽，何志敏. 动态光散射法测定凝胶中大分子有效扩散系数［J］. 化工学报，2000，51（1）：130-132.

［19］ Yue K，Xu P，Zhang XX. Study on the Effective Diffusion Coefficient of Nano-magnetic Fluid and the Geometrical Factors in Tumor Tissues［J］. Heat and Mass Transfer，2012，48（2）：275-282.

［20］ Tunga Salthammer，Zhang YP，Mo JH，et al. Assessing Human Exposure to Organic Pollutants in the Indoor Environment［J］. Angewandte Chemie-International Edition，2018，57（38）：12228-12263.

［21］ Gong M，Zhang Y，Weschler CJ. Predicting Dermal Absorption of Gas-phase Chemicals：Transient Model Development，Evaluation，and Application［J］. Indoor Air，2014，24（3）：292-306.

［22］ Liang P，Yang W. Microwave Ablation of Hepatocellular Carcinoma［J］. Oncology，2007，72（Suppl. 1）：124-131.

［23］ Chen WZ，Zhu H，Zhang L，et al. Primary Bone Malignancy：Effective Treatment with High-intensity Focused Ultrasound Ablation［J］. International Journal of Medical Radiology，2010，255（3）：967-978.

［24］ Liu J，Deng ZS. Nano-cryosurgery：Advances and Challenges［J］. Journal of Nanoscience and Nanotechnology，2009，9（8）：4521-4542.

［25］ Di DR，He ZZ，Sun ZQ，et.al. A New Nano-cryosurgical Modality for Tumor Treatment Using Biodegradable MgO Nanoparticles［J］. Nanomedicine Nanotechnology Biology and Medicine，2012，8（8）：1233-1241.

［26］ Dong JX，Liu P，Xu LX，Immunologic Response Induced by Synergistic Effect of Alternating Cooling and Heating of Breast Cancer［J］. International Journal of Hyperthermia, 2009, 25（1）: 25–33.

［27］Zhao SQ, Zou JC, Zhang A L, et al. A New RF Heating Strategy for Thermal Treatment of Atherosclerosis［J］. IEEE Transactions on Biomedical Engineering, 2019, 66（9）: 2663–2670.

［28］Li D, Wang GX, He YL, et al. A Three–temperature Model of Selective Photothermolysis for Laser Treatment of Port Wine Stain Containing Large Malformed Blood Vessels［J］. Applied Thermal Engineering, 2014, 65（1–2）: 308–321.

［29］Jia H, Chen B, Li D. Criteria of Pressure and Thermal Damage During Laser Irradiation of Port Wine Stains: Which is Dominant to Vascular Lesions?［J］. International Journal of Heat and Mass Transfer, 2019, 132: 848–860.

［30］Xing L, Chen B, Li D, et al. Nd: YAG Laser Combined with Gold Nanorods for Potential Application in Port–wine Stains: an in Vivo Study［J］. Journal of Biomedical Optics, 2017, 22（11）: 115005.

［31］Pan XT, Li PJ, Bai LT, et al. Biodegradable Nanocomposite with Dual Cell - Tissue Penetration for Deep Tumor Chemo–Phototherapy［J］. Small, 2020, 16（22）: 2000809.

［32］Sang X, Li D, Chen B. Improving Imaging Depth by Dynamic Laser Speckle Imaging and Topical Optical Clearing for in Vivo Blood Flow Monitoring［J］. Lasers in Medical Science, 2020（6）: 1–13.

［33］Lin XH, Zhang CB, Li K. Statistical Dynamics Transport Model of Magnetic Drug in Permeable Microvessel［J］. Journal of Nanotechnology in Engineering and Medicine, 2015, 6（1）: 011001.

［34］Yue K, Yu C, Lei QC, et al. Numerical Simulation of Effect of Vessel Bifurcation on Heat Transfer in the Magnetic Fluid Hyperthermia［J］. Applied Thermal Engineering, 2014, 69（1–2）: 11–18.

［35］Liu P, Zhang AL, Zhou MJ, et al. Real Time 3D Detection of Nanoparticle Liposomes Extravasation Using Lase Confolcal Microscopy［J］. IEEE Engineering in Medicine and Biology Society, 2004, 4: 2662–2665.

［36］Li Y, Chen X, Gu N. Computational Investigation of Interaction Between Nanoparticles and Membranes: Hydrophobic/hydrophilic Effect［J］. Journal of Physics Chemistry B, 2008, 112（51）: 16647–16653

［37］Lin J Q, Zheng YG, Zhang HW, et al. A Simulation Study on Nanoscale Holes Generated by Gold Nanoparticles on Negative Lipid Bilayers［J］. Langmuir, 2011, 27（13）: 8323–8332.

［38］Yue K, Sun XC, Tang J, et al. A Simulation Study on the Interaction Between Pollutant Nanoparticles and the Pulmonary Surfactant Monolayer［J］. International Journal of Molecular Science, 2019, 20（13）: 3281.

［39］Xue QZ, Xiang JH. Effects of Different Combinations of Cryoprotectants on Spermatozoon Vitality of Chinese Scallop, Chlamysfarreri, during Low Temperature Equilibrium［J］. Journal of Oceanology and Limnology, 1995, 13（4）: 434–440.

［40］Zhao G, Luo D, Gao D. Universal Model for Intracellular Ice Formation and its Growth［J］. AIChE Journal, 2006, 52（7）: 2596–2606.

［41］Chen C, Li W. Diffusion Controlled Ice Growth with Soft Impingement Inside Biological Cells during Freezing［J］. Cryo Letters, 2008, 29（5）: 371–381.

［42］Yang GE, Zhang AL, Xu LS, et al. Modeling the Cell–type Dependence of Diffusion–limited Intracellular Ice Nucleation and Growth during both Vitrification and Slow Freezing［J］. Journal of Applied Physics, 2009, 105（11）: 114701–114711.

［43］Pennes HH. Analysis of Tissue and Arterial Blood Temperatures in the Resting Human Foream［J］. Journal of Applied Physiology, 1948, 1（2）: 93–122.

［44］Baish JW. Formulation of a Statistical Model of Heat Transfer in Perfused Tissue［J］. Journal of Biomechanical Engineering–Transactions of the Asme, 1994, 116（4）: 521–527.

［45］Hwang CL, Konz SA. Engineering Models of the Human Thermoregulatory System–A Review［J］. IEEE Transactions on Biomedical Engineering, 1977, BME–24（4）: 309–325.

［46］ Jain RK. Transport of Molecules in the Tumor Interstitium：a Review［J］. Cancer Research，1987，47（12）：3039–3051.

［47］ Netti PA，Baxter LT，Boucher Y，et al. Macro–and Microscopic Fluid Transport in Living Tissues：Application to Solid Tumors［J］. AIChE journal，1997，43（3）：818–834.

［48］ Holmes，KR. Pulse–decay Method for Measuring the Thermal Conductivity of Living Tissues［J］. Journal of Biomechanical Engineering，1981，103（4）：253.

［49］ Jain RK，Kotomin EA，Maier J. Calculations of the Effective Diffusion Coefficient for Inhomogeneous Media［J］. Journal of Physics and Chemistry of Solids，2002，63（3）：449–456.

［50］ Hilgers AR，Conradi RA，Burton PS. Caco–2 cell Monolayers as a Model for Drug Transport Across the Intestinal Mucosa［J］. Pharmaceutical research，1990，7（9）：902–910.

［51］ Pisters LL，McGuire EJ，Von Eschenbach AC，et al. Salvage Cryotherapy for Recurrent Prostate Cancer after Radiotherapy：Variables Affecting Patient Outcome［J］. Journal of Clinical Oncology，2002，20（11）：2664–2671.

［52］ Kandulla J，Elsner H，Birngruber R，et al. Noninvasive Optoacoustic Online Retinal Temperature Determination during Continuous–wave Laser Irradiation［J］. Journal of Biomedical Optics，2006，11（4）：041111.

［53］ Braeckmans K，Peeters L，Sanders NN，et al. Three–dimensional Fluorescence Recovery after Photobleaching with the Confocal Scanning Laser Microscope［J］. Biophysical Journal，2003，85（4）：2240–2252.

［54］ Lovelock JE，Bishop MWH. Prevention of Freezing Damage to Living Cells by Dimethyl Sulphoxide［J］. Nature，1959，183（4672）：1394–1395.

［55］ Karlsson JOM，Cravalho EG，Borel RIH. Nucleation and Growth of Ice Crystals inside Cultured Hepatocytes during Freezing in the Presence of Dimethyl Sulfoxide［J］. Biophysical Journal，1993，65（6）：2524–2536.

撰稿人：乐　恺　陈　斌　陈　群　等

氢能的制备、存储与应用发展研究

一、研究内涵与战略地位

（一）氢能的内涵与特点

氢能是指以氢及其同位素为主导的反应或者氢在状态变化过程中释放的能量。氢能作为一种二次能源，制备原材料取之不尽，来源广泛，清洁无碳。水是最丰富的含氢物质，其次是各种化石燃料（天然气、煤和石油等）及各种生物质等。氢能的热值高，能量密度达到140MJ/kg，约是石油的3倍，煤炭的4.5倍。这意味着，消耗相同质量的石油、煤炭和氢气，氢气所提供的能量最大，这一特性是满足汽车、航空航天等实现轻量化的重要因素之一。氢能存储形式多样，燃烧产物为水，真正实现了从来源到产物的清洁无碳。

氢能技术包涵了氢能制备、存储、应用相互关联、相互促进的三个环节。其中，氢能的制备主要是通过能量输入从碳氢燃料或者水里提取氢，处于整个氢能产业链的上游。氢能的存储技术目前以高压运储为主，其他的存储技术未来可期。氢燃料电池汽车是氢能技术应用的重点和难点所在，引领氢能终端应用领域的发展。氢能应用场景丰富且灵活，是推动传统化石原料高效利用和可再生能源进一步发展的互联媒介，是实现交通运输、工业建筑等领域大规模脱碳的最佳选择。

（二）对工程热物理学科发展的影响与作用

氢能作为未来能源可持续发展的一个重要途径，是实现清洁无污染的能源转化与利用的理想方案。氢能的转化与利用过程是一个复杂的多相多物理过程及化学过程。氢能转化与利用理论与技术的研究不仅代表了当代能源科学发展的一个趋势，同时也体现了工程热物理学科交叉综合的特征。氢能转化与利用涉及能量与物质的传递与转化的物理和化学过程，是工程热物理学科拓展学科增长点，向多尺度复杂过程领域拓展的一种理论与技术。

（三）对国家、社会、经济发展的作用

全球能源供应主要由三大化石能源石油、煤、天然气提供，三者在全球能源体系中合计占比超过 80%。但是，化石能源资源是有限的，能源安全问题日趋严重。同时，化石能源的使用会排放 CO_2，导致严重的环境问题，气候变暖加速，并且具有潜在的不可逆性。面临日趋严重的能源安全和环境问题，新能源逐步替代传统能源是大势所趋，是人类社会实现可持续发展的必然要求。作为新能源中的一员，氢能技术优势明显，未来发展前景广阔。

氢能是构建清洁低碳、安全高效的能源体系的重要途径。制备氢气的原材料主要为水，清洁无碳，生产环节可以使用可再生能源制备氢气。氢能在应用阶段可以实现 CO_2 零排放，降低环境负荷，基本能够实现从制备到应用过程的 CO_2 零排放。

氢能作为能源互联和储能的媒介，引领能源革命，优化能源结构，使我们跨入一个崭新的能源社会——氢能源社会。在氢能源社会里，由氢能和电能共同构成整个能源网络，成为能源结构中的两大支柱，并实现能源的标准化。未来主要通过一次能源（太阳能、风能、海洋能、热能等）的转换来获取氢和电能。氢能作为连接不同能源形式的桥梁，可以与电力系统协同互补，实现跨能源网络协同优化。当可再生能源发电出现峰值，可以通过电解水制氢，实现可再生能源的整合消纳。同时氢可以在电力不足时利用燃料电池提供电力补充，或者通过燃料电池用于交通运输、居民生活等方面，增加电力系统的灵活性，形成可持续的多能源互补系统[1, 2]。

氢能是新一轮科技革命和产业变革的引领者，是提高国家竞争力的颠覆性技术，经济增长的新动能[3]。《中华人民共和国国民经济和社会发展第十四个五年规划和 2035 年远景目标纲要》中提出，要着眼于抢占未来产业发展先机，培育先导性和支柱性产业，推动战略性新兴产业融合化、集群化、生态化发展。其中，重点强调，要在氢能与储能等前沿科技和产业变革领域，组织实施未来产业孵化和加速计划，加强前沿技术多路径探索、交叉融合和颠覆性技术供给[4]。

二、我国的发展现状

目前，我国氢能的生产利用已经十分广泛，具备较好的产业基础。中国是世界第一产氢大国，以化石能源为原料的热化学制氢技术是主流的制氢技术，具备相当的产业规模。中国的电解水制氢技术发展快速，规模达到 MW 级，规模经济效益尚未发挥。相比之下，我国氢能在储运技术、燃料电池终端应用技术方面与国际先进水平相比仍有较大差距。氢气储运的安全性和实现氢能规模化、低成本的储运仍然是我国乃至全球共同面临的难题。氢燃料电池技术的关键材料与技术仍处于技术研发储备阶段，产业化进口依赖度高。

（一）氢能制备技术

氢能制备技术主要分为热化学制氢、工业副产物制氢、水解制氢、生物制氢等。我国制氢技术发展较为成熟，主流制氢技术主要为以化石能源为原料的热化学制氢，煤制氢技术发展方向是大规模集中制氢，并且与二氧化碳封存技术结合，向低碳制氢方向发展。利用风电、光伏、水电等可再生能源产生的富裕电力电解水制氢是一种间歇式可再生能源发电紧密结合的新型大规模工业化电解水制氢技术，节约了化石资源，发电成本低，工艺路线低碳环保，被公认为是目前与电解水技术耦合、实现大规模制氢的理想途径，受到业内普遍重视。光解水制氢和生物制氢仍处于实验室研发阶段，距离产业化还有一定的距离。

1. 热化学制氢

热化学制氢技术主要包括煤制氢、天然气制氢、甲醇重整制氢等。我国煤炭资源丰富，以煤炭为主要能源，煤制氢技术成本优势突出。2019 年，全国氢气产量约 2000 万吨，其中煤制氢占比 62%[2]。煤制氢技术路线成熟高效，可大规模稳定制备，是目前成本最低的制氢技术，也是我国主流的化石能源制氢技术[5]。西安交通大学研究团队提出的"煤炭超临界水气化制氢技术"，提出了一种煤炭在超临界水中完全吸热 – 还原制氢的新气化原理，它利用了超临界态的水（即温度和压力达到或高于水的临界点，即 374.3℃和 22.1MPa）的特殊物理化学性质，将超临界水用作煤气化的均相、高速反应媒介，并借助他们发明的超临界水流化态反应床，将煤中的碳、氢、氧元素气化转化为氢气（H_2）和二氧化碳（CO_2），同时热化学分解了部分超临界水制取 H_2，将煤炭化学能直接高效转化为氢能。气化过程中煤所含的氮、硫、金属元素及各种无机矿物质及灰分，由于没有处在传统煤燃烧或煤气化过程所必然伴生的高温氧化反应环境而不被氧化，因而会在反应器内随着煤中碳、氢、氧元素的气化而逐步净化沉积于底部、以灰渣的形式间隙地从底部排出反应器。基于该技术该团队研制了宁夏盐池的 24 个反应器（3×4×2）串并联小型示范系统（干煤处理量为 0.15 吨 / 小时，反应温度 600℃、压力 30MPa），验证了原理和技术的可行性；进而在西安交通大学主校区研制了 5 单元反应器并联的连续气化制氢装置（干煤处理量 1.80kg/h，反应温度 700℃、压力 25MPa），验证了长周期连续运行（设计工况下连续运行超过一千小时、累计运行超过万余小时）装置在线送料、排渣、气化和自动控制等系统的连续稳定和安全可靠性。

天然气制氢技术包括蒸汽重整制氢、部分氧化制氢、自热重整制氢和催化裂解制氢等[6]。2019 年，全国氢气产量约 2000 万吨，其中天然气制氢占比 19%，仅次于煤制氢。天然气制氢是欧美普遍采用的制氢方式，适合分散性、小规模制氢场景。蒸汽重整制氢技术是目前工业上应用最广泛、最成熟的天然气制氢技术。蒸汽重整反应过程中会在催化剂表面产生积碳，从而破坏催化剂结构，使催化剂失活。目前工业上采取提高水碳比的策略来抑制积碳现象，但会增加重整制氢过程能耗，降低反应器效率。因此，未来研究方向在于开发同时具有优良的抗积碳性能和稳定的催化活性的催化剂，探索抑制积碳的新型高效方法。西南化工研究设计院开发的节能型抗积碳催化剂以金属镍为活性组分，稀土氧化物为助催化剂，效果显著。自热重整制氢技术和催化裂解制氢技术目前仍处于实验室研究阶段，距离工业化还有很长一段距离，对其反应机理的深度探索研究是未来的发展方向。

甲醇重整制氢的方式主要有 3 种，即甲醇蒸汽重整制氢、甲醇部分氧化重整制氢和甲醇自热重整制氢[7]。目前，甲醇蒸汽重整制氢产量高、成本低、工艺操作简单、污染小，是甲醇制氢技术中具有优势和技术最成熟的，也是被认为在氢燃料电池领域最具应用前景的制氢技术之一。甲醇蒸汽重整制氢过程的调控方法研究是未来发展方向，比如，通过添加不同的助剂有效改善催化剂的性能，提高其稳定性和活性，降低 CO 的选择性。设计新型微通道反应器，探索新型高效的微通道结构，以期优化流场，提高反应效率。总体而言，对于重整制氢的反应机理的研究仍然处于定性和推理阶段，需要进一步完善制氢过程中的微观机理。需要从分子层面进行研究，深入催化剂表面反应的基元过程、分析反应过程中表面化学键的断裂与形成过程等。需要进一步研究和完善甲醇蒸汽重整制氢的反应动力学模型，验证已有反应动力学模型的适用性，提出可广泛应用于实际工程设计的动力学模型，为甲醇蒸汽重整制氢系统的设计与优化提供理论依据。

2. 工业副产物制氢

工业副产氢是指回收利用工业行业生产过程中产生的大量含氢副产物产气，主要的工业行业包括氯碱、焦化、丙烷脱氢、乙烷裂解等。我国当前工业副产氢基本处于自产自用状态，截至 2020 年，国内在运行及在建丙烷脱氢项目的氢气供应潜力 30 万 t/a。理论上，氯碱行业的离子膜烧碱装置每生产 1 吨烧碱可副产 280Nm³ 氢气，但是，40% 左右的氯碱副产氢被浪费或者低效利用。[2]

3. 水解制氢

水解制氢技术主要分为电解水制氢和光解水制氢。电解水制氢技术分为碱性电解水制氢、质子交换膜（PEM）电解水制氢和固体氧化物（SOEC）电解水制氢[8]。碱性电解槽已基本实现国产化，而质子交换膜电解槽的关键材料与技术仍需依赖进口，两者成本存在差异。碱性电解槽已经实现大规模制氢应用，碱性电解槽单槽产能已达到 1000Nm³/h，国内已有达到 MW 级别的示范项目，而质子交换膜电解槽单槽制氢规模约 200Nm³/h，国内仍未实现大规模应用。

碱性电解水制氢技术是目前商业化程度最高、最为成熟的电解技术，已经实现工业化产氢，广泛应用于氨生产和石油精炼等工业领域，国内代表企业主要有苏州竞立制氢、天津大陆制氢和中船重工 718 所。碱性电解水电解槽内部不溶性的碳酸盐会堵塞多孔的催化层，阻碍产物与反应物的传递。电解池内部需要时刻保持阴、阳极两侧的压力均衡，防止因压力失衡而引起氢氧混合导致爆炸。因此，碱性电解水制氢技术灵活性较差，难以配合具有快速波动性的可再生能源。

基于此，质子交换膜（PEM）电解水制氢技术快速发展。用质子交换膜代替石棉网，传导质子，隔绝两侧空气。采取零间隙结构，降低了电解池的电阻，大幅提高了电解池整体性能[9]。质子交换膜电解水制氢技术在国外已经实现商业化，制氢过程无腐蚀性液体，能够获得更高纯度的氢气，可实现更高的产气压力，运维简单，安全可靠，成本低，被公认为制氢领域极具发展前景的制氢技术之一，也是我国重点开发的电解制氢技术。我国的PEM电解水制氢技术尚处于从研发走向工业化的前期阶段，技术研发起步于20世纪90年代，由中国科学院大连化学物理研究所、中船重工718所等机构针对特殊领域制氢、制氧需求进行研发。经过二十多年的研发，大连化学物理研究所在2010年开发的PEM电解水制氢装置能耗指标优于国际同行，但其规模与国外产品仍有距离。山东赛克赛斯氢能源有限公司的1.0 m³/h常压小型PEM电解水制氢装置已经实现产业化。

碱性固体阴离子交换膜电解水制氢技术将碱性电解水制氢和PEM电解水制氢的优点结合起来，采用碱性固体电解质代替质子交换膜，采用非贵金属催化剂，大幅降低成本。目前的研究重点集中于碱性固体电解质阴离子交换膜的研发和高活性非贵金属催化剂的开发。

固体氧化物（SOEC）电解水制氢技术采用固体氧化物作为电解质，可在高温下工作，无须使用贵金属催化剂，能量转化效率可达100%，是能耗最低、能量转换效率最高的电解水制氢技术。国内对SOEC电解水制氢技术的研究主要由大连化学物理研究所、清华大学、中国科学技术大学承担，探索开发新材料以适应高温高湿的工作条件，探究氢电极的性能衰减机理和微观结构的调控策略，以及降低氧电极的阳极极化损失和电压损失的对应方法。

光解水制氢是太阳能光化学转化与储存的优选途径，也是绿色制氢的重要方法之一。光解水制氢主要有两种方式：①将催化剂粉末直接分散在水溶液中，通过光照射溶液产生氢气，因此也被称为非均相光催化制氢；②将催化剂制成电极浸入水溶液中，在光照和一定的偏压下，两电极分别产生氢气和氧气，因此也被称为光电催化制氢[10]。西安交通大学研制的太阳能聚光与光催化分解水耦合系统太阳能能量转化效率达到6.6%，表观量子效率达到25.47%（365nm），处于国内领先水平。目前光解水制氢方面的研究主要集中于研制高效、稳定、廉价的光催化材料与光电极材料，以期提高体系的转化效率。在工程热物理领域，研究重点聚焦于完善光电解水制氢固液界面化学反应与物质传输耦合机理研究，构建光催化与红外增强热催化协同耦合的高效低成本集储制备氢燃料体系，以期提高系统的产氢效率等。

4. 生物制氢

生物制氢技术目前仍然处于实验室研究阶段，主要包括光解水生物制氢、光发酵法生物制氢、暗发酵法生物制氢以及微生物电解池制氢等[11]。光解水生物制氢系统的光子转化效率低，需要利用光扰动效应提高其光子转化效率，进一步研究其代谢机制。与光发酵相比，暗发酵技术不依赖于光照条件，具有产氢速率高、稳定性好和成本低等优势，一直是生物制氢研究的热点和产业化的突破方向，也是目前前景最为广阔的环境友好型制氢技术之一。将光发酵法生物制氢与暗发酵法生物制氢技术结合的暗光两步法生物制氢技术是近年来的研究热点，研究聚焦于能量梯级耦合特性研究和发酵液的品质调控机理及质量传递特性研究。

（二）氢能存储技术

1. 高压气态储氢技术

高压气态储氢技术是指在高压下以高密度气态形式储存氢气的方式，具有成本较低、能耗低、易脱氢、工作条件较宽等特点，是发展最成熟、最常用的储氢技术，也是目前应用最广泛的储氢方式[12]。我国Ⅲ型（铝内胆纤维全缠绕瓶）储氢瓶技术发展成熟，国内车载高压储氢系统主要采用 35 兆帕的Ⅲ型储氢瓶。国内多个科研机构开展 70 兆帕储氢瓶的技术研发，浙江大学成功研制了质量储氢密度达 5.78wt% 的Ⅲ型储氢瓶[1]。目前研究热点在于储罐材质的改进，其中，在经济和效率方面，全复合轻质纤维缠绕储罐的性能最优异，是各国研发的重点方向。

此外，高压气态储氢的氢气泄漏问题是制约其发展的重要因素。高压气态氢气泄漏导致着火，一方面是因为高压氢气冲破隔膜后，波前空气被急剧压缩导致温度升高，另一方面是因为激波相互作用极大促进了氢气和空气混合。基于此，未来的研究重点应深入探索研究高压氢泄漏过程中激波诱导自燃发生的内在机理与预测模型研究，从而进一步深入认识高压氢气自燃的基本规律。

长管拖车运氢目前仍是我国高压氢气运输的主要方式，我国的设备设计制造水平技术已经达到国际先进水平，形成了一批具有影响力的企业。但是，氢气长管拖车运输仅适用于少量短距离运输，输送量较低。

2. 液态储氢技术

液态储氢技术是指氢气在压缩后深冷到 –252℃ 以下液化后，以液态氢的形式进行保存，体积密度是气态时的 845 倍，体积储氢容量很大，远高于其他的储氢方法。虽然液氢储存的质量比高，体积小，但是氢气液化耗能大、液氢热漏损问题、技术操作条件苛刻、对储氢容器的高绝热要求等所导致的高成本和高能耗问题阻碍了规模化推广与应用，目前多用于航天方面。

在基础研究方面，需要探索大规模液化储氢装备和液氢无损储运技术，低温液态储罐的自增压和热分层现象直接影响储罐的热力学性能，其机理和模型有待进一步完善与研究。目前，国内已经掌握了 300 立方米以下的液氢储罐制造技术，中国科学院理化所孵化的中科富海研制的首台全国产化的氦透平制冷氢液化器液化能力达到 1000L/H，可持续运行 8000 小时。液态储氢技术适合长距离运输，储运密度高，被认为是具有较好前景的大规模氢气储运技术之一，具有战略意义。

3.固态储氢技术

固态储氢技术的体积储氢密度高、压力低、安全性好，适合应用于对于体积要求严格的场景。固态储氢技术的材料主要有有机金属框架物（MOF）、金属氢化物、非金属氢化物、纳米碳材料等[13]。未来的研究重点在于，需要在满足储氢容量、循环稳定性的情况下，提高储氢材料的热力学性能和动力学性能。比如，镁基金属氢化物储氢材料存在吸放氢温度过高、吸放氢动力学缓慢等问题。目前国内固态储氢技术仍处于前期技术储备阶段，离产业化还有一段距离。镁源动力的镁基合金储氢系统可在常压可控温的条件下实现可逆循环储放气，储氢体积密度达 55g/L、质量储氢密度达 4%，打破了动力学的限制。

（三）氢能应用技术

氢燃料电池是氢能终端应用最重要的场景之一，具有能量转换效率高，接近零排放，噪声低和可靠性高等优点，是推动氢能发展的关键所在。《第十四个五年计划和2035年远景目标纲要》中提出，要聚焦新一代新能源汽车等战略性新兴产业，加快关键核心技术创新应用，培育壮大产业发展新动能[4]。氢燃料电池汽车是未来新能源汽车的方向，对建立清洁、低碳、安全的交通能源体系，促进汽车工业的转型升级具有重要意义。

固体氧化物燃料电池和质子交换膜燃料电池是目前应用最广泛、受到关注最多的研究领域。固体氧化物燃料电池具有燃料选择范围广、适应性广、运行温度高和适合模块化组装等特点，可作为固定电站用于大型集中供电、中型分电和小型家用热电联供领域。根据近年来基金申请结果统计数据显示，固体氧化物燃料电池的研究重点聚焦于阳极材料，其中，镍基阳极是目前固体氧化物燃料电池阳极材料中综合性能最佳的，需要进一步研究镍基阳极材料的积碳机理及其动态过程，对积碳过程对固体氧化物燃料电池阳极性能影响机理进行孔隙尺度研究。探究固体氧化物燃料电池多重衰退机理和辨识研究，以期能在退化初期准确预测电池剩余寿命，及时采取行之有效的维护手段，延长其使用寿命，从而推动固体氧化物燃料电池的产业化进程。

质子交换膜燃料电池具有工作运行温度低、启动快、比功率高、发电效率高的特点。在各种燃料电池技术中，若综合考虑工作温度、催化剂稳定性、比功率/功率密度等技术指标，质子交换膜燃料电池最适合应用于交通和小型固定电源领域。

质子交换膜燃料电池的商业化需进一步提升性能、降低成本和提高耐久性。现有的研究主要针对电催化剂、膜电极、双极板等方面[14]。催化剂是燃料电池的关键材料之一，目前，燃料电池中应用最广泛的催化剂是 Pt/C，但是铂基催化剂价格昂贵，并且存在稳定性的问题。因此，目前的研究热点是研究新型高稳定、高活性的低 Pt 或非 Pt 催化剂，以期解决催化剂存在的成本与耐久性问题。

燃料电池电堆的核心组件是由膜、催化层和扩散层组合而成的膜电极，是燃料电池的核心部件之一，对电堆的性能和寿命起决定性作用。目前，膜电极组件的研究方向主要是：通过使用高活性催化剂降低催化剂的活化极化损失，采用薄型复合膜降低质子传递阻力，调控界面结构以期改进电极内部三相界面分布，以及采用高气体通量的扩散层降低传质极化等方式进一步提升性能。我国的膜电极开发主要以企业为主导，武汉理工氢电科技有限公司拥有批量生产膜电极的自动化生产线，属于全国首创。2019 年，苏州擎动科技有限公司自主研发的国内首套"卷对卷直接涂布法"膜电极生产线正式投产，对标国际先进水平，效率高、制造成本低。

双极板是质子交换膜燃料电池的关键部件之一，作用是传导电子、分配反应生成的气体并且协助排除生成的水，直接影响电堆的输出功率和适用寿命。双极板分为石墨板、金属板和复合板，国内已经基本实现石墨板的国产化，金属板目前处于研发试制阶段，复合板的研发目前比较少。

总而言之，质子交换膜燃料电池内部传输过程十分复杂，包括反应气体与水在流道和多孔电极内的传输、水的相变、膜对水的吸收和释放、质子和电子的传导等传质现象，以及物质熵变、电化学反应、相变等产热吸热导致的传热现象。因此，目前研究重点集中于对燃料电池内部多尺度结构下相互耦合的传热传质过程进行研究，包括基于动态润湿模型的燃料电池液态水的传输特性研究，膜内质子传导和催化层内燃料传输机理的微尺度研究，多孔电极的气体扩散动力学机制研究，扩散层水 – 热 – 质耦合传输机理研究。

三、国内外发展比较

目前，我国氢能技术总体处于第二方阵，在氢能制备、储运和应用环节均取得突破性进展，具备一定的产业基础，部分已经实现规模化，但整体而言，我国的氢能技术与美国、日本、德国还有差距。

（一）氢能制备技术

与国外技术相比，我国碱性电解水制氢技术基本实现国产化、产业规模化，光催化和生物质制氢的研究水平处于国际先进水平。但是，质子交换膜电解水制氢的关键技术和关键设备依赖进口，市场长期被国外厂商垄断，可再生能源制氢产业规模与国外差距较大。

20 世纪 70 年代，美国便将质子交换膜电解水技术用于海军核潜艇中氧气供应装置，80 年代，又将该技术用于空间站轨道姿态控制的助推剂。从商业化角度而言，国外公司在质子交换膜电解水技术的研究与制造方面占据领先地位[15]。Proton Onsite 公司是全球 PEM 制氢的首要氢气供应商，其客户遍布实验室、加氢站、军事、航空等领域，占据全球市场 70% 的份额。2015 年，Proton Onsite 公司推出的全球首套 MW 级质子交换膜水电解池——M 系列 PEM 产品，产氢能力达到 400m³/h，日产氢能力可达 1000kg，有望满足大规模储能需求。2019 年，Proton Onsite 在美国能源部的资助下，成功开发出一种不需要使用压缩机便可以直接制备出用于车辆加注的高压氢气，取得电解水制氢技术的新突破。

由于电解水制氢需要消耗大量的电力，用于规模化制氢并不具备经济性，因此，业内一致看好采用风电、光伏、水电等可再生能源产生的富裕电力电解水制氢，从而消纳暂时富裕的电力，弥补风电、光电波动起伏的不足，有效解决弃风、弃水、弃光现象，达到节约电力资源、调整电力系统能源结构、实现规模化制氢的目标，满足氢燃料电池汽车发展对低成本制氢技术的迫切需求[8]。质子交换膜电解水制氢技术具备快速启停的优势，能够与可再生能源发电的波动性匹配，逐渐成为可再生能源制氢的主流技术。

美国和欧盟在利用 PEM 电解水制氢技术实现可再生能源发电转换为氢气（Power-to-Gas）领域处于前沿，欧盟在 2014 年提出 PEM 电解水制氢的三步走目标：第一步，开发分布式 PEM 电解水系统用于大型加氢站，以满足交通运输用氢需求。第二步，生产 10MW、100MW、250MW 的 PEM 电解池，以满足工业用氢的需求。第三步，满足大规模储能需求，如家庭用氢、大规模运输用氢等[15]。2015 年，德国投资建设全球首套风电 PEM 电解水制氢示范项目，氢气用于供应当地加氢站和工业用氢，富裕氢气直接注入天然气管道。2019 年，德国 Rheinland 炼油厂建设 10MW 可再生能源电解水制氢工厂，每年可为炼油工业提供 1300t 绿氢。

与之相比，我国目前可再生能源发电利用率不高，弃水、弃光和弃风现象严重。2017 年 10MW 级利用风电制氢示范项目在河北沽源开始建设，采用国外电解制氢机，利用风电电解水制氢，一部分氢气用于工业生产，一部分用于供应加氢站。

（二）氢气存储技术

我国的储氢技术在国际上占据重要一席，高压气态储氢瓶技术成熟，实现了产业化，固态储氢材料的研发水平处于国际先进水平。但是，车载高压储氢以及氢输运等技术落后于国外。

管道储运氢气是大规模、长距离输送氢气成本最低的储运方式。国外管道储运氢气技术成熟，美国、欧洲分别建成了 2400、1500 千米的输氢管道。相较而言，我国高压气态储运氢气以高压储氢气瓶为主，氢气管道里程约为 400 千米，里程较短，实践经验不足[1]。低温液态储运氢气储运密度高，但对设备和操作工业要求更高，液态氢槽罐车在国外已经广泛应用，但国内目前仅用于航天和军用领域。

（三）氢能应用技术

近年来，我国氢燃料电池核心技术取得显著进步，具备较好技术储备，处于应用示范阶段，正逐步进入市场，但是，在关键材料、核心部件、关键设备等方面仍落后于国际一流水平。在产业规模与应用场景上，我国与国外发达国家仍存在一定差距，总体落后于国际领先水平。

氢燃料电池关键零部件依赖进口，关键材料包括催化剂、质子交换膜等材料大都采用进口材料。质子交换膜制备工艺复杂，目前市场上销售的质子交换膜主要是国外产品的代理，长期被美国和日本企业垄断，比如科慕 Nafion™ 系列膜、陶氏 XUS-B204 膜等，成本昂贵。国内外研究重点转向全氟磺酸质子交换膜、有机／无极纳米复合质子交换膜和无氟质子交换膜，以期降低成本，提高性能。

我国氢燃料电池技术整体落后于国际水平，产业规模与美、日等氢燃料电池强国存在一定差距。在氢能应用领域，日本重点开发氢燃料电池汽车和分布式燃料电池热电联供系统[16]。日本丰田在氢燃料电池汽车领域先行一步，深耕多年。2014 年，丰田公司正式发售全球首个商业化的氢燃料电池汽车"MIRAI"，截至 2020 年 9 月底，丰田第一代"MIRAI"全球销售 11154 辆，其中日本国内 3782 辆，海外市场共售出 7372 辆。日本将氢燃料电池技术集成于分布式家用热电联产，于 2009 年推出家用燃料电池"ENE-FARM"，致力于推广家用氢能系统。家用燃料电池整体效率可达 90%，不仅可用于热电联产，为家庭提供电力和热力，还能在极端灾害条件下作为备用电源维持基本的能源供应[17]。我国在将氢燃料电池作为备用电源应用推广方面热度不及氢燃料电池汽车，市场资本投入反应较冷淡。在氢燃料电池分布式发电领域，推广力度不及日本，关键技术与其存在较大差距。

在氢能应用领域，与日本重视氢燃料电池的战略不同的是，德国更多将氢能视为桥梁，推动能源转型，构建深度减碳应用场景[18]。德国利用可再生能源电解水制氢技术生产绿氢，通过燃料电池或者直接燃烧用于发电或供热，逐步替代传统能源。另外，氢能具有跨能源品种耦合性，德国按一定比例将氢气掺入天然气管网，制成掺氢天然气，改善了燃烧质量、提高了能源效率、减少了碳排放。此外，德国发挥氢能的原料属性，将其作为工业原料，应用于钢铁、石化、化工等多个领域，实现深度减碳。2019 年 11 月 11 日，德国杜伊斯堡的蒂森克虏伯钢厂首次"以氢（气）代煤（粉）"作为高炉还原剂注入杜伊斯堡 9 号高炉，这标志着钢铁产业进入了一个全新的氢冶金时代。目前国际上尚无成熟的工业化氢还原炼铁技术，德国、日本等工业化强国仍处于研发、试验阶段。

四、我国发展趋势与对策

总体来说，我国氢能基础研究与国际水平相近，甚至有超越趋势。在氢能制备、存储与应用三个环节均已初步掌握了核心技术，基本形成完整产业链。但是，在技术研发、产业化开发和市场培育与先进国家的差距有拉大趋势。

（一）我国进一步发展重点及对策建议

1. 制氢技术

研究水相环境多相流动体系下能源物质转化过程中的光热物理、光热化学、光生物及多学科交叉耦合的工程科学问题，构建太阳能制氢技术的能质传输强化理论。积极探索光/热化学水解制氢技术与生物制氢技术，揭示生物质超临界水气化系统中多相流动力学、传热传质机理、生物质反应动力学机理。开展新型高效电解水制氢系统及核心材料、器件与集成技术研究，发展利用风电、光伏、水电等可再生能源产生的富裕电力电解水制氢技术，同时兼顾碳氢燃料电池重整制氢技术。

2. 储运氢技术

加强气态与固态储运氢技术的基础材料研发，兼顾液态有机储运氢技术。研发低成本、安全和高密度的先进氢气增压、灌装储存和加注系统及其多相流动与传热传质理论，重点研究高压储运氢技术以及高压气态储氢的氢气泄漏的安全性问题，全面研究高压氢泄漏火灾爆炸行为及防控和氢能设施运行安全技术。开展超高压超大流量氢气增压系统及超大压比液氢压缩机及氢热交换器研究，气固液储氢系统及氢释放的热力学过程研究。

3. 氢燃料电池与氢能应用技术

为解决当前燃料电池商业化面临可靠性、寿命与成本方面的技术挑战，推动燃料电池在分布式供能和新能源汽车领域的应用，重点发展高效率低成本的质子交换膜等核心材料，开展高功率密度电池结构设计、关键部件材料批量制备技术和高效电池及电堆低成本制造技术，积极探索下一代固体燃料电池技术，开发高温密封材料、超离子输运与电催化耦合增强的电解质材料。探索掺氢燃烧及其对提高能效及降低碳排放的作用机制。发展氢气竖炉技术、氢气喷枪以及氢冶炼工艺，建立低碳和零碳冶炼技术体系。

（二）氢能发展的对策建议

1. 明确并提升氢能在能源体系中的地位

应适时将氢能作为重要的能源品种，积极推动将氢能纳入国家能源体系，明确氢能产业发展战略，稳步推进氢能在能源结构中的占比。

2. 多元化布局氢能产业发展

氢能产业链条较长，在上游制备、中游储运、终端应用要科学布局每一个环节的发展重点，培育规模以上氢能企业。在终端应用应考虑多元化发展，重点发展氢燃料电池汽车的同时，也应重视氢燃料电池在发电领域、公共交通领域等的应用。加快氢管网以及加氢站等基础设施的建设。

3. 加强研发投入，积极推进产学研协同创新

加强基础材料、核心技术和关键部件的研发，实施氢能科技重大研究计划，积极开

展国际合作，强化自主创新技术。加强重点项目的示范推广力度，积极推进产学研协同创新，解决需求侧应用技术问题，为技术创新提供应用场景和资金来源。

4. 健全政策体系化解氢能产业发展瓶颈

提高对氢能安全性的认识，明确分立制氢、储氢、输氢、加氢和使用等环节的相关监管标准和检测体系。明确氢燃料电池产业发展定位，建立完善相关的管理、监管和标准体系，完善氢的制备与储运及氢燃料电池的商业模式。

参考文献

［1］中国国际经济交流中心课题组. 中国氢能产业政策研究［M］. 社会科学文献出版社，2020.

［2］中国电动汽车百人会. 中国氢能产业发展报告 2020［EB/OL］. http://www.ev100plus.com/report/.

［3］李建林，李光辉，马速良，等. 碳中和目标下制氢关键技术进展及发展前景综述［J］. 热力发电，2021：1-9.

［4］中华人民共和国中央人民政府. 中华人民共和国国民经济和社会发展第十四个五年规划和 2035 年远景目标纲要［EB/OL］. http://www.gov.cn/xinwen/2021-03/13/content_5592681.htm.

［5］殷雨田，刘颖，章刚，等. 煤制氢在氢能产业中的地位及其低碳化道路［J］. 煤炭加工与综合利用，2020，（12）：56-58+5.

［6］王奕然，曾令志，娄舒洁，等. 天然气制氢技术研究进展［J］. 石化技术与应用，2019，37（5）：361-366.

［7］白秀娟，刘春梅，吴凤英，等. 甲醇制氢技术研究与应用进展［J］. 广州化工，2020，048（3）：8-9+25.

［8］郭博文，罗聃，周红军. 可再生能源电解制氢技术及催化剂的研究进展［J］. 化工进展，2021：1-22.

［9］纪钦洪，徐庆虎，于航，等. 质子交换膜水电解制氢技术现状与展望［J］. 现代化工，2021：1-7.

［10］刘大波，苏向东，赵宏龙. 光催化分解水制氢催化剂的研究进展［J］. 材料导报，2019，33（S2）：13-19.

［11］任南琪，郭婉茜，刘冰峰. 生物制氢技术的发展及应用前景［J］. 哈尔滨工业大学学报，2010，42（6）：855-863.

［12］周超，王辉，欧阳柳章，等. 高压复合储氢罐用储氢材料的研究进展［J］. 材料导报，2019，33（1）：117-126.

［13］马通祥，高雷章，胡蒙均，等. 固体储氢材料研究进展［J］. 功能材料，2018，49（4）：4001-4006.

［14］侯明，邵志刚，俞红梅，等. 2019 年氢燃料电池研发热点回眸［J］. 科技导报，2020，38（1）：137-150.

［15］符冠云，熊华文. 日本、德国、美国氢能发展模式及其启示［J］. 宏观经济管理，2020（6）：84-90.

［16］黄锦龙. 日本氢能源技术发展动向及启示［J］. 全球科技经济瞭望，2015（11）：5-8.

［17］Ozawa A，Kudoh Y. Performance of Residential Fuel-cell-combined Heat and Power Systems for Various Household Types in Japan［J］. International Journal of Hydrogen Energy，2018，43（32）：15412-15422.

［18］吴善略，张丽娟. 世界主要国家氢能发展规划综述［J］. 科技中国，2019（7）：91-97.

撰稿人：郭烈锦　苏进展　吕友军　等

储能科学技术发展研究

一、研究内涵与战略地位

（一）储能科学技术的战略地位

当前全球能源格局正在发生由传统化石能源为主向清洁高效能源的深刻转变，我国能源结构也正经历前所未有的深刻调整[1]。清洁能源发展势头迅猛，已成为我国加快能源领域结构性改革的重要力量[2]。

储能是智能电网、可再生能源高占比能源系统和能源互联网的重要组成部分和关键支撑技术[3]。储能是提升传统电力系统灵活性、经济性和安全性的重要手段，能够显著提高风、光等可再生能源的消纳水平，支撑分布式电力及微网，是构建能源互联网、推动电力体制改革和促进能源新业态发展的核心基础。储能技术是可再生能源技术与产业大规模发展，实现我国能源安全、能源转型和实现2030年碳达峰、2060年碳中和的关键支撑技术[4]。

近20年来，我国在储能技术装机方面取得快速发展。截至2019年年底，中国已投运储能项目累计装机规模为32.3GW，占全球18%。其中，抽水蓄能项目的累计装机规模为30.2GW，占装机总量93.7%。其次是化学储能技术，装机总量达1.58GW，占装机总量的4.9%[5]。

储能技术的开发利用已成为我国能源工业发展的重要战略目标。国家制定并实施了《关于促进储能技术与产业发展的指导意见》[3]以及《储能技术专业学科发展行动计划（2020—2024年）》[6]，新发布的《中华人民共和国国民经济和社会发展第十四个五年规划和2035年远景目标纲要》中明确在氢能与储能等前沿科技和产业变革领域，组织实施未来产业孵化与加速计划，谋划布局一批未来产业。实施电化学储能、压缩空气储能、飞轮储能等示范项目，开展黄河梯级电站大型储能项目研究。

（二）储能科学技术的研究内涵

储能是通过介质或者设备把能量存储起来，需要时再将能量释放的过程，根据能量存储形式，储能技术可分为储电和储热[7]。储能通常分为物理储能和化学储能，物理储能包括抽水蓄能、压缩空气储能、飞轮储能和超导储能等，化学储能包括锂电池、铅酸电池、液流电池、钠硫电池、储氢和天然气水合物等；储热包括显热储热、相变储热和热化学储热等。储能技术是材料、物理、化学、力学、热学、机械、电力、电子等多个学科交叉的高新技术，其中工程热物理是物理储能和储热技术的核心基础学科，也是化学储能技术的关键基础学科。

抽水蓄能电站配备有上、下游两个水库，在负荷低谷时段，抽水储能电站将下游水库里的水抽到上游水库保存。在负荷高峰时，上游水库中储存的水经过水轮机流到下流水库，并推动水轮机发电。抽水蓄能技术相对比较成熟，装机容量为百 MW 至千 MW。抽水蓄能是一个多学科交叉研究领域，涉及工程热物理与能源利用、水利工程、流体动力学、材料科学等学科。该领域的基础研究对象大体包括：大型抽水蓄能电站选址技术、高坝工程技术、水泵水轮机技术及智能调度与运行控制技术。

压缩空气储能是指在用电低谷，将空气压缩并存于储气室中，使电能转化为空气的内能存储起来；在用电高峰，高压空气从储气室释放，然后驱动透平发电的技术。压缩空气储能是一个多学科交叉研究领域，涉及工程热物理与能源利用、叶轮机械、热能存储、材料科学等学科。该领域的基础研究对象大体包括：压缩空气储能系统总体设计技术、高效宽负荷压缩机技术、高效膨胀机技术、高效储热技术和系统集成与运行控制技术。

飞轮储能是将能量以飞轮的转动动能的形式来存储的技术，飞轮储能具有效率高、响应速度快的特点，是适用于短时、大功率、高频次充放的储能技术。飞轮储能是一个多学科交叉研究领域，涉及动力学、电机学、传热学、材料科学等学科。该领域的基础研究对象大体包括：高速复合材料飞轮转子、高速旋转机电系统设计、高速转子动力学、高速电机及其控制等。

储热技术是指通过材料将热能存储，并在需要时释放出来的技术。储热技术主要包括显热储热、相变储热和化学储热三类。其中，显热储热技术包括砂石、混凝土、防火砖等固态显热储热技术和水、无机熔盐和导热油等液态显热储热技术。熔盐是太阳能热电站最佳的储热材料，具有热稳定性好、低蒸汽压、低黏度和无毒性等优点，但存在腐蚀性强、易冻堵等问题。大多数显热储能材料成本较低，且工作温区覆盖范围广。储热是一个多学科交叉研究领域，涉及工程热物理与能源利用、传热学、材料科学等学科。该领域的基础研究对象大体包括储热材料及其性能表征、储热单元设计优化、储热系统优化设计及运行调控等。

热泵储电是一种新型的基于热力学过程的新型储电技术，其过程是在用电低谷，通过逆向热力循环将电能转化为热能（和／或冷能）存储起来；在用电高峰，通过正向热力循环将存储的热能（和／或冷能）释放出来做功发电。热泵储电是一个多学科交叉研究领域，涉及工程热物理与能源利用、叶轮机械、传热学、材料科学等学科。该领域的基础研究对象大体包括：热泵储电系统总体设计技术、高／低温压缩机技术、高／低温膨胀机技术、储热换热技术和系统集成与运行控制技术。

二、我国的发展现状

（一）抽水蓄能技术发展现状

我国抽水蓄能电站发展始于 20 世纪 60 年代后期，经过 70 年代初步探索、80 年代的深入研究论证和规划设计，90 年代后步入发展快车道，先后兴建了广蓄一期、北京十三陵、浙江天荒坪等抽水蓄能电站[8]。截至 2019 年，中国累计抽水蓄能 30.2GW，主要集中在我国东部沿海城市。

目前我国抽水蓄能电站的科学技术研究发展，在关键技术研究方面，清华大学对水泵－水轮机性能开展了较多的数值模拟和优化设计工作[9]；河海大学对抽水蓄能电站的技术、运行经济学以及建筑施工等问题进行了广泛研究[10, 11]；华北电力大学对抽水蓄能电站的优化调度、风险管理、经营管理、经济评价等方面开展了广泛研究[12]；大连理工大学、天津大学和浙江大学等也从技术、经济和管理角度对抽水蓄能进行了探索等[13-15]。在关键技术研制方面，东方电气集团自主研发福建仙游抽水蓄能电站 30 万 kW 水泵水轮机转轮，于 2010 年 9 月在水力机械实验室（EPFL）试验台通过了中立实验，开创了国内独立研发高水头、大容量、高转速抽水蓄能机组的新纪元[16]。2014 年 4 月，经过国网新源控股有限公司的独立自主整组调试，我国自主研制的首台 100MW 级抽水蓄能机组静止起动变频器（SFC）在响水涧抽水蓄能电站成功启动[17]。2016 年 6 月，浙江仙居抽蓄电站机组投入商业运行，该 400MW 机组是我国真正意义上第一台完全自主设计、自主生产、自主安装运营的抽水蓄能电站发电设备[18]。

（二）压缩空气储能技术发展现状

压缩空气储能是除了抽水蓄能之外的另一种适合大规模应用的储能技术。国际上，1978 年德国 Huntorf 压缩空气电站（290MW）和 1991 年美国亚拉巴马州 McIntosh 压缩空气电站（110MW）建成并投入商业运营，这两座储能电站均采用了发电时燃料加热的技术方案[19]。近年来，为摆脱化石燃料的消耗，国际上提出了绝热压缩空气储能系统，但是仍需大规模储气洞穴或储气装置[20]。为摆脱依赖储气洞穴的问题，中国科学院工程热物理研究所提出了超临界压缩空气储能系统，并研制出 1.5MW 和 10MW 超临界压缩空气储能系统并示范运行，对压缩空气储能电站进行了热力性能和经济性能综合评价分析[21]。

SustainX 公司研发了等温压缩空气储能技术[22]。华北电力大学进行了传统压缩空气储能系统的热力性能计算与优化及其经济性分析的研究[23]。华中科技大学等单位结合湖北云英盐矿的地质条件和开采现状，对湖北省建设压缩空气储能电站进行了技术和经济可行性分析[24]。中国科学院理化所、清华大学、西安交通大学也进行了绝热压缩空气储能的相关研究[25]。

（三）飞轮储能技术研究进展

国内在飞轮储能技术方面起步较晚，目前处于关键技术突破和产业应用转化阶段。我国英利集团已经研制出 200kW/36MJ/15000rpm 的复合材料飞轮样机，清华大学研制出 1MW/60MJ/2700rpm 金属飞轮储能工程样机[26]，北京泓慧国际能源技术发展有限公司2016 年研制成功 250kW/7MJ/11000rpm 飞轮储能动态 UPS，并小批量推广应用[27]。西南交通大学研制了全高温超导磁悬浮形式的飞轮储能样机。以直径 200mm 重量 1.4kg 的飞轮转子作为储能载体，最高可实现 13000rpm 的转速[28]。中国科学院电工所 2015 年研制了30kJ/2kW 超导磁悬浮飞轮储能系统小样机，额定转速 10000r/min。清华大学针对 20kW 至MW 级飞轮储能开展了系统设计、关键技术和试验测试研究[29, 30]。华北电力大学针对飞轮储能技术在风力发电、光伏发电和电网的运行控制方法等方面开展了研究[31, 32]。江苏大学和华中理工大学等分别针对飞轮储能磁轴承、飞轮储能技术在电力系统控制中的应用等方面开展了研究[33, 34]。

（四）储热储冷技术发展现状

储热储冷技术是另一种大规模应用的储能技术，世界装机总量超过4GW，其中太阳能热发电中的熔盐储热装机超过 3.5GW[5]。储热技术一般包括显热储热、相变储热和热化学储热三种。其中，显热储热技术包括砂石、混凝土、防火砖等固态显热储热技术和水、无机熔盐和导热油等液态显热储热技术。熔盐是太阳能热电站最佳的储热材料，具有热稳定性好、低蒸汽压、低黏度和无毒性等优点，但是存在腐蚀性强、易冻堵等问题。大多数显热储能材料成本较低，且工作温区覆盖范围广。显热储热的技术成熟度高，成本低、效率高，已经获得商业应用，但是储热密度较低。熔盐显热储热在我国太阳能热发电领域获得了应用，包括金钒甘肃阿克塞 50MW 槽式和中阳河北张家口 64MW 槽式、首航敦煌一期 10MW 塔式电站等均采用了熔盐显热储热技术[35]。固体显热和水储热在我国清洁供暖和火电深度调峰等领域获得了应用，在我国火电机组灵活性改造试点项目中，绝大部分采用固体蓄热或水蓄热技术改造的项目，蓄热技术已成为火电厂实现热电解耦、深度调峰的主流技术。相变储热具有更高的储热密度，是研究领域的热点方向。相变储热技术成熟度不高，除了静态冰蓄冷技术外，无机盐相变储热、冰浆蓄冷技术、气体水合物蓄冷技术等大多处于研究与示范阶段[36-38]。通过将相变材料与高导材料或骨架类材料复合，以获得高导热、性能稳定的复合相变材料是加快相变储能走向实际应用的有效途径，也是近年来国内外相变储能的研究热点[36]。热化学储能包括吸收式、吸附式、化学反应，具有比相变储能更高的储能密度。但是热化学储能反应复杂、技术成熟度较低，大多处于实验室研究阶段[39]。

（五）热泵储电技术发展现状

热泵储电是一种新型基于正逆热力学过程的储电技术，我国在此方向上起步较晚。我国学者在热泵储电的理论研究方面，包括系统质量不平衡问题、系统连续运行稳定性运行优化、阵列化运行策略和基于热泵储电系统冷热电联储联供方面开展了研究[40, 41]。

三、国内外发展比较

（一）抽水蓄能技术国内外发展对比

全球累计运行储能项目装机量中抽水蓄能约占全球的96.4%，其中中国、美国和日本抽水蓄能装机容量占到全球的50%。抽水蓄能依据有无天然径流可分为纯抽水和混合式抽水蓄能电站，按照机组类型可分为四机分置式、三机串联式和二机可逆式抽水蓄能机组。目前，日本以高水头、大容量、高转速抽水蓄能机组的实际生产业绩居世界领先地位，美国和欧洲在抽水蓄能技术实力较强。我国抽水蓄能机组较世界先进水平美国 Bath County 的 500MW 还有差距。高水头混流式水泵水轮机技术是当前的研究热点，主要集中在 500—700m 高水头水泵水轮机的研究，并不断向高水头和大容量方向发展，研究内容主要涉及水力性能和振动与应力问题等方面。此外，日本已建成海水抽水蓄能的电站。

（二）压缩空气储能技术国内外发展对比

自20世纪40年代末提出利用地下洞穴实现压缩空气储能的设想，到60年代末欧美电力峰谷价差增大使得压缩空气储能逐渐得到发展。为了提高发电能力，传统的压缩空气储能技术采用在发电时燃烧化石燃料的技术方案。目前国际上有两座100MW级以上压缩空气储能电站建成并投入商业运营：德国 Huntorf 压缩空气储能电站（290MW）和美国的亚拉巴马州 McIntosh 的压缩空气储能电站（110MW）。日本也建成了 Sunagawa 压缩空气储能电站（4MW），以上储能电站均采用了地下储气洞穴和燃烧化石燃料加热的技术方案。在大规模推广过程中，存在依赖地理条件、依赖化石燃料和系统效率相对较低的三个技术瓶颈问题。

近年来，为解决上述三个技术瓶颈问题，国内外学者提出了多种新型压缩空气储能系统。为摆脱对地理条件的依赖，美国学者提出了绝热压缩空气储能系统，该技术通过在储能时回收存储压缩热并在发电阶段加热膨胀机进口空气，从而具有不需要化石燃料等优点。为解决依赖地下洞库的问题，英国利兹大学和中国科学院工程热物理所的学者提出了液态空气储能系统，通过空气的液态存储，不需要大型储气室。为提高系统效率，美国 SustainX 公司和 LightSail 公司提出了等温压缩空气储能系统，德国 MAN 公司提出了具有余热回收的压缩空气储能系统等。我国中国科学院工程热物理研究所先后提出并开展了蓄热式压缩空气储能和液态空气储能等新型压缩空气储能系统，并结合二者的优点，提出并研发了先进超临界压缩空气储能系统，已完成了河北廊坊 1.5MW 和贵州毕节 10MW 先进超临界压缩空气储能系统研发，正在开展山东肥城 50MW/300MWh 和河北张家口首套100MW/400MWh 先进压缩空气储能系统研发。国外示范系统方面，美国 SustainX 公司于2013 年建成 1.5MW 等温压缩空气储能电站并开始并网发电，英国已建成 5MW 液态空气储能系统。在新型压缩空气储能系统研发方面，中国已处于国际领先水平。

（三）飞轮储能技术国内外发展对比

飞轮储能通过飞轮同轴旋转的电机电能与高速旋转飞轮动能之间的转换实现电能的存储与释放，循环能量效率达 80%—95%，循环寿命超过 10 万次，使用年限超过 15 年，环境特性友好，适用于"短时、大功率、高频次充放"储能应用。2000 年前后，飞轮储能工业应用产品开始推广，其中美国的飞轮储能技术处于领先地位。目前国内处于关键技术突破和产业应用转化阶段，与国外先进技术水平差距有 5—10 年。近年来，具有无源自稳定性基于超导磁轴承的飞轮储能系统，受到国内外学术界的关注，国外在超导磁悬浮飞轮储能系统方面已有 20 多年的研究历史，美国、德国、日本、韩国等处于前列，成绩较为突出。美国波音公司目前已经完成设计、制造、测试的超导磁悬浮飞轮储能系统产品容量范围为 1kWh 至 10kWh，输出功率为 3kW 到 100kW。德国 ATZ 公司研制成功了 5kWh/250kW 样机，用于不间断电源和电能质量调节研究。日本国际超导产业技术研究中心于 2015 年完成了 100kWh/300kW 高温超导飞轮储能系统的研制及吊装工作，开始测试运行。韩国电力科学研究院 2012 年研制了 35kWh/350kW 超导磁悬浮飞轮储能系统，用于地铁站电力系统稳定。国内超导飞轮储能系统起步较晚，与国外相比还存在一定差距。

（四）储热储冷技术国内外发展对比

储热储冷技术一般根据其原理包括显热、相变和热化学三类，主要应用于太阳能热发电、清洁供暖等方面。硝酸盐由于熔点低、比热容大、热稳定性好、腐蚀性低等优点，广泛应用于工业余热回收和太阳能热发电等领域。在 250—600℃，太阳盐和 Hitec 盐已经在商用太阳能热发电站上使用，国内有北京工业大学、中山大学等开发新的低熔点、高使用温度上限的多元硝酸盐。其他类型熔盐由于种种问题技术还不够成熟，目前仍需要开展大量基础研究工作。氯化物使用温度范围为 300—900℃，价格便宜，但其腐蚀性较强，容易发生潮解。碳酸盐的价格低廉，在 400—900℃温区具有应用潜力，但是其熔点较高、黏度大、高温易分解，因而限制了其应用空间。国外固体储热技术主要以蓄热电暖器为主，多采用镁砖等显热储热，目前已市场化；混凝土储热由于工作温度高、材料成本低，在太阳能光热电站有初步应用。德国宇航中心研制了三段式显热–潜热混合储能实验系统，储热容量 1MWh，潜热部分采用硝酸盐，显热部分采用混凝土。挪威 Energy Nest 公司采用混凝土储热，建成 1MW 的塔式光热试验平台。国内建成多个集中电采暖示范项目，主要采用镁砖为蓄热材料，最大单机加热功率达 10MW，有效蓄热能力达 48MWh，放热能力达 2.8MW。南京金合能源研制出相变温度 550℃的高温复合相变材料，在新疆阿勒泰建成风电清洁供暖示范项目，加热功率 6MW，总蓄热量 35MWh。国外在中低温相变储热常用于建筑领域，与供热系统或建筑材料结合，或在被动式房屋中与采暖通风系统结合，提高了居住的舒适性。国内企业将在中低温相变储热通过固定式或移动式与集中供暖耦合，利用谷电制热应用到居民日常供暖。

（五）热泵储电技术国内外发展对比

目前国内外学者对于热泵储电技术热力学分析与系统设计优化方面开展了较多分析研究工作。国际上美国通用电气、Malta，德国 MAN、西门子、DLR 等已经开展热泵储电系统的技术研发，但尚未完成，目前仅有英国 Isentropic 公司研发出 150kW/600kWh 的热泵储电系统，尚未完成调试。我国尚未开展热泵储电技术样机的研发。

四、我国发展趋势与对策

我国储能科学技术研究进一步重点发展方向包括：①高水头、大容量抽水蓄能理论与关键技术；②先进压缩空气储能优化设计与关键技术；③大功率飞轮储能优化设计与关键技术；④大规模高效储热理论与关键技术；⑤新型热泵储电理论与关键技术。

（一）大容量、高水头抽水蓄能关键理论与技术

抽水蓄能电站的建设以电网削峰填谷为主要目的，以地质条件及水文条件的天然状况为开发基础，综合勘探、气象、水资源管理、流体机械、机械制造加工、大型技术安装与运行，以及电站控制管理与维护等多个学科的各项相关科学技术，在整个电力储能行业中所占比例最大。虽然抽水蓄能是较为成熟的一种储能技术，但在科学技术层面仍有较多研究内容，主要包括以下内容。

1. 大型抽水蓄能电站选址技术研究

研究地形条件（上下水库落差、距离等）、地质条件（岩体强度、渗透特性等）、水源条件（同水源距离等）、环境（淹没损失、生态修复等）对大型抽水蓄能电站选址

影响等。

2. 高坝工程技术研究

研究筑坝工程、施工技术研究、隧洞机械掘进施工技术、高坝工程防洪安全、抗震安全及结构安全评价方法和工程措施研究等。

3. 大容量、高水头水泵水轮机设计优化技术研究

研究变速抽水蓄能电站机组、高效高参数抽水蓄能机组设计制造和装备设计优化技术等。

4. 智能调度与运行控制技术研究

研究变速调节控制、无人化智能控制与集中管理、信息交换技术、厂网协调控制技术、运行设备仿真技术、电站就地单元控制装置和电站监控系统等。

5. 新型抽水蓄能技术研究

研究海水抽水蓄能技术包括上库防渗研究、海水对地表和地下水污染研究、海水有机物对机组黏附作用和对金属材料的腐蚀作用研究等；研究高寒抽水蓄能技术包括含沙量超标研究、冰冻期电站安全运行研究等。

（二）大规模、高效压缩空气储能优化设计与关键技术

先进压缩空气储能未来的发展趋势是向进一步提高效率、摆脱对地理条件的限制和摆脱对化石燃料的依赖方向发展。先进压缩空气储能技术在科学技术层面的内容如下。

1. 压缩空气储能系统优化设计与变工况调控技术

研究先进压缩空气储能系统的能量转化与存储过程的能量损失机理；在变工况条件下储能单元、蓄热单元、储气单元之间的耦合特性，以及与之相适应的变工况运行控制策略。

2. 高负荷、高效、宽工况透平机械设计优化技术

针对储能过程中压缩机的高负荷和压力、流量动态变化问题，以及释能过程中空气膨胀机的滑压工作问题，研究速度式透平机械流道内的复杂流动时空特性和流动部件间的相互作用机理及与运行工况相适应的匹配机制，研究高负荷多级离心压缩机流道内的激波组织、分离流动演化及静叶 / 转速联动调节控制技术，研究空气透平膨胀机的滑压调节与控制方法，研究空气膨胀释能子系统的功率自适应调节特性及协调控制特性，研究压缩空气储能专用高负荷多级离心压缩机、高膨胀比高压空气透平的优化设计理论与技术。

3. 高效紧凑式超临界空气蓄热 / 换热器设计技术

基于实验和理论分析，探讨蓄热材料相变过程热质传递机理，掌握不同相变温度区间的相变蓄热材料的制备技术；发展换热器高效传热结构，实现低温差传热过程，强化压缩空气传热及蓄热；基于不同结构形式下蓄热器的能量耗散分析，探讨蓄热系统强化

传输机理，实现蓄热装置的过程强化；建立蓄热器的储（放）热控制策略；研制高效紧凑式蓄热/换热器。

4. 储气单元设计与应用技术

研究连续储、放气工作条件下压气储能储气单元内温度和压力变化规律；研究循环荷载和温度循环作用下储气装置的本构关系和强度准则。

（三）大功率飞轮储能优化设计与关键技术

针对电网短时高频次储能的需求，大功率、高转速是飞轮储能技术的重点发展方向。大功率飞轮储能技术需要在高速飞轮、大功率电动发电机、轴承、变流器、集成控制与并网运行控制技术等方面开展，具体的研究内容如下。

1. 大容量飞轮转子设计与优化

针对大容量飞轮转子结构、强度问题，研究大储能容量复合材料转子的拓扑结构；不同材料与结构的飞轮本构模型、离心载荷、热载荷作用下的应力–变形特性；在快速充放电过程中飞轮的失效形式、疲劳特性及可靠性及其机理。

2. 高速电动发电机转子低损耗设计

针对真空条件下飞轮储能电机面临的高转速和低损耗难题，研究大功率高速电机的电磁设计和性能分析方法；研究电机的损耗和降低转子损耗的方法；研究大承载力磁轴承构型、特点及其动力学特性，获得不同形式轴承的优化设计方法。

3. 飞轮储能磁–电–热–机多子系统集成技术

研究电网、飞轮阵列、单机、单机部件总体协同方案，研究磁、电、热、机多子系统协同优化集成技术，研究大容量飞轮储能的真空、散热、诊断和防护技术，攻克高转速、宽区间、快速充放电工况下的轴承、电机控制调试技术。

（四）大规模、高效储热储冷关键技术

高温度参数、低成本、大规模和高效率是储热储冷技术的发展方向，需要从储热储冷材料、储热储冷单元和系统集成三个方面开展研究，具体如下。

1. 先进储热储冷材料基础研究

研究储热储冷材料粒子迁移、粒子相互作用势与结构–组成–性能物理化学现象间的内在关系，开发新型低成本和高性能的储能材料配方及其合成技术，基于大数据方法的储能材料基础热力学和动力学数据库。储热储冷材料原位表征与测量分析，探究循环储释动态条件下的材料性能演变、突变及其稳定性规律。

2. 储热储冷单元内部流动及传蓄热机理研究

研究储热储冷单元器件内部流动、传热传质和反应动力学复杂行为；研究微细传递现象和界面效应，多相态化学反应与能质传递过程的数理模型；研究储能单元内部相变储热

材料的强化效应；冰浆输送过程的结晶动力学特性与强化方法。

3. 储热储冷系统集成优化与调控

研究多工况下的储热储冷系统最优规划评价准则和最优设计方法，兼顾部件性能和系统拓扑结构的储能系统整体输运和储存模型。热化学储能新体系、优化设计理论和新工艺研究。储热储冷、动力循环和热泵循环的耦合优化设计及其灵活调节方法，储能系统并网测试和失效分析与故障诊断方法。

（五）新型热泵储电理论与关键技术

新型热泵储电技术具有长时间、低成本和高储能密度等特点，需要从系统和关键部件层面开展理论与关键技术研究，主要研究内容包括：研究热泵储电系统能量耦合机理与优化设计；研究储热和储冷单元内部流动和传蓄热机理；研究高/低温压缩机与高/低温膨胀机的优化设计与内部损失机理。

参考文献

［1］国家能源局. 清洁能源，美丽中国新动能——我国能源结构正由煤炭为主向多元化转变［J］. 资源节约与环保，2018，197（4）：2.

［2］寇伟. 以供给侧结构性改革助推国家电网高质量发展［J］. 电力设备管理，2019（1）：21-22.

［3］国家发改委，国家能源局. 关于促进储能技术与产业发展的指导意见（发改能源〔2017〕1701号）.

［4］陈海生. 储能、分布式可再生能源、智能微网［J］. 中国科学院院刊，2016（2）：224-231.

［5］中关村储能产业技术联盟. 储能产业研究白皮书，2019.

［6］教育部，国家发展改革委，国家能源局. 储能技术专业学科发展行动计划（2020—2024年）.

［7］陈海生. 压缩空气储能技术的特点与发展趋势［J］. 高科技与产业化，2011（6）：55-56.

［8］薛文萍，李宏伟. 抽水蓄能电站的发展和运行特性［J］. 电站系统工程，2012，28（3）：68.

［9］杨琳，陈乃祥，樊红刚. 水泵水轮机转轮全三维逆向设计方法［J］. 清华大学学报（自然科学版），2005（8）：1118-1121.

［10］陈守伦. 抽水蓄能电站的发展［J］. 江苏电机工程，2001，20（1）：6-10.

［11］王冲. 抽水蓄能电站经济运行的分析与探讨［D］. 河海大学，2006.

［12］李培栋，孙薇，孟亚敏. 电力市场环境下抽水蓄能电站经营模式的探索［J］. 水利经济，2005（4）：13-14.

［13］郭东浦. 抽水蓄能电站效益计算方法和经济性研究［D］. 大连理工大学，2002.

［14］李惠玲，张志强，唐晓骏，等. 风电和抽水蓄能联合送出时大型风电最优入网规模研究［J］. 电网技术，2015，39（10）：2746-2750.

［15］章军军，毛根海，程伟平，等. 抽水蓄能电站侧式短进出水口水力优化研究［J］. 浙江大学学报（工学版），2008（1）：188-192.

［16］郑津生，常喜兵，王伦其，等. 仙游抽水蓄能电站水泵水轮机设计技术［C］. 抽水蓄能电站工程建设文集，2014.

［17］徐峰，高苏杰，张亚武，等. 国产大型静止变频器（SFC）系统设计及应用［C］. 中国水力发电工程学会，2014.

［18］国内单机容量最大的抽水蓄能机组投入商业运行［J］. 四川水力发电，2016，42（8）：51.

［19］Chen H，Cong TN，Yang W，et al. Progress in Electrical Energy Storage System：A Critical Review［J］. Progress in Natural Science，2009，19（3）：291-312.

［20］徐玉杰，陈海生，刘佳，等. 风光互补的压缩空气储能与发电一体化系统特性分析［J］. 中国电机工程学报，2012，32（20）：88-95.

［21］陈海生，刘金超，郭欢，等. 压缩空气储能技术原理［J］. 储能科学与技术，2013，2（2）：146-151.

［22］Cleary B，Duffy A，O'Connor A，et al. Assessing the Economic Benefits of Compressed Air Energy Storage for Mitigating Wind Curtailment［J］. IEEE Transactions on Sustainable Energy，2015，6（3）：1021-1028.

［23］刘文毅，杨勇平. 微型压缩空气蓄能系统静态效益分析与计算［J］. 华北电力大学学报，2007，34（2）：1-3.

［24］徐新桥，杨春和，李银平. 国外压气蓄能发电技术及其在湖北应用的可行性研究［J］. 岩石力学与工程学报，2006，25：3987-3992.

［25］尹建国，傅秦生，郭晓坤，等. 带压缩空气储能的冷热电联产系统的（火用）分析［J］. 热能动力工程，2006，21（2）：193-196.

［26］戴兴建，张小章，姜新建，等. 清华大学飞轮储能技术研究概况［J］. 储能科学与技术，2012（1）：64-68.

［27］李树胜，付永领，刘平，等. 磁悬浮飞轮动态UPS系统对拖充放电实验方法研究［J］. 储能科学与技术，2018，7（5）：828-833.

［28］邓自刚，林群煦，王家素，等. 高温超导磁悬浮飞轮储能系统样机［J］. 低温物理学报，2009（4）：49-52.

［29］戴兴建，魏鲲鹏，张小章，等. 飞轮储能技术研究五十年评述［J］. 储能科学与技术，2018（5）：765-782.

［30］戴兴建. 1MW/60MJ飞轮储能电源研制及其应用［C］. 第三届全国储能科学与技术大会摘要集，2016.

［31］戴兴建，张超平，王善铭，等. 500kW飞轮储能电源系统设计与实验研究［J］. 电源技术，2014，38（6）：1123-1126.

［32］郭伟，张建成，李翀，等. 针对并网型风储微网的飞轮储能阵列系统控制方法［J］. 储能科学与技术，2018，7（5）：810-814.

［33］赵晗彤，张建成. 基于滑模控制的飞轮储能稳定光伏微网离网运行母线电压策略的研究［J］. 电力系统保护与控制，2016（16）：36-42.

［34］刘世林，文劲宇，高文根，等. 基于飞轮储能的并网风电功率综合调控策略［J］. 电力自动化设备，2015，35（12）：34-39.

［35］孙玉坤，张宾宾，袁野. 飞轮储能用磁悬浮开关磁阻电机多目标优化设计［J］. 电机与控制应用，2018，45（10）：53-58+119.

［36］许利华，侯晓东，刘可亮. 塔式熔盐太阳能光热发电技术［J］. 能源研究与信息，2020，36（3）：15-22.

［37］李昭，李宝让，陈豪志，等. 相变储热技术研究进展［J］. 化工进展，2020，39（12）：316-335.

［38］高蕊笑，张庆钢，王艺，等. 冰浆的研究现状与发展趋势［J］. 制冷技术，2019，39（5）：69-75.

［39］余鹏，周孝清. HCFC-141b/HFC-134a 气体水合物蓄冷特性试验研究［J］. 制冷与空调（北京），2016，16（6）：51-54.

［40］闫霆，王如竹，李廷贤. 热化学复合吸附储热循环的理论及实验［J］. 化工学报，2016，67（S2）：311-317.

［41］张琼，王亮，谢宁宁，等. 基于正 / 逆布雷顿循环的热泵储电系统性能研究［J］. 中外能源，2017（2）：91-97.

撰稿人：陈海生　王　亮

高端流体机械科学与技术发展研究

一、研究内涵与战略地位

（一）研究内涵

流体机械广义指以流体为介质实现机械能与流体内能及动能相互转换的机械，目前在我国流体机械及工程二级学科中一般是指将机械能向流体内能及功能转换的机械，主要包括压缩机、鼓风机、通风机及泵等（即"三机一泵"）。流体机械学科主要研究内流现象与机理、功能转化规律、工程应用基础等前沿与交叉领域，涉及高精度数值模拟方法与技术、现代流动测试技术、流体动力学设计技术、振动强度与噪声控制等多方面技术。流体机械学科科学技术问题主要涉及工程热力学、气动热力学、流体力学、固体与结构力学、材料科学、自动控制理论、计算机控制技术等多个学科，核心科学问题是三维非定常流动的组织与调控。流体机械内部流动的三维非定常特征主要表现为：上游元件非均匀出口流动对下游元件的周期性非定常影响，逆压流动，黏性流动，弯曲叶道内的主流与二次流相互作用，通道流与叶顶间隙、密封等细微流动掺混，边界层与激波干涉，流动非稳定（旋转失速与喘振）、非均匀（进口畸变、周向非均匀）、强三维。这些复杂非定常三维因素以不同的时间和空间尺度，遵循不同的非线性发展规律条件下相互耦合和激励，构成了流体机械特有的流动现象和丰富的研究内涵[1]。

（二）战略地位

流体机械是航空航天、冶金电力、石油化工、能源动力等国家重要行业的核心装备，在西气东输、南水北调等国家重大工程中发挥关键作用，被称为大国重器、国之砝码。在现代石油与煤化工中，特别是在 150 万吨乙烯、140 万吨 PTA、10 万等级空分等特大型化工装置中，高端流体机械装备还存在被"卡脖子"风险，事关国家重大流程工业项目的成败和国家的经济与能源安全。流体机械在创造巨大经济效益的同时，消耗全国工业用电量30% 以上的电能，是国民经济诸多支柱性行业中的主要耗能设备[2]。因此，流体机械科学和技术水平的提升对我国节能降耗、构建"清洁、低碳、安全、高效"的现代化能源体系和可持续发展具有重要意义。

流体机械同时广泛应用于能源交通和国防等领域，是汽车、船舶、飞机等交通工具和陆、海、空军装备等动力装置的核心部件。作为能源的主要消费领域，交通的节能减排已成为节能和环保中日益重要的方面，流体机械技术水平的发展对交通节能减排具有重要的地位。为建设与我国国际地位相称、与国家安全和发展利益相适应的强大军队，必须解决武器装备动力装置"心脏病"问题，亟须突破流体机械等核心关键技术。

总之，流体机械关系着国计民生、国家安全，流体机械科学与技术的发展对我国的先进装备制造、节能减排和国防动力等具有重要的意义。"十三五"期间，我国流体机械行业取得了长足进步，获得了一大批重大成果。自主开发新技术、新产品几百项，如天然气长输管线压缩机、乙烯三机、大化肥透平压缩机、大型空分透平压缩机等，取得了一批具有国际先进水平的重大技术装备成果，使我国具备了为石油、天然气开发及集输、大型石油化工、核电、冶金等提供成套技术装备和关键产品的能力。"十四五"国民经济发展规划和党中央提出的"碳达峰、碳中和"目标，为流体机械装备制造及学科发展带来了重大发展机遇和巨大挑战。

二、我国的发展现状

流体机械研究面向高效节能、安全可靠、环境友好等方向深度发展，应用向氢能、储能等更宽广领域扩展，控制技术的普及和信息技术的兴起使得流体机械智能化、信息化逐步提上日程。近年来，在工业和能源领域流体机械理论与应用研究持续发展的基础上，我国在流体机械复杂工况湍流精细化捕捉及诊断方法、流体机械气动设计技术、流体机械与负荷管网匹配及流体机械流动分析大规模并行软件等方面取得了重要的进展。

（一）流体机械复杂工况条件下的湍流精细化捕捉和诊断方法

流体机械复杂工况下的特殊流动包括空化气蚀、多相混合流，部分负荷工况下的喘振、失速，以及空化条件下的空化喘振、空化失速等。其中空化与喘振等不稳定流动现象，对流体机械性能及安全具有重要的负面影响。发展高精度内流数值模拟模型，构建先进的流场诊断方法，进而准确捕捉流体机械内部流动精细化结构对于揭示流体机械内部流动规律、研制高性能流体机械新型产品具有重要意义。

近年来我国学者针对目前工业界广泛采用的 RANS 方法模拟精度不足的问题开展了多方面的研究。一些研究者通过在湍流壁面函数中考虑壁面粗糙度的影响提高了流体机械性能的预测精度[3]。另一些研究者考虑流道/流线曲率对湍流发展的影响，以及叶片式流体机械的旋转效应，构建了一种新的部分平均 Navier-Stokes（MSST PANS）动态模型[4]，并同时引入水平集（Level-set）函数表征不同组分两相界面，将动量方程的表达式中加入反映多相界面影响的表面张力源项，从而构建了液-汽-气多组分空化模型[5]，实现了流体机械多相混合条件下的高精度流动模拟。采用 MSST PANS 模型不仅能精细化捕捉流体机械不稳定工况下的局部流场特征、揭示流动部件中流动损失剧增的机理，而且成功将性能定量预测精度（与试验相比的最大偏差）控制在 3.5% 之内。

在流体机械复杂工况条件下的流动诊断方面，基于 Euler 框架下非定常流场精细化数值模拟的流场信息，采用有限时间内的李雅普诺夫指数（FTLE）以及相应的拉格朗日拟序结构（LCS）来分割不同运动特性的流场，通过捕捉流场中潜在的动态力学和几何学特性，找出流场中与能量损失、流动失稳相关的特殊流动结构[6]。将该方法应用于抽水蓄能机组不稳定泵工况下双列导叶内旋转失速团传播、绕水翼空化流动发展过程的分析，精准地捕捉了不稳定流动的发生与发展过程。以流体机械每个流动部件（或流道）为控制体，采用非定常能量方程分析控制体内的功率损失项，应用于不稳定驼峰工况下离心泵叶轮内的流动分析，结果表明在离心泵叶轮中，湍动能生成项占据绝大部分的流动损失，说明旋涡运动促进了湍流充分发展。而且，不稳定驼峰工况下湍动能生成项远大于其他工况下的损失，证明了叶轮中的湍流结构直接导致了大量能量损失。这些结论与可视化试验揭示的叶轮中大尺度分离流动特点具有很好的对应关系。流动诊断方法为理解流体机械内部不稳定流动现象，捕捉流场中的局部流动结构，进而指明流动设计的优化方向提供了必要的手段。

（二）流体机械流体动力学设计技术

流体机械流体动力学设计的本质是在给定设计任务下寻求最佳的空间流道几何使得流动组织最佳、效率最高。近年来，我国在流体机械流体动力学设计基础理论和应用研究方面取得了一系列成果。目前，流体机械流体动力学设计方法已经完成了从不考虑叶片扭向变化、采用简单叶型和展向积叠的模式，向通流理论、全三维叶片生成与各种优化方法相结合模式的转变。基于设计方法和技术的进步，已经开发了高效的透平压缩机模型级和泵水力模型，为我国自主研发高端流体机械装备提供了技术支撑。

我国学者针对多变量、高计算资源消耗的流体机械优化问题，搭建了用于流体机械全参数化造型及优化平台，建立了包含自由曲面叶片造型、非一致分流叶片造型以及有/无分流叶片下的非轴对称轮盘面造型在内的离心叶轮全参数化建模方法，并提出了基于流场信息编码的离心叶轮全工况预测模型[7]，实现了较为精确预测叶轮完整的性能曲线。同时，使用本征正交分解（POD）方法提取流场信息编码，并结合多层人工神经网络（ANN）分别建立两个子模型（即堵塞模型和工作模型），在不增加额外计算资源消耗的情况下利用样本中的流场信息提升性能预测的精度，并且能够预测离心叶轮完整的效率及压比曲线。

针对叶片泵叶轮逆向设计控制叶轮内的二次流问题，我国学者提出了一种具有普适意义的叶片广义交替加载技术[8]。该技术通过新形式的叶轮流体相对运动方程建立了叶道内二次流与势转子焓及科氏力间的关联关系，形成了无二次流的理想"功－能协调条件"。在此基础上，研究者明确了叶轮域固有势转子焓梯度分布特征及其对应的三类固有二次流形态（轮毂到盖板的 H-S 型二次流、压力面到吸力面的 P-S 型二次流、靠近叶轮出口的速度滑移型二次流），建立了叶片载荷分布与二次流产生之间的关系。将该技术分别在离心泵和混流泵叶轮逆向设计中应用后，显著提高了势转子焓分布均匀度和叶片泵效率、降低了压力脉动。

（三）流体机械内部流动控制技术

流动控制是通过施加外来扰动改变流场的自然发展路径，以达到人们所需要的增效、扩稳、降噪等控制目的。流动控制技术已经在流体机械性能提高和流动改善方面展现了巨大的潜力。国内学者通过实验和数值研究采用科恩达射流有效提升了高负荷压气机叶栅的气动性能[9]。我国学者在压气机等离子体流动控制方面开展了深入研究，并开拓了我国等离子体流动控制研究领域[10]。基于波涡相互作用提出了失速先兆抑制性（SPS）机匣处理扩稳技术，并提出了基于壁面声阻抗模型的 SPS 机匣理论设计方法和自适应控制方法[11, 12]，在多个亚音／跨音、单级／双级压气机实验台上开展扩稳实验，不同工作转速下综合裕度改善达到 8%—18%，同时均能保持压气机原有的压比和效率特性。

在其他流动控制方面，国内同时开展了对三维叶片、边界层抽吸、合成射流等流场控制机理和技术的研究。如在合成射流方面，国内学者对其非定常流动控制机制进行了总结，大致可分为：直接动量注入、频率调制与锁定、相位效应、共振效应、整流效应和涡波干扰效应。目前国内的研究大多局限于单级或叶栅层面，对采用控制技术后，级与级之间的匹配机理有待进一步深入研究。

（四）流体机械与负荷管网的优化匹配及智能调控

在与管网匹配及优化方面，流体机械与负荷管网的匹配优化及精准调控是流体机械高效、安全运行的保障，目前流体机械与管网系统匹配设计方法相对粗放、失稳先兆辨识困难、预警机制缺失、调控手段和精度不足，行业上主要的应对措施是预留足够的安全区域，不仅导致系统运行能效低下、运行范围偏窄，而且也无法从根本上杜绝失稳现象的发生。国内学者提出了以压力、流量、驱动力矩等参数作为调节对象的主动性失稳抑制技术，适应于多工况、变工况、长周期运行条件下的复杂流体机械负荷管网系统匹配优化与智能化调控。国内研究建立了压缩机与负荷管网系统关联模型，利用关联模型详细研究了压缩机失稳过程中内流场演变和非稳定运行特征，分析了导致失稳的原因。针对压缩机及负荷管网系统特性进行了研究，以空分流程中氧气管网以及并联压缩机系统作为代表性研究对象，分析了不同管网特性，变负荷，多工况下系统能耗，并提出空分系统混合放散控制策略以及并联压缩机负荷分配调控策略。利用以上调控策略使系统匹配最优化，达到节能运行目的。

在高效广域智能调控方面，国内学者利用压缩机失稳先兆提取技术有效提取出失稳先兆特征，实现了以压缩机喘振为典型代表的失稳状态早期辨识。针对服役条件、运行工况与环境干扰对监测数据的影响，根据监测数据概型与状态迁移的同步性，研究提出了基于支持向量域数据描述的运行状态自适应追踪模型，在高维动态的特征空间中建立相对边界阈值，形成符合流体机械实际运行工况和数据条件的失稳预警机制。建立了自学习控制仿真系统为研究广域运行条件下的流体机械自学习控制提供了基础。

在流体机械全生命周期运行管理方面，研究了故障诊断方法，搭建了大数据平台基本构架，完成了数据采集系统及数据监测软件。基于流体机械及负荷系统运行产生的大数据，利用所提出的基于信息熵理论的叶片损伤概率预测方法，旋转机械无监督故障评价方法，实现了故障早期预警及通用化故障识别。

（五）流体机械并行 LES/URANS 方法及大规模并行计算

针对流体机械 LES 计算对高精度数值格式的需求，提出了有限体积型高阶中心 –WENO 混合格式，经典算例验证结果表明，该格式兼具高激波分辨率与高湍流分辨率；建立了涵盖壁面自适应局部涡粘型亚格子模型、进口宽频带湍流脉动构造方法、高精度数值方法及 MPI–OpenMP 混合并行模型的流体机械高分辨率并行 LES 方法，并自主开发了相应的计算程序。

在国产 E 级超算原型机上开展了压气机叶栅部分叶高及全叶高亚 / 跨音速转捩流动的 LES 并行计算揭示了湍流强度、激波及进口边界层流态对压气机叶栅转捩模态及转捩位置的影响机理，最大计算规模为 11 万核 CPU 核心，并测得并行计算程序在 9216 核规模下的并行效率为 93%[13, 14]。在"天河二号"国产超级计算机上完成了国际标模跨音速压气机 NASA Rotor 37 的 LES 并行计算，近最高效率点气动性能及径向分布的预测精度高于美国国家航空航天局（NASA）、联合技术研究中心（UTRC）、法国宇航研究院（Onera）及 Safran 公司的 LES 计算结果。数值模拟成功捕捉到叶道内部激波 – 边界能层干涉、间隙泄漏涡、角区分离、转捩和湍流拟序涡等真实复杂流动结构，澄清了轮毂泄漏流对转子气动性能及流动结构的影响；揭示了转子内部各区域的转捩模态及发生机理。

为给大型流体机械节能优化设计及自主可控研发提供工程实用化、可靠的非定常 URANS 计算方法，针对国产高性能计算机的分层混合异构体系，提出了适合大型流体机械多叶片排、多叶道、多区域、多维度等多层几何特征的分层分区方法（HDDM），发展了流体机械整级非匹配型滑移网格法及其高阶物理守恒格式；为解决现有商业 CFD 软件普遍使用的定常 RANS 模型在非稳定工况的计算的发散问题，建立了能够考虑管网系统效应的流体机械整圈 URANS 计算模型。

在"天河二号"上完成了跨音速轴流压气机转子及整级的整圈 URANS 并行计算,首次利用整圈三维非定常 CFD 方法,捕捉到了压气机在旋转失速和喘振工况下低频、高振幅、大尺度的非稳定非定常流动过程[15]。完成了国际标模压气机 NASA 74A 前 3.5 级和国产首套 10 万等级空分压缩机前 8 级轴流压气机的(U)RANS 并行计算,气动性能与试验数据对比,计算误差在设计点为 1%,计算精度优于商业软件 NUMECA,成功捕捉到了压气机多叶片排间的非定常干涉现象。

三、国内外发展比较

随着流程工业的大型化发展,高端流体机械装备面临着大型化、高效节能、长周期稳定运转等诸多挑战。国外制造企业为应对这些挑战进行了战略重组与技术升级,在产品设计制造成套与技术进步等方面为我国提供了可借鉴学习的研制经验。国外学术界与流体机械装备企业形成紧密合作,更加重视探索内流动复杂物理现象的规律、机制和模型,侧重新思想、新理论、新概念和新方法的研究。

(一)我国高端叶片式流体机械装备的性能水平与国外相比仍然存在差距

在全球能源与化工产业深度调整,我国出台振兴装备制造业重大战略部署下,高端流体机械装备取得了空前的发展:实现了 10 万空分压缩机、120 万吨乙烯"三机"、20MW 长输管线压缩机、500 万 LNG 压缩机、4M150 往复机等一大批世界级高端装备的新突破,目前已初步具备了研制年产 2000 万吨炼油、150 万吨乙烯、140 万吨 PTA、15 万等级空分、80 万吨合成氨、120 万吨尿素、180 万吨甲醇等部分超大型流体机械装备的能力,完成了"从无到有"的转变,标志着我国大型流体机械装备的国产化取得了重要进展,但流体机械机组的节能水平等性能指标与先进发达国家仍存在较大差距。目前,我国高端叶片式流体机械装备的设计效率一般比国际先进水平低 1%—2%,而由于设备与系统的匹配性差、调控技术依然落后,实际运行效率比设计效率低 5%—10% 的情况十分常见。

分析流体机械及系统节能技术的国内外发展趋势,可以发现,制约我国流体机械节能水平进一步提高的三大核心问题是:①现有流动理论和方法存在不足,无法捕捉流体机械内部流动精细化结构;②当前的流体动力学设计技术平台不够完善,未能充分实现其在流体机械全参数优化设计中的应用;③实际运行条件下机器与负荷管网的匹配不佳、调控手段落后,导致流体机械的低效运行。

(二)国内外均高度重视流体机械前沿领域的关键核心问题

我国及以美国为首的西方发达国家均关注企业界和学术界紧密合作,近年来在流体机械研究领域的前沿问题研究中投入了大量的人力、物力和财力。总体上看,从理论研究和实验研究两方面入手,注重分析流体机械复杂内流中相互作用的流体动力学过程,以更精确的数学物理模型、先进的数值模拟技术与软件、现代化计算手段和现代实验仪器及测量技术为主要手段,从宏观和微观两方面深入探讨非定常流动数值模拟与流场仿真技术、非定常流动机理与系统稳定性、紊流结构与模型、流固耦合特性、数值模拟与流场仿真技术等。流体机械前沿领域取得的重大科技成果推动着其在超大型石化行业压缩机、核主泵、航空发动机、液体火箭发动机、磁悬浮透平等高端设备的技术进步和更新换代,同时,航空航天领域相关专有技术的进步也逐步向流程工业、能源工业等民用领域转化利用。

国内外的研究趋势均表明,随着军用与民用领域对流体机械装备发展的迫切需求,特别是流体机械不断向高效、低噪、高负荷的方向发展,能否在流体机械前沿的关键领域取得重大突破,已成为进一步研制先进的推进系统动力装置,大幅度提高航空发动机、工业燃气轮机性能的关键。

(三)智能化是国内外流体机械发展的重要竞争高地

流体机械行业的智能化是通过对数据科学与信息技术的进一步利用,改变对专家知识、经验与人的依赖,通过学科交叉拓展这一传统行业的发展潜力,向着更高效、更经济、更安全的方向发展。国内外均高度重视流体机械发展的智能化,在流动模型、流体动力学设计及运维等方面均有研究进展,是未来流体机械领域竞争的制高点之一。

流体机械智能化贯穿于流体机械的整个寿命周期。它要求在流体机械的设计、加工制造和运行等阶段中充分利用先进的信息技术与数据科学,实现信息化与工业化的深度融合。一方面,通过智能化使流体机械的设计、加工制造和运行不局限于专家知识与经验,借助蓬勃发展的人工智能方法为解决流体机械领域的问题提供新的思路;另一方面,通过智能设计获得更高的设计效率与稳定性,通过智能加工提高加工精度、降低成本,通过运行过程的智能监测动态管理压缩机运行状态,使其长期安全高效运行。

四、我国发展趋势与对策

(一)高端流体机械装备科学和技术发展趋势

1. 复杂非定常、非稳定流动机理的进一步深入研究为流体机械高效、安全运行带来新增长点

流体机械内部非定常流动的时空尺度跨越5—6个数量级,复杂三维非定常流动结构以不同的时空尺度、不同的非线性发展规律,发生相互耦合和激励。非定常流再耦合非均质、高参数比的多相流动甚至多维相变现象,是面向实际极端工况的重要挑战。对时序效应等非定常流动机理的深入研究为进一步提高流体机械的运行效率提供了契机，"从非定常要效率"是一个重要的技术发展趋势。

流体机械的大型化后，叶片柔性化变强，自然频率密集，导致气流激振概率大大增加，形成复杂的流固耦合机制，叶轮轮盘、叶片所面临的气流激振所引起的流体机械运行安全问题将更加突出。高效及多工况的运行要求，工程中难以避免失速与喘振工况的发生。探究安全可靠、经济可行的流体机械扩稳措施及结构安全措施，是流体机械领域内的前沿热点问题，"从非稳定要安全"是一个新的技术增长点。

2. 多学科及多物理场耦合是流体机械技术发展的重要趋势之一

流体机械不断向大流量、高压比、高转速、高效率及更宽工作范围等方向发展，其内部流动稳定性及结构强度亦有更高的要求。流体机械运行过程中，瞬态及时间平均的离心力与流场压力会使叶轮产生一定变形，并改变流道形状。高压比泵的间隙泄漏流使叶轮产生了强大的轴向力，对轴承及泵的安全运转产生了重要影响。不同组分实际气体在宽温域和压力范围内的物性变化，也对压缩机的高效安全运行提出了挑战。当流体温度与环境温度相差较大时，转子不同区域温差引起的热应力（热变形）亦不可忽略。流致振动及噪声控制也是制约流体机械性能及安全的重要因素。针对流固耦合、流热固耦合、流声耦合等多物理场耦合作用的规律研究是未来发展的重要趋势。

3. 流动控制技术及其与气动设计的耦合是重要发展方向

流动控制技术已经在流体机械效率提升和稳定性改善方面展现了巨大的潜力，未来将在流体机械研发过程中扮演越来越重要的角色。为提高流动控制技术在流体机械装备上的实际应用程序，需要进一步掌握流动控制技术机理及其应用，理解外界环境及控制参数对实际控制效果的影响。目前的流动控制技术只是作为一种辅助性或补救性的手段，融合流动控制技术的流体机械流体动力学设计是未来高性能流体机械的重要发展方向。进一步挖掘流体机械的节能潜力，亟待发展流道完全自由曲面全三维设计及与流动控制一体化的全参数可控优化设计。

4. 机器学习等人工智能技术将与流体机械领域深度融合

目前的人工智能和机器学习在多尺度非线性映射、大数据关联关系挖掘与决策等方面表现出了强大的优势，机器学习等人工智能技术在流动模型重构、流动特征提取等方面体现出良好的应用前景，对流体机械内部流动的机理揭示、组织与调控具有重要的作用。现有的基于机器学习的方法大部分以性能指标为目标的优化框架，而深度学习的方法可以以流场结构为优化对象，不是只着眼于气动性能参数，更为直接的是针对流场结构（如旋涡、边界层、二次流等）进行观察分析，并通过修型实现对这些结构的调控，获得更全面均衡的性能。人工智能技术的快速发展，为流体机械相关技术发展提供了新途径。应重视人工智能技术与流体机械技术基础理论研究的结合，开展基于人工智能的流体机械智能设计理论、智能流动控制方法以及智能运行维护技术等创新理论与技术研究。

（二）高端流体机械装备的发展对策

1. 进一步加强和完善基础研究，持续提升发展原动力

面对未来高端流体机械装备科学和技术发展需求，迫切需要深入开展流体机械前沿共性科学问题的研究，为流体机械装备的发展注入持续不断的动力，建议在以下关键方面支持开展重点研究：部分负荷变化时流体机械机组变工况瞬时运行特性研究；基于主动流动控制的大型流体机械设计概念和流动机理；流体机械气动、结构耦合机制和调控方法；基于非定常流动的流体机械现代设计理论；流体机械系统运行及智能控制研究；机器学习在流体机械全寿命周期发展中的应用问题研究。

此外，重视基础实验研究数据库建设、加强测试仪器设备研究及其国产化、开展流体数值模拟及设计优化相关软件开发，是符合我国国情且长远发展不可或缺的重要因素，也是增强流体机械科学与技术研发的原生动力。

2. 建立流体机械重大装备协同创新平台

流体机械学科涉及工程热物理、力学、材料、控制、制造等多个学科，产业链条涉及研发、制造、销售和运行维护等各个环节。针对我国高端流体机械装备产业链上存在的关键核心技术受制于人、创新成果转化率不高等重大问题，建立流体机械重大装备协同创新平台，形成"基础研究–应用开发–生产制造–运行维护"的有机协作体系，通过跨区域的协同创新，解决先进大型流体机械设计、制造及运行技术等制约行业产业发展的关键核心技术问题，提升我国流体机械产业领域创新能力与核心竞争力。通过创新协同平台的组建，将进一步形成具有广泛辐射带动作用的流体机械创新高地，突破制约我国流体机械产业发展和安全的关键技术瓶颈，培育壮大一批具有核心创新能力的一流企业和人才，助推流体机械行业由"中国制造"向"中国创造"的跃升。

3. 加强流体机械研究基地建设及人才队伍培养

充分发挥流体机械国家和省部级工程研究中心等研究基地的作用，继续加强建设以期成为开放型的国家级实验研究中心，促进流体机械重大装备的快速发展。加强和扩大流体机械领域的国际合作研究范围，鼓励、支持和资助面向流体机械的国际学术会议和期刊，通过资助项目为培养中、青年科技人才创造条件。

参考文献

［1］国家自然科学基金委员会工程与材料科学部. 工程热物理与能源利用学科发展战略研究报告（2011—2020）［M］. 北京：科学出版社，2011.

［2］ 中国通用机械工业年鉴委员会. 中国通用机械工业年鉴［M］. 北京：机械工业出版社，2020.

［3］ Tang YH，Xi G，Wang ZH，et al. Quantitative Study on Equivalent Roughness Conversion Coefficient and Roughness Effect of Centrifugal Compressor［J］. ASME Journal of Fluids Engineering，2020，142（2）：021208.

［4］ Ye W X，Luo XW，Li Y. Modified Partially Averaged Navier-Stokes Model for Turbulent Flow in Passages with Large Curvature［J］. Modern Physics Letters B，2020，34（23）：2050239.

［5］ Yu A，Luo XW，Ji B. Analysis of Ventilated Cavitation Around a Cylinder Vehicle with Nature Cavitation Using a New Simulation Method［J］. Science Bulletin，2015，60（21）：1833-1839.

［6］ Ye WX，Luo XW，Huang RF，et al. Investigation of Flow Instability Characteristics in a Low Specific Speed Centrifugal Pump Using a Modified Partially Averaged Navier-Stokes Model［J］. Proceedings of the Institution of Mechanical Engineers，Part A：Journal of Power and Energy，2019，233（7）：834-848.

［7］ Ji C，Wang ZH，Tang YH，et al. A Flow Information-based Prediction Model Applied to the Nonaxisymmetric Hub Optimization of a Centrifugal Impeller［J］. ASME Journal of Mechanical Design，2021，143（10）：103502.

［8］ Wang CY，Wang FJ，An DS. A General Alternate Loading Technique and its Applications in the Inverse Designs of Centrifugal and Mixed-flow Pump Impellers［J］. Science China-Technological Sciences，2020，64（4）：898-918.

［9］ Du J，Li JW，Li ZH，et al. Performance Enhancement of Industrial High Loaded Gas Compressor Using Coanda Jet Flap［J］. Energy，2019，172：618-629.

［10］Zhang HD，Yu XJ，Liu BJ，et al. Control of Corner Separation with Plasma Actuation in a High-speed Compressor Cascade［J］. Applied Sciences-Basel，2017，7（5）：465.

［11］ Sun DK，Liu XH，Sun XF. An Evaluation Approach for the Stall Margin Enhancement with Stall Precursor-Suppressed Casing Treatment［J］. ASME Journal of Fluids Engineering，2015，137（8）：081102.

［12］ Sun DK，Nie CQ，Liu XH，et al. Further Investigation on Transonic Compressor Stall Margin Enhancement with Stall Precursor-suppressed Casing Treatment［J］. ASME Journal of Turbomachinery，2016，138（2）：021001.

［13］ Li Z，Ju YP，Zhang C H. Parallel Large-eddy Simulation of Subsonic and Transonic Flows with Transition in Compressor Cascade［J］. Journal of Propulsion and Power，2019，35（6）：1163-1174.

［14］ Li Z，Ju YP，Zhang C H. Parallel Large Eddy Simulations of Transitional Flow in a Compressor Cascade with Endwalls［J］. Physics of Fluids，2019，31（11）：115104.

［15］ Liu A，Ju YP，Zhang CH. Parallel Simulation of Aerodynamic Instabilities in Transonic Axial Compressor Rotor［J］. Journal of Propulsion and Power，2018，34（6）：1561-1573.

撰稿人：席　光　张扬军　王志恒　等

ABSTRACTS

Comprehensive Report

Advances in Engineering Thermophysics

Engineering thermophysics is an applied-fundamental discipline that focuses on the basic laws and technical theories in the transformation, transfer, and utilization of energy and matter. It consists of several sub-disciplines, such as engineering thermodynamics, aerothermodynamics, combustion, heat and mass transfer, and multiphase flow, and serves as an important theoretical foundation in the fields of high-efficiency and low-pollution utilization of energy, aerospace propulsion, electricity generation, power, and refrigeration, etc. In order to meet the major needs for sustainable development, especially the strategic needs for the transformation of economic development pattern, the adjustment of industrial structure, and the construction of low-carbon energy system that China is facing, Chinese researchers in recent years have been constantly exploring new hot topics based on the traditional research directions of engineering thermophysics, making this discipline play an increasingly important role in the fields of information, materials, space, environment, manufacturing, life science, agriculture, etc. Therefore, the evolution, crossover, and innovation of research directions have become a key issue in the development of engineering thermophysics, leading to an urgent need for new strategies of discipline development to provide a scientific basis for the development of the emerging energy industries. Centered around the independent and innovative research of several key topics, including scientific energy utilization, low-carbon utilization of fossil energy, renewable energy conversion and utilization, energy conversion and utilization in power equipments, energy storage and smart energy, and engineering thermophysics problems in advanced technologies, this report serves to propose the disciplinary development strategies and priority areas with the features of this discipline. It is expected to enhance the scientific, strategic, and prospective nature of the discipline development plan, and provide a scientific basis for China to build the renewable energy system and achieve the strategic goals of carbon peaking and carbon neutralization.

The latest research progress of this discipline in recent years mainly includes the following aspects: ①The scientific energy utilization focuses on how to use energy with high efficiency and low pollution, and it plays a guiding role in engineering thermophysics discipline. Recent research progress is concentrated on the total energy system method of "temperature correspondence with cascade utilization", the integrated cascade utilization principle of chemical and physical energies, the integration principle for energy conversion and greenhouse gas control, and the integrated multi-energy complementary system, etc. ②The low-carbon utilization of fossil energy is a general trend of the future. Recently, great progress has been made in ultra-low-emission coal combustion technology, clean and low-carbon conversion of coal, clean utilization of oil and gas resources, high-efficiency and low-carbon combustion in power equipments, carbon dioxide capture, utilization and storage technologies, etc. ③The energy revolution through conversion and utilization of renewable energy is emerging worldwide, and significant progress has been made in solar-thermal power generation technology, atmospheric boundary layer wind characteristics and wind energy utilization, biomass power generation technology, etc. ④In terms of energy conversion and utilization in power equipments, China has initiated the "Aero Engine and Gas Turbine" major science and technology project, and provided major support to the key technology research and fundamental research of high thrust-to-weight-ratio turbofan engines, large bypass-ratio turbofan engines, and turboshaft/turboprop engines. Meanwhile, the steam turbine and the internal combustion engine technologies are also developing rapidly. ⑤At present, energy storage and smart energy have become hot research topics in the international engineering thermophysics community, and are also an important direction for China's energy structure transformation. So far, China has developed or planned out technologies such as pumped water energy storage, compressed air energy storage, flywheel energy storage, heat storage, heat pump electricity storage, and has completed several smart energy demonstration projects, the applications of which have been demonstrated in Shanghai, Jiangsu, Sichuan, Inner Mongolia, Ningxia, etc. ⑥Hydrogen has the highest energy density among known fuels, and meanwhile, hydrogen energy is both clean and sustainable. Therefore, hydrogen energy is considered to be the ultimate roadmap towards future energy. The smooth development of the hydrogen energy industry requires the coordination of hydrogen production, hydrogen storage, and hydrogen utilization. As the world's largest hydrogen producer, China has gradually shifted the research focus from gray hydrogen to green hydrogen in recent years and is also stepping up efforts of research and development in both hydrogen storage and hydrogen utilization. ⑦Engineering thermophysics problems like thermal management and cooling have become a major challenge in the development of advanced technologies such as chips and batteries. China has made large progress in chip temperature measurement, investigated micro-nano channel heat sink methods, and carried out in-depth research in the directions of battery thermal runaway mechanism, thermal management system, temperature control optimization, etc.

It is worth noting that China has reached or even exceeded the international advanced level in multiple fields and aspects, such as clean and high-efficiency coal power generation technologies, biomass combustion power generation, turbomachinery aerodynamic design based on full three-dimensional steady flow analysis and optimization methods, pumped water energy storage, compressed air energy storage, heat storage, smart energy systems, thermochemical hydrogen production, high-efficiency chip heat dissipation, chip thermal design evaluation, solid-state battery development and thermal design, etc. However, compared to those developed countries in Europe and America, China's fundamental research and industrial technology levels are still lagging behind to some extent. These include low-carbon coal power generation, carbon dioxide capture, utilization, and storage, large-scale wind turbines, smart wind farms, offshore wind power system theory, biomass hybrid-combustion power generation, new technologies of biomass utilization, high-performance turbo-machinery engineering research and development, flywheel energy storage, heat pump electricity storage, electrolysis of water for hydrogen production based on proton exchange membrane, fuel cells based on proton exchange membrane, hydrogen storage technology, and thermal design tools for electronic devices, etc. Thus, it is necessary to facilitate our development and narrow down the gaps during the 14th Five-Year Plan period in order to catch up or even take the lead.

Finally, this report provides suggestions on the development directions and predictions on the needs of research fields including low-carbon utilization of fossil energy, conversion and utilization of renewable energy, energy conversion and utilization in power equipments, energy storage and smart energy, and engineering thermophysics problems in advanced technologies. By putting forward the suggestions on the development of this discipline, the report also serves as a reference for funding agencies and researchers within this discipline and other related disciplines.

Reports on Special Topics

Advances in Multi-energy Complementary Distributed Energy Systems

Combined cooling, heating, and power production are adopted in distributed energy systems, which have medium and small power capacities, to realize a diverse range of functions and meet multiple objectives. Through scientific and reasonable integration, these systems offer complementary usages of different types of fossil and renewable energy resources, to achieve the cascade utilization and efficient conversion of energy. Moreover, multi-energy complementary distributed energy systems, which are environmentally friendly, economical, and flexible, are in rapid development and being vigorously promoted by the state.

In the context of "carbon peaking and carbon neutrality", the complementary use of multiple energy resources could shift the energy supply from traditional to renewable energy resources, thereby reducing fossil fuel consumption and carbon emission. By strengthening the flexible "source-load-storage" interface and improving the reliability of energy production and supply, the advantages of different energy resources can be highlighted and the impact of intermittent & volatility of renewable energy resources can be minimized.

There are still many technical problems with multi-energy complementary distributed energy systems, such as low power cycle efficiency, lack of effective waste heat utilization method,

and poor system operational performance under off-design conditions. From the perspective of multidisciplinary issues, such as energy, environment, and chemical industry, it is necessary to carry out fundamental research on the principle of energy cascade utilization and energy potential matching, multi-energy complementary integration mechanisms, and advanced power cycles. Meanwhile, key technologies, such as micro and small gas turbines, efficient conversion of waste heat, advanced energy storage, and system integration and control have also become research priorities that need to be addressed urgently.

In recent years, based on fundamental research and industrial promotion, many distributed energy projects have been implemented by further enhancing multi-energy complementation and actual operational regulation, providing a promising pathway to promote the efficient and clean use of energy, and playing an important role in the transformation of energy structure.

Written by Hongguang Jin, Qibin Liu, Zhang Bai, et al.

Advances in Renewable Energy Power Generation

Renewable energy deployment is a large effort within China to develop an ecological civilization, and a cross-industrial approach to lower pollution levels and fossil fuel use, mitigate climate change and improve energy efficiency. By 2030, one-fifth of the country's electricity consumption is forecasted to come from renewable energy resources. The contribution of renewable energy to carbon dioxide emission reduction is expected to reach 50% by 2050. Solar thermal power, wind power, and biomass power are concerned in thermodynamics.

China is currently the world's top producer, exporter, and installer of renewable energy, including wind and solar power. However, China still falls behind or just catches up with the world's leading position in the R&D of renewable energy unitization. Over the past two decades, China has dominated the usage of renewable energy but struggled to make a breakthrough in technological innovation. For example, solar thermal power generation is still in the early stage of commercial application in China. There is no relevant research planning and layout for the crucial next-generation photovoltaic power generation technology, lagging behind Europe and the United

States. There is also a big gap between China and the world-leading technologies for wind power, especially in the manufacturing of 10 MW wind turbines and the relevant vital components. Regarding biomass power generation, China is lagging behind the world-leading levels in the areas of direct-fired power generation and mixed-fired power generation. Only the gasification power multi-generation technology is catching up with the overall level of the United States or Europe.

The activities of renewable energy power generation in China face serious challenges from the industries and societies in the new national and international environments. In the future, the priorities should be placed on active renewable energy policy, efficient power supply system and market design, and the development of advanced renewable energy technological innovations. The priorities in innovations should focus on ①the fundamental research on the scalable and efficient utilization of solar thermal energy, ②multi-energy complementary characteristics and optimization technology for solar thermal power generation systems, ③ultra-large offshore wind turbines and key components of high reliability and low-cost optimization design, ④intelligent operation and maintenance technology of wind farms, and thermal utilization in wind energy, ⑤regional biomass "heat-electricity-gas-carbon" multi-generation technology, and equipment and industrial chain suitable for China's biomass distribution and raw material characteristics.

Written by Yongping Yang, Yuanyuan Li, Qibin Liu, et al.

Advances in Key Points Associated with Aerothermodynamics and Heat Management of Aerospace and Aeronautical Propulsion

The main research scope of aerothermodynamics and heat management of aerospace and aeronautical propulsion covers the internal flow, heat transfer, and management within the corresponding air-breathing propulsion systems. The air-breathing propulsion system is regarded as the heart of advanced air vehicles, and the development of high-performance air-breathing propulsion systems has been treated as an important part in developing the aerospace and aeronautical industries by many countries throughout the world. Fundamental research of

aerothermodynamics and heat management is the basis for the development of high-performance aerospace and aeronautical propulsion technique. In recent years, the development of air-breathing aerospace and aeronautical propulsion technique has attracted much attention in our country. Important progress has been made in fundamental research associated with the aerothermodynamics of the fan/compressor and turbine, heat transfer and cooling of the turbine, aerothermodynamics of the air intake/exhaust and utilization system, heat protection of the scramjet engine, and aerothermodynamics of the propulsion system working in a wide speed range, etc. However, a large gap in aeronautical gas-turbine engine design techniques still exists between our country and the leading countries. Although our country has achieved important innovations associated with new-concept aerothermodynamic structures and heat management, major attention has been drawn to the development of aerothermodynamics and heat management of wide-speed-range air-breathing aerospace and aeronautical propulsion systems in the rest of the world.

Looking to the future, our country should reinforce the fundamental research as well as effort in solving the key problems associated with aerothermodynamics and heat management of aerospace and aeronautical propulsion system. First, the important scientific research project should be continued to solve the key technical problems in developing propulsion systems. Second, we need to invest more in fundamental research to lay a solid foundation for developing high-performance propulsion systems. Third, we have to pay more attention to the important historical opportunity of the development of hypersonic aero-engine and establish a systematical plan to lay the basis for long-term development. Fourth, we must pay more attention to interdisciplinary research and strengthen the cooperation between different organizations to speed up the formation of technical advantage in aerospace and aeronautical propulsion system.

Written by Yinghong Li, Yun Wu, Dakun Sun, et al.

Advances in Combustion in Aero-Engines and Gas Turbines

Aero-engines and gas turbines are essential to national defense, energy security, and industrial

22

competitiveness, and the independence and controllability in their development concern the core interests of national security and economics. China has entered the strategic development era of aero-engine and gas turbine technologies in 2016 since the launch of the National Science and Technology Major Projects of aero-engines and gas turbines, which have promoted the research and design of various advanced combustors by targeting the fundamental scientific and technical problems in high-efficiency and ultra-clean combustion. Meanwhile, the National Natural Science Foundation of China (NSFC) has launched major research projects to continuously support the fundamental research on turbulent combustion for engines, yielding a series of innovative research outcomes in advancing the relevant theories and knowledge.

For hydrocarbon fuel combustion under wide operating conditions, the advances in experimental methods and kinetic modeling have contributed to revealing the fundamental combustion kinetics of various fuels such as aviation kerosene, alternative fuels, and new low-carbon fuels, leading the international state-of-art study on the reaction kinetics of macro-molecular hydrocarbon fuels. For gas turbines operating under complex and extreme aero-thermal conditions, the fundamental knowledge of turbulent combustion has been significantly improved, thanks to the development of in-situ high-resolution measurement and high-fidelity efficient simulation. Regarding the design and optimization of gas turbine combustors, progress has been made in the models of turbulence, turbulent combustion, and spray atomization and evaporation. The numerical simulation platform, software, and verification database have also been developed, establishing a systematic framework for the R&D of gas turbine combustors.

The combustion organization and control have been studied to handle the high-temperature-rise combustion process in designing advanced aero-engine combustors; especially, the multi-stage swirl combustion has been applied and verified based on the core engine. Also, low-emission combustion schemes, especially those with independent intellectual properties, have been developed for the low-emission combustors of domestic aero-engines. Moreover, under the strategic goals of carbon neutrality and emission peak, more advanced combustion organization and control methods need to be further investigated for gas turbines, although several major progress has been made for heavy-duty gas turbines with ultra-low carbon emission.

Currently, the fundamental combustion research for aero-engines and gas turbines is still under-developing in China. Many essential scientific and technical issues remain to be solved, and an independent research and design system has yet to be established. In the future, it is important to continuously carry out the demand-driven fundamental research on engine combustion, with the

priorities focusing on aero-engines with a wide range of speeds and gas turbines with low/zero-carbon emission, foster multi-disciplinary research on combustion techniques, and promote the overall capability of research and development of aero-engine and gas turbine combustors.

Written by Fei Qi, Yuyang Li, Zhuyin Ren et al.

Advances in Efficient, Clean and Low-carbon Combustion and Utilization of Coal

Coal as fossil fuel is the most basic energy resource for human civilization and industrial development. Great progress has been made in various clean coal technologies in China during the past few years, and the discipline of coal utilization has developed at a great pace.

Scientific consensus attributes the cause of global warming to the increase in the concentration of atmospheric greenhouse gases because of human activities. Since the discovery of the greenhouse effect in 1824, greenhouse gas has never shown any sign of decreasing. Efficient, clean and low-carbon utilization of coal is the key to realizing carbon neutrality. Under the background of China's coal-dominated energy structure, high-efficiency coal-fired power generation, clean conversion and utilization of coal, pollutant control, and carbon capture, utilization, and storage technologies are funded and developed rapidly. A batch of innovative technology platforms have been built, a number of high-level scientific and technological innovation talents and teams have been trained and gathered, and a series of major breakthroughs and achievements have been made, effectively promoting the development of China's coal utilization technology in the direction of high efficiency, cleanliness and low carbon.

At present, the coal-fired power generation technology in China levels with that of foreign countries, whereas ultra-supercritical high-efficiency coal-fired power generation, ultra-low emission control of major pollutants, and coal conversion technology are in an international leading position. Preliminary progress has been made in coal-based supercritical gasification hydrogen production and supercritical CO_2 Brayton cycle power generation technology. However, there are still certain gaps in some key technologies, industrialization, and large-scale production between ours and the international advanced level, especially the efficient-flexible-intelligent power generation, low-cost multi-pollutant joint removal technology, and carbon capture utilization and storage technology.

Under the background of carbon peaking and carbon neutrality, we should keep pace with the national strategic development plan and needs, aiming at the bottleneck problem of the key technologies. Through the combination of independent innovation and introduction-absorption, the promotion of scientific and technological innovation can be realized and the technoeconomic problems in various engineering demonstration projects can be solved.

Written by Qiang Yao, Haibo Zhao, Yongchun Zhao, et al.

Advances in Thermal Science and Technology of Information Functional Devices and System

Information functional devices play key roles in the national economy and military defense technologies. Due to the efficiency limitation of electronic devices, nearly 80% of the electrical power is converted into waste heat. This could lead to device overheating if the heat is not effectively dissipated, which inevitably affects the operational reliability and life cycle of electronic equipment. So the thermal science and technology of information functional devices have become one of the major challenges for the development of electronic technology, especially in the coming "post-Moore" era, and one of the international research hotspots during the past decades.

Challenges have been raised in the thermal management technologies of information functional devices. Firstly, the traditional macroscopic theories and approaches are being challenged, as the thermal management of information functional devices includes multi-scale heat transfer processes. So new fundamental theories and methods of thermal management discipline need to be proposed and developed. Secondly, the interface and surface transfer effects become significant. The interface features, surface transport phenomena, and mediating approaches are

important for the thermal design of high-power electronic devices. Thirdly, the research and development of thermal management of functional devices should absorb and integrate diverse fundamentals and methods from different disciplines such as information technology, physics, thermodynamics, materials, mechanics, and chemistry.

In the last decade, the National Natural Science Foundation, the Ministry of Science and Technology of China, and other industrial ministries of China have funded several research projects on thermal science and technology of information functional devices. Especially with the rapid development of electronic equipment industries, such as 5G, artificial intelligence, and big data, some universities and professional institutes have carried out a series of studies on heat generation, heat transfer, and heat dissipation of information functional devices, which promotes rapid development of fundamental scientific research in the field of thermal management. Breakthroughs have been achieved in many aspects such as micro/nano scale heat generation and heat transfer mechanism, nanoscale thermal physical properties measurement methods, multi-level thermal control technology, and thermal management of large-scale data centers.

However, there is still a considerable gap between China and the developed countries in the innovations related to key thermal management methods and technologies. Such a gap mainly manifests in the following aspects: ①Research on key and frontier technologies still needs to be strengthened and there is still a lack of innovative technologies. ②Studies are still not concentrated enough on the technology bottlenecks and there exists a serious lack of key technologies with independent intellectual properties. ③The current talent development system still can not fully meet the needs of industrial innovation development.

Written by Xing Zhang, Qiang Li, Weigang Ma, et al.

Advances in Development and Research on Thermophysics Science and Technology in Health Care

Thermophysical treatment is an effective, reliable, and safe method with little risk of side effects for diagnosis and therapy of disease using physical excitations. It aims at improving health, well-being, and quality of life by investigating the mechanisms of heat and mass transfer in a biological system and developing personalized and accurate methods and technologies for clinical applications.

Over the past fifty years, Chinese researchers have carried out research on biological heat and mass transfer modeling, thermophysical parameter measurement, theoretical analysis, and animal experiment for the development of new diagnosis and treatment technologies. Significant achievements have been made in the clinical fields of low-temperature freezing storage of biological tissues and systems, tumor cryoablation and thermal ablation therapy, laser skin therapy, macromolecular drug delivery, and estimation of body exposure to complex environments. Some representative approaches have been proposed for the theory and methodology for modeling and simulating biological flow and heat and mass transfer in living systems. A series of measurement technologies are developed to obtain the thermophysical parameters, blood perfusion, and diffusion coefficient of biological tissues in vitro and vivo. Based on foundational research, innovative and advanced treatment strategies and instruments have been designed and developed, some of which are now successfully applied in clinical practices, such as multimodal cryoablation/hyperthermia-chemical combined tumor therapy, conformal radiofrequency ablation for atheromatosis, biomimetic nanocarrier-based drug delivery, and laser cooling technology for the yellow people.

Nevertheless, there are limitations on existing research on theory and methodology for the investigations mentioned above. The untested assumptions, structural simplifications, and insufficient understanding of the mechanisms of multiple field coupling lead to difficulties in the accurate description of transport processes of energy and mass in a living body. As for the therapy techniques used in treatments, some challenging problems need to be addressed, including conformal distribution of energy in the target tissue, the accurate control of the treatment temperature of sensitive tissues, the design of personalized treatment strategies and instruments.

To meet the requirement for precise diagnosis and treatment of specific diseases in clinical practices, future work will focus on understanding mechanisms of thermophysical and biological response, expanding theoretical and methodological approaches, developing in-situ dynamic measurement technology of physical properties, realizing the accurate regulation of energy and mass transfer, and developing novel technologies and promoting the transformation from bench to bedside.

Written by Kai Yue, Bin Chen, Qun Chen, et al.

Advances in Production, Storage and Application of Hydrogen Energy

Hydrogen energy is regarded as a clean energy resource with great prospects in the future. It will play a major role in solving the energy crisis, global warming, and environmental pollution. Hydrogen and electricity will be the two pillars of future energy systems. This topic discusses the development trend of hydrogen energy technology based on the domestic and overseas status of hydrogen energy utilization and puts forward countermeasures to support the hydrogen energy development.

China's hydrogen production has a solid industrial foundation, with a tremendous amount of hydrogen produced from fossil energy and industrial by-product. The industrialization of PEM and alkaline water electrolysis are pushed forward rapidly with an emphasis on cost reduction and durability. However, hydrogen production from renewable energy, such as photocatalytic or photoelectrochemical ways, is still under research. Although some research institutes have done pioneering tests and achieved promising results, there is still a gap in China's hydrogen energy storage, transportation, and fuel cell technology in terms of system performance and durability, compared with international competitors. And the high-performance proton exchange membrane, catalyst membrane electrode, key equipment of high-pressure air compressor, and hydrogen circulation pump are highly dependent on importation. As the main solution to the worldwide challenge of large-scale storage and transportation, the high-pressure gas hydrogen still suffers from insufficient hydrogen storage density and high costs. At present, China has made great progress in hydrogen energy technology but has yet to catch up with that of the United States, Japan, and Germany.

In the 2019 National People's Congress and the Chinese Political Consultative Conference (NPC & CPPCC), hydrogen energy was mentioned in the government's report for the first time. Since then, the State Council, the National Development and Reform Commission, the National Energy Administration, etc. have successively issued policies to guide and support the development of the hydrogen energy industry, including its technical route, infrastructure construction such as hydrogen refueling stations, and the development of fuel cell vehicles. The hydrogen energy development has been included as the main direction and key task for China's 14th Five Year Plan.

One future development priority should be the clean and renewable production, distribution, and application of hydrogen energy. The technology development should focus on renewable-energy hydrogen production such as the photocatalytic and photoelectrochemical techniques, hydrogen production by coal or biomass gasification in supercritical water with CO_2 separation and storage, and further improvement of PEM electrolysis. The hydrogen storage and transportation technology development should focus on high-pressure hydrogen storage, solid hydrogen storage technologies, and liquid organic hydrogen storage. The development of low-cost PEMFC and SOFC technologies should be facilitated. Hydrogen distribution facilities should also be built to enhance hydrogen utilization. Financial support, policies, and regulations are also required to promote the development of the hydrogen energy industry.

Written by Liejin Guo, Jinzhan Su, Youjun Lv, et al.

Advances in Energy Storage Science and Technology

Energy storage is an important part and a key supporting technology for the modern energy system and smart grid with a high proportion of renewable energy. The development and utilization of energy storage technologies is a strategic goal for the development of China's energy industry. In the past two decades, energy storage has been developed rapidly and installed extensively in China. By the end of 2019, the energy storage projects with a cumulative installed capacity of more than 32.3 GW has been operational in China, accounting for 18% of the world's total storage capacity. Energy storage technologies are generally divided into three types including physical energy storage, chemical energy storage, and thermal energy storage. Physical energy storage includes pumped hydro energy storage, compressed air energy storage, flywheel energy storage, and superconducting energy storage. Chemical energy storage includes lithium

battery, lead-acid battery, liquid flow battery, sodium sulfur battery, hydrogen storage, and natural gas hydrate, etc. Thermal energy storage technologies include sensible heat storage, phase change heat storage, and thermochemical heat storage. Among them, the engineering thermophysics subject is the core discipline in physical energy storage technologies and thermal energy storage technologies, and it is also a key discipline in chemical energy storage technology (lithium battery, lead-acid battery, etc.).

In this part, the technical connotation, the technical development status of China, the comparison of technical development between domestic and abroad, and the further development direction of energy storage science and technology including pumped hydro energy storage, compressed air energy storage, flywheel energy storage, and thermal energy and pumped heat energy storage are reported in detail.

Written by Haisheng Chen, Liang Wang

Advances in Development of Advanced Fluid Machinery Science and Technology

Fluid machinery is a core part of the industries of aerospace, metallurgy and electric power, petroleum and chemistry, energy and transportation, and national defense, which are the basis of the national economy, people's livelihood, and national security. During the 13th Five Year Plan, the research and industry application of fluid machinery has made great progress and reached many major achievements.

In the basic studies of fluid machinery, many breakthroughs have been made and some of them approach or are on a par with the world's advanced level, for example, fine capture and diagnosis method of turbulence under complex working conditions, flow control and prediction methods of unstable flow, aerodynamic optimization design technology, matching technology between fluid machinery and load pipe network, and flow analysis software of large-scale parallel computation, etc. Hundreds of new technologies and products have been independently developed and manufactured, such as natural gas long-distance pipeline compressors, compressors for ethylene plant, large scale chemical fertilizer turbo-compressors, large scale air separation turbo-compressors, etc. And a number of major technology and equipment with international advanced levels have been developed, enabling China to provide complete sets of technical equipment and key products for oil/gas development and transportation, large-scale petrochemical industry, and nuclear power and metallurgy. Numbers of national key projects such as the South-to-North water diversion and the West-to-East natural gas transmission are progressing smoothly. Industrial development is promoted and huge economic and social benefits are produced thanks to the innovative talent team and continuous R&D accumulations.

The research of fluid machinery is focused on the directions of high efficiency and energy saving, safety and reliability, and environmental friendliness. Its application is extended to broader fields such as hydrogen energy and energy storage. The popularization of control technology and the rise of information technology advance the relevant studies into the trend of intellectualization and informatization. Facing the opportunities and challenges of scientific and technological progress and the complex international situation, basic research must be further strengthened and improved, and the driving force of original innovation should be continuously improved. Future research attention should be drawn to multidisciplinary and multi-physical field coupling, flow control coupling with aerodynamic design, and machine learning and intellectualization.

Written by Guang Xi, Yangjun Zhang, Zhiheng Wang, et al.

索 引